ライブラリ理工新数学＝T1

数理系のための
基礎と応用　微分積分 I
－理論を中心に－

金子　晃　著

サイエンス社

はしがき

本書は高校で微分・積分を一通り学んだ理工系の大学1年生に対する微分積分学の教科書あるいは参考書として書かれたものである.

近年, 大学生の多様化に対応するため, いくつかの大学で理工系の微分積分学を二つのコースに分けることが行われている. その多くは, ε-δ 論法に基づいた厳密な理論展開を大切にする数学科あるいはそれに準ずる理学的な学科向けの伝統的なコースと, 諸定理の証明は簡略にして実例による理解と計算練習で応用力をつけることを目指す物理・工学向けのコースという分け方になっている. 本ライブラリでも本書が前者を, また山本昌宏氏による姉妹編が後者を想定して2種類の教科書が企画された. 筆者自身も, 約20年の間, 最初は主に高木貞治の解析概論に基づいて作った講義ノートに従った伝統的な微積の講義から出発し, 時には証明を簡略にして計算練習に重点を置くなど自分なりに試行錯誤を続けた後, 数年程前からは上述のようなコース分けの講義も経験して来た.

しかし, 筆者の更に最近の経験では, 高校での物理の履修率が低下している現状から, 非数学科向け = 物理・工学的という分類は必ずしも妥当ではなく, 物理を未修の学生に微積の発祥の地であるNewton力学への応用の話をしても, 興味を惹くどころか, かえっていやがられるという状況も存在し得ることが分かって来た. むしろ, 最近多くなって来た情報学科などでは, 複雑な微積の計算よりも ε-δ 論法に代表される論理的思考の訓練の方が, その後に学ぶ種々の情報関連専門諸科目との結び付きがよいくらいであり, 必ずしも ε-δ 論法 = 数学科向けという分類は妥当ではないことを知った.

そこで, 本書では, 数学科以外で, かつ物理も計算も強くないという学生をも視野に入れて, 理論に重点を置きながら, それでいて親しみやすい微積の講義に使えるような構成を考えた. 本書では力学に関連した説明は最小限にとどめ，その代わりに理解を助けるための手段として計算機との関連に丁寧な説明を与えた．計算機の話は，純粋数学志向の学生には必ずしも喜ばれないかもしれないが，本書に書かれた程度の内容はこれからは数学科の学生でも知っておくべきであろう．実数論と連続関数の基礎付けのところで出て来る基本諸定理の証明は，数学科以外の講義として適当な程度にとどめ，ε-δ 論法を用いた厳密な議論は後の章にまわしたので，数学科などで，すべてを筋道立てて厳密に講義したいという場合は，それらを適当に混ぜ合わせて使って頂きたい．一般の学生が参考書とする場合は，本書の順番に読んで行く方が分かりやすいであろう．山本昌宏氏による本ライブラリの姉妹編の方は，力学の例を豊富に含んだ物理・工学向けの計算練習を中心とした教科書なので，この二つで理工系の大学一年生に対する微積の講義のあらゆる需要をカバーできるものと期待している．

本書の内容はお茶の水女子大学の情報科学科での 3 年間の講義に基づいており，その前身のレジュメは，筆者のウエッブサイトに置いて学生に副読本として利用してもらったものである．レジュメは毎回の講義に合わせて，学生に語りかけるような調子を採用し，講義ノートをうまくとれなかった人への説明や，時間が足りなくてよく説明できなかった内容の補足などが書かれていた．(ただし出席カードがあるので，休んで代わりにそれを読むという訳にはゆかないようになっていた．) 出版に当っては普通の教科書のように体裁を整え，以前の講義ノートから理論的な内容を少々補ったが，全体としてレジュメの親しみやすい雰囲気をなるべく残すよう努めた．また微分積分学の教科書として自給自足を目指すことはせず，むしろ高校で標準的に学ぶ内容は復習程度にとどめ，大学で新たに学ぶべき事柄を強調するように努めた．

講義で実際に使われた宿題のレポートやプログラム例，期末試験の問題と解答・講評などもできるだけ本書に取り込んである．また，今までの職場の同僚が作った期末試験の問題なども，例題として適宜使わせて頂いた．本文中に“レポート問題”とあるのはいずれも計算機がらみの問題で，もともとは数学が嫌いな情報系の学生を講義で救うためのものであったが，プログラム言語を何か学習している読者は，挑戦されれば微積の理解も深まるであろう．講義で用いた Pascal 言語によるプログラム例を付録にまとめておいた．Pascal 言語は近年大学の教養課程で情報処理教育の一環として教えられることが多いようなので，有機的な学習の参考になれば幸いである．実際には C 言語のプログラムをより多く使ったが，これはさすがに微積の教科書にはふさわしくないので，本書専用のウェッブサイトに Pascal のものと併せて置くこととした．このウェッブサイトのアドレスは下記を見られたい．講義ではこの他に数式処理のソフト Mathematica や Risa 等も使って見た．こちらの方は第 I 巻の範囲である 1 変数の計算の分もまとめて第 II 巻の付録に付けておいた．ウェッブサイトにはこれらの資料も置いてある．

最後に，筆者の 30 年にわたる大学教育生活の間，談話室での雑談等を通して筆者に様々な講義のノウハウを与えて下さった同僚の諸先生方と，拙い講義で迷惑をかけた元・現学生諸君に感謝して筆者のレポートとしたい．

2000 年 3 月 31 日

金子　晃

本書のサポートページは

http://www.saiensu.co.jp/

から辿れるサポートページ一覧の本書の欄にリンクされています．
本文中のアイコン はサポートページに置かれた記事への参照指示を表します．

目　　次

第 II 巻　目次

凡　例

☆ 節のタイトルに のマークが付いているのは，講義では扱わなかったが出版の際に書き足した箇所である．教科書として使われる場合の目安として利用されたい．(ちなみにこのマークは，宿題で試験に出そうな問題と，できなくても気にしないで楽しんでもらうための問題を区別していた と のマークに由来し，本書でも章末問題にその名残をとどめている．)

☆ 本文中で使われている は注，注意，あるいは注釈を表す．(来歴については p.22 の脚注参照．)

☆ ライブラリの体裁に合わせ，記号 □ を証明終わりの印として用いた．ただし本書は全般に解説調で書かれており，必ずしも定義–定理–証明といった順になっている訳ではないので，段落の区切り程度に考えて頂けばよいであろう．

第1章

数列と極限

今まで学んだいろいろな数について復習し，その中で実数の特性をよく把握し，また微積の主要テーマの一つである数列の極限をさまざまな角度から研究します．

数学とは“数の学”[1] であって，微積も例外ではありません．数学の対象は

数，図形，関数

など，いろいろありますが，デカルトにより図形は数に帰着されたし，関数といっても数の間の関係に過ぎませんから，数が基本です．

微積の対象は実数です．そこで微積を本格的に勉強するには，まず実数の勉強をしなければなりません．

1.1 数のいろいろ

今までいろんな数を習って来ましたが，実数に到る道は実はなかなか容易ではありません．小学校から始めて，今まで習ってきた数を復習すると

---

[1] 数学のことを英語で mathematics というが，この語源はギリシャ語の $\mu\alpha\theta\eta\mu\alpha\tau o\sigma$ で，もともと学問，科学全般を指していたのが次第に数学に絞られて使われるようになったものである．ほとんどの言語では“数学”を表すのにこの語を外来語として用いているので，数学を“数の学”といえるのは実は少数派である．ヨーロッパでも例外的にオランダ語では，数学を wiskunde という，“数の学”に近い意味の造語で表している．

☆ 自然数 $\boldsymbol{N}$ (Natural Numbers の頭文字)
☆ 整数 $\boldsymbol{Z}$ (ドイツ語 Zahlen の頭文字？)
☆ 有理数 $\boldsymbol{Q}$ (Quotient の頭文字？)
☆ 実数 $\boldsymbol{R}$ (Real Numbers の頭文字)
☆ 複素数 $\boldsymbol{C}$ (Complex Numbers の頭文字)

があります．本書では，これらのすべてを公理論的に再定義している余裕は無いので，一応皆一通り知っているものとして進みますが，実数列の極限の意味をしっかり把握するためのついでに，大急ぎで一通り復習します．数学科以外の学生でも次の質問ぐらいには自信を持って答えられるようになりましょう．

質問 1 1 と 0.999… は同じものか違うものか？理由を付して答えよ．
質問 2 計算機で正確に取り扱えるものは，分数，小数，のどちらか？

【分数と有理数】 昔は計算機とか電卓とかは“小数”を扱うものという先入観がありましたが，80 年代の始めに分数の計算ができる電卓が現れ，ずいぶんフレッシュな感じがしたものです．分数という言葉は数の種類を示すものではなく，数の表現法を示すものです．分数と有理数の違いを知っていますか？次は質問 1 へのヒントです．

質問 3 $\dfrac{1}{2}$ と $\dfrac{2}{4}$ は同じものか違うものか？

小学生のときに約分を忘れて減点された苦い思い出を持つ人はいませんか？全く同じものなら減点はされませんね．でも値は同じです．えっ？値って何ですか？昼食前の講義では，羊羹を持ち出して分数の説明を始めると，心の健康に良くないですね．羊羹は“連続な”物体で，数直線と同等なものと考えられています．そう，実数としての値なのですね．こういうことをしていたから，昔は“計算機では分数は扱えない”と頑固に信じていた人がたくさんいたのです．

でも，実は有理数とは，約分で一致するような分数を一つのものと思う (同一視する) だけで定義できるのです．文字しか表示できない昔風の計算機のキャラクタ端末で分数をそのまま表現するのは難しいですが，上述した 80 年代始めの電卓は，分数を分子と分母の間に区切り記号を入れて一行で表示していま

した．より現代風にいえば，分数とは，二つの整数のペア

$$(p,q) \qquad \text{ただし}\ \ q>0$$

です．小学校以来，これを $\frac{p}{q}$ と書いており，こう書かれると何となく割り算を実行したくなりますが，我慢して分数のままにしておけば計算機で“正確に”扱えるのです．

有理数とは，分数を

$$\frac{p}{q}=\frac{r}{s} \quad \Longleftrightarrow \quad ps=qr$$

つまり通分の規則で同一視して得られるものですから，やはり計算機で扱えます．有理数が本質的存在で，分数はその表現手段だとも考えられます．

【約分の仕方：Euclid の互除法】 分数の電卓を作るには答を約分して表示しなければなりません．約分の計算には普通は因数分解を用いますが，それでは電卓に素数表を記憶させなければなりません．実は約分のためには分子・分母それぞれの因数分解は必要ではなく，それらの最大公約数さえわかればよいのです．そしてそれには **Euclid** (ユークリッド) **の互除法**と呼ばれる次のようなアルゴリズムがあります．$m \ge n$ を二つの自然数とし，これらの最大公約数 $\mathrm{GCD}(m,n)$ を求めます．$n_0=n$ と置き，割り算で順に

$$m=q_0n_0+n_1, \quad n_0=q_1n_1+n_2, \quad \cdots, \quad n_k=q_{k+1}n_{k+1}+n_{k+2}, \quad \cdots$$

と計算してゆきます．剰余の定義により $n_0>n_1>n_2>\cdots$ ですから，この操作は必ず有限回で停止します．停止するときは剰余が 0 になるときで，$n_{N+1}=q_Nn_N$ となります．このとき n_N が最大公約数です．これは常に $\mathrm{GCD}(n_k,n_{k+1})=\mathrm{GCD}(n_{k+1},n_{k+2})$ となっていることから，数学的帰納法により証明できます．これは代数の話ですが，有名な事実なのにどこでも教えないことが多いので，覚えておいて下さい．

分数の計算アルゴリズムを体得するために次のような問題を出しておきましょう．

● **レポート問題 1.1** 自分の知っているプログラム言語で分数の四則演算を計算するプログラムを作れ．

小数と実数はどう違うのでしょう？分数が有理数を表現するのと同じように，小数は実数の表現手段に過ぎないのです．しかし普通は同じものと思ってもいいわけですが，質問 1 のような問に対して正確に答えるにはこの違いを思い出す必要があります．

有理数は実数の一部です．分数を小数で表すと，必ず循環します．例えば

```
      0.0588235
      ----------------
17 )1.00
       85
     ----
       150
       136
       ---
         140
         136
         ---
           40
           34
           --
             60
             51
             --
               90
               85
               --
                50
```

少年 Gauss(ガウス)[2]はここまで計算して“待てよ，50 を割ったときの答は 100 を割ったときの答の半分じゃないか”と気づき，既に得ていた答の数字の列を 2 で割るという簡単な操作で残りの数字を出してしまったのです．

$$\frac{1}{17} = 0.05882352941176470588 2\cdots$$

こうして循環節があっという間に求まってしまいます．

練習問題 1.1 上の方法で次の分数の循環節を計算せよ．

1) $\dfrac{1}{23}$　　2) $\dfrac{1}{31}$　　3) $\dfrac{1}{59}$

$1/p$ の循環節はどんなに長くても $p-1$ を越えないことは明らかですね．実は p が素数のとき，$1/p$ の小数展開の循環節の長さは $p-1$ の約数です．なぜだか興味のある人は，情報の代数をしっかり履修して下さい．理由がわかるでしょう．

有理数でも循環小数にしてしまうと計算機では誤差なしには表現できませんが，有限小数の場合は大丈夫です．これは整数と同じだからわかりますね．

---

[2] 史上最大の数学者と呼ばれている人の逸話の一つ．

質問 4 どんな分数が有限小数になるか？

答は“分母が 2 と 5 しか因子に含まない”ですね．これらは 10 の約数です．従って有理数は何進法で小数表示しても循環しますが，ある有理数が有限小数になるかどうかは何進法を使うかに依存します．例えば，十進法で

$$\frac{1}{3} = 0.333\cdots$$

は三進法を使えば

$$\frac{1}{10} = 0.1$$

と書かねばなりません．右辺の 0.1 は $\frac{1}{3}$ の意味です．計算機では二進法をよく使いますので，二進法の計算を少ししておきましょう．皆さん，二進法の割り算などしたことは無いようですが，掛け算九九が一一になってしまうので，超簡単です．例として十進法の 1/3 を二進小数に展開して見ましょう．十進法の 3 は $2+1=2^1\times 1+2^0\times 1$ で，二進法では 11 と書けますから，

```
       0.0101
      --------
11 )1.00
      11
     ----
        100
         11
        ---
          1
```

ちゃんと循環小数になっていますね．この小数展開の意味は，十進法で書くと

$$\frac{1}{3} = \frac{1}{2^2} + \frac{1}{2^4} + \cdots$$

というふうに説明されます．

■**練習問題 1.2** 十進法で表記された次の数を二進法で表し，かつ小数展開せよ．

1) $\frac{1}{2}$　　2) $\frac{1}{6}$　　3) $\frac{1}{7}$

■**練習問題 1.3** 人間の指がもし左右に一本ずつ余計にあったら，人類は十二進法を使い，世の中はもっと便利になっていたでしょう．(その代わり小学生が覚える九九の表はもっと大きくて負担が増えますね．)[3] 十進法の 1/3 を十二進法で小数展開するとどうなるでしょうか？

---

[3] 九九の代わりに何といったらいいのだろう？英語では multiplication table というので，十二進法でも通用する．この新しい掛け算表を覚えると，昔使われていた五つ玉の算盤を現行の四つ玉式に使って十二進法の計算がすいすいとできる．

1.2 実数の定義

有理数という言葉は無理数が発見されて，それとの比較で生まれた言葉です．同じように，実数という言葉も，虚数が発見された後にできたものです．外国に旅行して自分の国が本当にわかるというのと同じですね．ここでも当座は，実数とは，小学校以来習っている，虚数が出て来る以前の数全部だとしておきましょう．有理数以外の実数は**無理数**と呼ばれます．従って，循環しない小数はみな無理数になります．ピタゴラスが最初の無理数 $\sqrt{2}$ を発見したときは大ショックでした．しかしこれは代数的な無理数，すなわち整数を係数とする代数方程式の根になるもので，無理数の中ではやさしい方です．それ以外の無理数を**超越数**と呼び，実数の中ではこれがほとんどを占めています．数直線に包丁を入れればまず間違いなく超越数にぶつかります．しかし具体的に与えられた数が超越数かどうかを判定するのは非常に難しい問題で，π の超越性の証明はギリシャから 2000 年以上後の 19 世紀になってやっとできました．

実数を定義することは数学的な内容としても有理数より格段に難しい．微積の計算だけを勉強するつもりなら，数直線を頭に置きながらそういうものがあるんだと思って下されば一応は OK です．そういうものってどういうものかって？四則演算ができて，それらの演算と両立する大小関係があって，かつ連続性を持つもの，です．最後の性質は“実数を大きさの順に並べたとき隙間が無い”ということで，これに関連して，実数の列の収束という概念が大切になります．これは次の節でちゃんと勉強しましょう．

しかし，前節で宿題だった“1 と 0.999… は等しいか異なるか？”という問に自信を持って答えるには，“実数とは何か”という問に答える必要があります．ここで少しゆっくりして，実数の公理系の話をやや詳しくしましょう．数学を専門としない人にとっては，これは教養の問題ですので，こういうのを読むとますますわからなくなりそうな人は，上の直感的理解で済ませて，ここは飛ばしても結構です．逆に，これでは論理が粗すぎると思う人は第 5 章を適当に併せ読みして下さい．

公理系については，Euclid 幾何，すなわち中学でちょっとやる普通の幾何が元祖です．これは古代のギリシャ以来，数学の代名詞のようになっていて，“点とは部分を持たないものである”，“線とは幅を持たない長さである”，といった訳のわかったようでわからない定義と,“任意の点から他の任意の点に直線を引くことができる”といった公準 (現在の言葉でいう公理) をいくつか列挙し,後はこれらから幾何のすべての定理を厳密に証明するというもので,数学者だけでなく,教養人となるための知的訓練として 2000 年近くも高等教育機関で教えられてきました.20 世紀後半になって,Euclid 幾何は現代的観点からはあまり厳密でなく,かつその内容もあまり重要ではないということになってしまい,どの国でも高等教育から追放されてしまいましたが,数学という学問の構造に与えた影響は大きく,その成り立ちを教養として知っておくことは数学全体を理解する上で大切なことです.

数学の現代的な公理化の基礎を築いたのは Hilbert (ヒルベルト) ですが,彼のアイデアは,厳密に定義しようとすればするほどおかしなことになる,点や直線などの基本的な概念は,これに直接定義を与える代わりにそれらが満たすいくつかの性質を並べた公理系を与え,それを満たすものとして点あるいは直線を間接的に定義しよう,というものです.われわれも実数を小数を用いて無理に定義するのをやめて,実数とはどういうものでなければならないか?という発想の逆転をしてみましょう.こうして次のような実数の公理系に導かれます:

集合 $\boldsymbol{R}$ が実数とは,それが少なくとも二つの元を含み,以下に述べるような三群の公理系を満たすことをいいます.

【実数の公理群 I】 四則演算ができる. 数学の述語では“実数は体 (たい) を成す”といいます.すなわち,二つの演算 $+$ (加法),$\times$ (乗法) が定義され,

1) **結合律** $a, b, c \in \boldsymbol{R}$ が何であっても $a+(b+c)=(a+b)+c$, $a \times (b \times c) = (a \times b) \times c$.

2) **可換律** $a, b \in \boldsymbol{R}$ が何であっても $a+b=b+a$, $ab=ba$.

3) **単位元の存在** $0, 1 \in \boldsymbol{R}$ という特別な元が存在し,a が何であっても $a+0=a$, $a \times 1 = a$.

4) **逆元の存在** a が何であっても $a+b=0$ を満たす b が存在する.この元を $-a$ で表す.また $a \neq 0$ なら $a \times b = 1$ なる b が存在する.この元を $1/a$ で表す.

5) **分配律** $a, b, c \in \boldsymbol{R}$ が何であっても $a \times (b+c) = a \times b + a \times c$.

積の記号は・を使ったり，省略して何も書かなかったりしたのでしたね．また，$a+(-b)$ を $a-b$ と記して減法と呼び，$a\times\frac{1}{b}$ を a/b あるいは $a\div b$ などと書いて除法と呼ぶのでした．割り算の記号 $\div$ は西欧ではあまり使われていないようです．代わりに比の記号：をよく見かけます．

以上で小学校以来学んできた四則演算の定義とそれらが満たすべきすべての規則が尽くされています．もっといろんな性質があるではないかという人もいるでしょうが，それはすべて上に仮定したことから証明できるのです．

例題 1.1 次のことを証明してみよ．

1) 加法の単位元 0，及び乗法の単位元 1 はそれぞれただ一つに確定する．

2) 加法の逆元や乗法の逆元も一つしかない．

3) a が何であっても $a\times 0=0$ となる．

4) $(-1)^2=1$.

5) $0\neq 1$.

解答 1) 0 の他に $0'$ も加法の単位元の性質を持つとすると，

$$0'=0+0'=0.$$

ここに，最初の等号は 0 が単位元であることを，また第二の等号は $0'$ が単位元であることを用いた．よって両者は一致する．1 の方も同様です．

2) a に加法の逆元が b，b' と二つあるとすると，

$$0=b+a=a+b=a+b'.$$

この最後の等式の両辺に左から b を加えて結合律を用いると

$$b=(b+a)+b=b+(a+b)=b+(a+b')=(b+a)+b'=b'.$$

乗法の逆元についても同様です．

3) 0 の定義により $0+0=0$．よって分配律により

$$a\times 0=a\times(0+0)=a\times 0+a\times 0.$$

この両辺に $-(a\times 0)$ を加えて右辺に結合律を用いると

$$0=(a\times 0+a\times 0)-a\times 0=a\times 0+(a\times 0-a\times 0)=a\times 0+0$$

従って $a \times 0 = 0$ を得る．最後の計算は一般に等式の両辺から同一の量を消去する操作の正当化になっています．つまり等号の規則と思っていたものは，実は結合法則なのです．

4) 上で示したことと分配律により

$$0 = (-1) \times 0 = (-1) \times (1 + (-1)) = (-1) + (-1)^2.$$

両辺に 1 を加えて結合律を用いると $1 = (-1)^2$ を得る．中学の先生は負の数を二つ掛けると何故正の数になるのかを生徒に理解させるのに苦労しますが，実は分配律が成り立つようにするためにはそう定義するより他ないのです．

5) こんなことは当たり前だと思わないで下さい．数学を公理に基づいて厳密にやろうと決心した場合には，すべての責任を公理に負わせなければなりません．$1 \neq 0$ は公理系の中に含まれていない以上，要求されれば証明する義務があります．これは最初の仮定である，$\boldsymbol{R}$ が二つ以上の元を含むということから出てきます．元が二つはあるのですから 0 と異なる元 a があるはずですが，もし $1 = 0$ だと，この両辺に a を掛けて $a = 0$ となってしまい，矛盾を生じます．この証明が自明でないことを理解するには，最初にうっかり $\boldsymbol{R}$ が少なくとも二つの元を含むということを言い忘れると 0 だけの集合が以上すべての要請を満たす，ということに注意するのがよいでしょう．□

実は，今までの公理は 0 と 1 だけの集合でも満たされます．これが情報数学で良く出てくる重要な体の例で，F_2 と呼ばれる最小の体です．実数の集合にもっと沢山の元が存在することを保証するためには，次の公理群が必要です．

【実数の公理群 II】 演算と両立する全順序が存在する． すなわち $a, b \in \boldsymbol{R}$ を勝手に持ってきたとき，$a \leq b$ または $a \geq b$ のいずれか一つが必ず成り立ち，この関係は次の二つの規則を満たす．

1) $a \leq b$ なら c が何でも $a + c \leq b + c$ となる．
2) $a \leq b$ で $c \geq 0$ なら $a \times c \leq b \times c$ となる．

これも良く知っていることですね．ただし高校までの数学では不等号というと $a < b$ の方が基本で，これと $a = b$ とを合わせた概念として $a \leq b$ が副次的に導入されるのが普通でしょうが，高等数学では $a \leq b$ の方が基本で，$a < b$ とは $a \leq b$ かつ $a \neq b$ を示す記号として後から導入されます．$a \leq b$ を表す記号には 3 種類あって，

$$a \leqq b, \qquad a \leq b, \qquad a \leqslant b$$

などと書かれます．日本の高校までの教科書ははじめの等号が2本のものが普通ですが，ヨーロッパでは最後の記号が良く使われます．この文を書いているTEX(テフ)[4]では真ん中の等号1本のものが標準で出力されます．

ちなみに，不等号 $\leq$ は次の三つの公理を満たすものとして定義されます：

順序の公理：

1) **反射律** $a \leq a$.
2) **反対称律** $a \leq b$ かつ $b \leq a$ ならば $a = b$.
3) **推移律** $a \leq b$ かつ $b \leq c$ ならば $a \leq c$

一般の順序では，任意の2元が必ず比較できることは必ずしも仮定しません．実数の場合はそれが成立する**全順序**と呼ばれる特別な順序で，世の中ではこの性質が悪用(?!)され，そのため順序といえば必ず大小関係が無ければならないと思っている人が多いのですが，数学者は，順序という概念にとっては“任意の2元が必ず比較できること”はむしろ例外的な場合であることを良く知っているのです．[5]

例題 1.2 $0 < 1$ を証明せよ．

解答 こういうわかり切ったようなことを敢えて証明しなければならないときは背理法を使いましょう．もし $1 \leq 0$ とすると，$-1 \geq 0$ となりますから，この式の両辺に -1 を掛けても不等号は保たれ，$1 \geq 0$ が得られます．従って $1 \neq 0$ より $1 > 0$ となり不合理です．□

$0 < 1$ の両辺に1を加えることにより $0 < 1 < 2 < 3 < \cdots$ が順にわかり，自然数 $\boldsymbol{N}$ が $\boldsymbol{R}$ に含まれることがわかります．(実は $2 = 1 + 1$ が2の定義でしたね！) 従って引き算によって整数が，次いで割り算によって有理数が $\boldsymbol{R}$ に含まれることがわかります．

---

[4] 計算機科学者 Knuth(クヌース) により作られた，数式を簡単に組めるワープロの一種．プログラム言語に似て，ソースコードを書き，それをコンパイルして印刷イメージを作り出す．数学の記号や文書の体裁を整える指令は \ (バックスラッシュ) で始まる特有の制御コード (control sequence) で表される．今では数学者に無くてはならないものとなり，他分野でも急速に普及している．筆者の講義でもレジュメを TEX で作成・配布した．

[5] 全順序でない順序の代表例として，平面の部分集合の間の包含関係を大小関係とみなしたものが考えられる．比較できない二つの元の例を示してみよ．

■**練習問題 1.4** 複素数体 $\boldsymbol{C}$ および有限体 F_2 には，演算と両立する全順序が入らないことを示せ．[ヒント：$i > 0$ と仮定しても $i < 0$ と仮定しても，公理群 II を用いて矛盾した式が導かれることを確かめよ．]

■**練習問題 1.5** 実数 x の絶対値 $|x|$ の定義を与えよ．またそれが**三角不等式**

$$|x + y| \leq |x| + |y|$$

を満たすことを示せ．[ヒント：$|x| = \max\{x, -x\}$ に注意．]

上に述べた二つの公理群により，実数は四則演算ができて大きさの順に一列に並べられ，数直線のようなものを形作ることがわかります．しかし，上の説明からもわかるように，ここまでは有理数の集合も同じように満たしているので，実数との差をつけるためには更に公理が必要です．それが最後に出てくる“連続性の公理”です．これは，実数を数直線状に並べたものは，有理数の集合と異なり隙間無くびっしり並んでいる，例えていえば，どんなに鋭利な包丁で数直線を切っても必ず実数にぶつかる，ということです．有理数だけなら，例えば $\sqrt{2}$ の場所をスッと通れるような細い包丁が有れば，ぶつからずに有理数の数直線を二つに切れる訳ですが，実数ではそうはゆきません．19 世紀の中頃に Dedekind (デデキント) という人はこのような包丁を数学的に定式化して実数の連続性を初めて厳密に述べることに成功しました (第 5 章 5.2 節参照)．彼の著書『数について』は古典として翻訳が岩波文庫に収められていますから，興味のある人は読んでごらんなさい．ここでは連続性の公理を最も良く使われる形で言い換えたものを紹介します．

【実数の公理群 III】 **連続性の公理．** 有界単調列は収束する．

この説明のために少し言葉の準備をしましょう．

実数の列 $\{a_n\}$ が**単調増加**である，あるいは**単調増大**するとは，

$$a_1 \leq a_2 \leq \cdots \leq a_n \leq a_{n+1} \leq \cdots$$

となっていることです．等号が入っているのは気持が悪いと思う人がいるかもしれませんが，数学では普通はこのような言葉遣いをし，

$$a_1 < a_2 < \cdots < a_n < a_{n+1} < \cdots$$

となっているときは，**狭義単調増加**といって区別する習慣です．数列 $\{a_n\}$ が上に**有界**であるとは，ある M で，すべての n について $a_n \leq M$ となるもの

が存在することをいいます．実数の列 $\{a_n\}$ がある実数 a に**収束**する，記号で

$$\lim_{n\to\infty} a_n = a$$

とは，$n \to \infty$ とするとき，a_n の値が絶対値から定まる距離の意味で限りなく a に近づくこと，すなわち $|a_n - a| \to 0$ となることでした．この意味については次節でもう少し詳しく調べますが，当座はこの定義で済ませましょう．

以上の言葉の準備の下に，連続性公理の内容を詳しくいえば次のようになります．定理といっていますが，我々の場合，これは公理と思ってもよいものです．

定理 1.1 **(有界単調列の収束)**　実数の列 $\{a_n\}$ が単調に増加し，かつ上に有界であるならば，a_n はある実数 a に収束する．

単調減少列や下に有界な数列の定義も全く同様に与えることができ，上と同様の定理が成り立ちます．実は a_n が単調減少で下に有界なら，$-a_n$ は単調増加で上に有界となるので，公理としては一方を仮定するだけで十分です．最初に掲げた連続性の公理はこれらをまとめて標語的に述べたわけです．

上の定理が適用できる代表例として

$$\left(1 + \frac{1}{n}\right)^n \longrightarrow e \tag{1.1}$$

があります．極限は有理数ではありませんので，これはそう明らかなことでは無いのですが，実際に電卓で $(1 + 1/n)^n$ の値を計算してみると，次第に

$$2.718281828459045\cdots$$

というふうに小数展開が定まって行くので，極限があるなと想像されるわけです．この極限値は新しい実数を与えるわけですが，一般に極限値が知らない数のときは，収束の証明は高校生のようなやり方で初等的にやることはできなくなります．有界で単調増加ならば，極限の存在を保証してくれる上の定理は実用的にもありがたいものです．

(1.1) の正当化は高校ではやらず，途中の項を数値計算してみせるだけが普通なので，ここで見ておきましょう．$(1 + 1/n)^n$ が n とともに単調に増大することは，このままの表現では “少し小さくなったものを一つ余分に掛ける” とい

うことなので，そう明らかではありません．2 項定理で展開すると次のように示すことができます：

$$\left(1+\frac{1}{n}\right)^n = 1 + n\cdot\frac{1}{n} + {}_n\mathrm{C}_2\cdot\frac{1}{n^2} + \cdots + {}_n\mathrm{C}_k\frac{1}{n^k} + \cdots + \frac{1}{n^n}. \tag{1.2}$$

ここで，k を固定して一般項

$$\begin{aligned} {}_n\mathrm{C}_k\frac{1}{n^k} &= \frac{n(n-1)\cdots(n-k+1)}{k!\,n^k} \\ &= \frac{1}{k!}\left(1-\frac{1}{n}\right)\cdot\left(1-\frac{2}{n}\right)\cdots\left(1-\frac{k-1}{n}\right) \end{aligned} \tag{1.3}$$

を見ると，これは n を大きくすれば大きくなります．n を大きくすると，その上更に項が追加されますから，単調増加がわかります．実は単調増加は計算しなくても次のように考えれば明らかです：ある国でサラ金による破産者が続出したため，政府は年利の上限を 100% に制限しました．これでは一年経っても元金の 2 倍にしかなりません．しかし，複利計算の回数制限が無いのに目を付けた貸し金業者は，複利計算の回数を増やすことでもうけようと考えました．以下，簡単のため元金を 1 とします．一年を半年毎に区切って年利の半分で計算した利子を元金に繰り入れることにすれば，一年後の元利合計は $(1+1/2)^2$ となります．一年を n 期に分けて複利計算すれば，一年後の元利合計は $(1+1/n)^n$ です．この値は意味から考えて n とともに増加することは間違いありませんね．では貸し金業者は n を増やしてゆくことにより際限なく儲かるでしょうか？しかしこの値は上に有界です．それを見るのは計算の方が易しいようです．(1.2) の一般項 (1.3) は $1/k!$ で，従って $2^{-(k-1)}$ で抑えられるので，

$$\left(1+\frac{1}{n}\right)^n \le 1+1+\frac{1}{2}+\cdots+\frac{1}{2^{k-1}}+\cdots+\frac{1}{2^{n-1}} < 1+\frac{1}{1-1/2} = 3.$$

以上で (1.1) は単調増加かつ上に有界なことがわかり，極限 e の存在が連続性公理により保証されました．

練習問題 1.6 $0 < a_1 < 1$ とする．漸化式 $a_{n+1} = 2a_n - a_n^2$，$n = 1, 2, \cdots$ で定まる数列の極限を求めよ．[ヒント：有界単調列の収束定理を仮定し，極限があるものとして漸化式において $n \to \infty$ に飛ばす.]

【実数と小数】 大分準備が長くなりましたが，いよいよ 1 と $0.9999\cdots$ の話に決着を着けるときが来ました．

これまでに，実数というものを三つの公理群で抽象的に定義しました．しかしそれは大小関係を保ったまま有理数を含んでいることがわかりました．では一般の実数を具体的にはどう扱えばよいのでしょうか？そこで用いられるのが実数の小数による表現です．これは何進法を使っても同じことですが，わかり易いように十進法で説明します．従って以下に述べることは本質的には小学校で習った小数の意味とその作り方を復習しているだけです．興味のある人は計算機に使えるように以下を二進法で書き直してみて下さい．

実数 $x \in \boldsymbol{R}$ が任意に与えられたとしましょう．

1) 負の実数は正の実数 x を用いて $-x$ と表されるので，正の実数の表現だけを論ずればよい．(x の小数表現に $-$ を付けたものが $-x$ の表現となる．)

2) 正の実数 x に対しては，整数 $m \geq 0$ がただ一つ定まって $m \leq x < m+1$ となります (次節の練習問題 1.7 参照)．m を x の整数部分といいます．これの十進法による表現は解析の問題では無いので略しましょう．

3) x の小数部分 $b_0 = x - m$ は，$0 \leq b_0 < 1$ を満たします．もし $b_0 = 0$ なら，もう表現はおしまいです．$b_0 > 0$ とすると，$0 < 10b_0 < 10$ ですから，$a_1 \in \{0, 1, 2, \cdots, 9\}$ が一つ定まって $0 \leq 10b_0 - a_1 < 1$ となります．a_1 は a の小数点以下第 1 位の数です．

4) $b_1 := 10b_0 - a_1 > 0$ なら，以下同様にして，$0 \leq 10b_1 - a_2 < 1$ となる $a_2 \in \{0, 1, 2, \cdots, 9\}$ を決め，$b_2 := 10b_1 - a_2 > 0$ なら更に同様の操作を繰り返します．

5) 以上により，もし途中で $b_n = 0$ となれば，有限の小数表示

$$x = m.a_1 a_2 \cdots a_n$$

が，またどこまでも $b_n \neq 0$ なら，無限小数表示

$$x = m.a_1 a_2 \cdots a_n \cdots$$

が得られます．この意味は，

$$x = m + \frac{a_1}{10} + \frac{a_2}{10^2} + \cdots + \frac{a_n}{10^n} + \cdots \tag{1.4}$$

より正確には,

$$x_n = m + \frac{a_1}{10} + \frac{a_2}{10^2} + \cdots + \frac{a_n}{10^n}$$

と置くとき

$$x = \lim_{n\to\infty} x_n$$

ということですが,これは b_n の定義式から

$$x = x_1 + \frac{b_1}{10} = \cdots = x_n + \frac{b_n}{10^n}$$

という式が得られ,$0 \leq b_n < 1$ より,$n \to \infty$ とすれば,無限級数の和の定義により (1.4) となることからわかります.

以上により実数に対して,その小数表示がただ一つ定まります.この副産物として,"任意の実数が有理数列の極限となる" ことが示されました.この事実を数学では次のように表現します:

定理 1.2 有理数は実数の集合の中で**稠密** (ちゅうみつ) に存在する

さて,以上の作り方では $0.999\cdots$ という小数は決して出て来ません.しかし,十進小数を,"0 から 9 までの数字の無限列" と解釈すればこれも立派な小数です.(しかもやっかいなことに,このような小数は何かの極限としては出てくる可能性があります.

$$\frac{1}{3} = 0.333\cdots$$

の両辺に 3 を掛けたって出て来ます.誰です?それで証明できてるじゃないかなんていってるのは!) 無限小数から実数への逆対応は (1.4) で与えられ,その意味では勝手に書いた小数は実数を定めるものと考えることができます.(実際,a_n が何であっても (1.4) で定まる級数は,上に有界で単調増加な数列 x_n の極限として確定した値を持ちます.よって小数 $0.9999\cdots$ に実数としての意味を付けるとすれば,それは

$$\begin{aligned}\frac{9}{10} + \frac{9}{10^2} + \cdots + \frac{9}{10^n} + \cdots &= \frac{9}{10} \times \left(1 + \frac{1}{10} + \frac{1}{10^2} + \cdots + \frac{1}{10^n} + \cdots\right) \\ &= \frac{9}{10} \times \frac{1}{1 - 1/10} = \frac{9}{10} \times \frac{10}{9} = 1\end{aligned}$$

以外には有り得ないでしょう.つまり,もしこのようなものも実数を表す小数の仲間に入れるとすれば,実数と小数の対応は一対一ではない,従って質問 1

に対する正確な答は，“1と$0.999\cdots$は，小数としては異なるが，それが表現する実数は等しい”というものです．

質問 5 ときどき“$0.999\cdots$は1の直前の実数じゃないか？”という人がいます．この主張を反駁して下さい．［ヒント：もし1の直前の実数aがあったら，$(1+a)/2$はどういう数になる？］

以上で実数とは何かに関する議論はひとまず完結です．最初に挙げた数の表の中で最後に残った複素数というのは，本質的に重要となるのは2年で関数論を習うときです．しかし微積の公式を深く理解するためには，時々複素数に頼ることが必要になります．複素数は$\boldsymbol{C}=\boldsymbol{R}+i\boldsymbol{R}$で，実数から代数的な手続きで構成されます．計算上は2次元の実ベクトルと等価で，複素数が宣言できない計算機言語では，複素数を実数のペアとして定義します．ただし，単なるベクトルではなく，積の計算法などでより深い構造を持っています．これは極座標を習ったときに説明します．

1.3 数列の収束

【数列の収束・発散】 実数の列$\{a_n\}$がある実数aに**収束**する，記号で

$$\lim_{n\to\infty} a_n = a$$

とは，$n\to\infty$とするとき，a_nの値が限りなくaに近づくことです．高校ではそう習いましたが，限りなく近づくという表現はわかり難いですね．この意味を吟味するため，数列の収束を電卓で調べてみましょう．電卓でa_nの値を小数展開すると，あるnから先ではaの小数展開の値と一致してしまえば，少なくともこの電卓では収束したと判断できます．この電卓が8桁の電卓で，値が十進法でちょうど小数部になっていれば，これは，ほぼ

$$|a_n - a| < 10^{-8}$$

という意味です．でもこれだけでは心配ですね．もっと桁数の大きい電卓を持ってきましょうか．9桁目が違っているかもしれません．しかしnをもっと大きくしたとき10桁の電卓でも大丈夫になっていれば結構です．理論的にはいくらでも桁数の大きい電卓が考えられますから，右辺の小さい数を普通はεで表

して，“どんなに小さい $\varepsilon > 0$ を持ってきても (すなわち，どんなに桁数の大きい電卓でも)，n があるところ (ε に依存するので n_ε と書くのが普通です) から先，すなわち $n \geq n_\varepsilon$ では

$$|a_n - a| < \varepsilon$$

となるとき”，数列 a_n は a に収束するといいます．この文章は長たらしいので，数学ではこれを論理記号で

$$\forall\varepsilon > 0 \quad \exists n_\varepsilon \quad \text{s.t.} \quad n \geq n_\varepsilon \Longrightarrow |a_n - a| < \varepsilon$$

のようにすっきりと表して収束の定義とします．TEX のソースの制御コードは ∀ が `\forall` で ∃ が `\exists` です．記号は All や Exists の頭文字を逆立ちさせたものですから，記憶するのは簡単ですね．(for all は for any と読む人も多いようです．) s.t. は such that の略で，本当の論理式では書きませんが，日常語に近づけるために数学のテキストでは書く人が多いようです．この記号も国際的に通用するようです[6]．論理記号はわかり難いので，この本ではあまり使わないようにしますが，計算機科学など，記号論理学と深い関係にあるものも多いので，どこで必要になるかわかりませんから，数学科でない人も記号の意味くらいは覚えておいて下さい．

計算機でも無限多倍長演算 (より正確には任意多倍長) といって，メモリの許す限りいくらでも桁数の大きい計算を可能にする処理系がいろいろあります．木田祐司氏の UBASIC，フランス生まれの PARI，GNU に入っている BC や GMP などがフリーのソフトとして皆さんも利用可能です．[7]しかし純粋数学との違いは，計算機では所詮は扱える ε には限界があるということです．これは記憶しておいて下さい．

収束しない数列はまとめて**発散**すると呼ばれます．これには，限りなく大きくなる場合や，二つ以上の数の間をふらふら動く場合などがあります．前者は記号では

[6]ちなみに such that という語法は文法的には破格だということである．普通の英語では such と that の間に何か入らなければならない．

[7]微積や代数の計算に使う，いわゆる数式処理のソフトでも任意精度の計算ができる．筆者は Mathematica, Risa などを講義で使った．これらについては第 II 巻の付録を見よ．

$$\lim_{n\to\infty} a_n = +\infty \tag{1.5}$$

などと書き，正無限大に発散するといいます．$+\infty$ は数ではないので，これは $+\infty$ に収束するのではありません．しかし，逆数をとれば 0 に近付く数列になるのだし，取扱も収束列の次に容易です．(1.5) の厳密な定義も収束列の定義にならって次のように書けます：

$$\forall R\ \exists n_R \quad \text{s.t.} \quad n \geq n_R \implies a_n \geq R.$$

収束の定義を厳密に与えると，高校で証明無しに使っていた極限の規則も厳密に証明しようと思えばできるようになります．あまり感激は無いので，性質を列挙するにとどめておきましょう．

定理 1.3 a_n，b_n が収束すれば

1) $\displaystyle\lim_{n\to\infty}(a_n + b_n) = \lim_{n\to\infty} a_n + \lim_{n\to\infty} b_n.$

2) $\displaystyle\lim_{n\to\infty}(a_n b_n) = \lim_{n\to\infty} a_n \cdot \lim_{n\to\infty} b_n.$

3) $\displaystyle\lim_{n\to\infty}\frac{a_n}{b_n} = \frac{\lim_{n\to\infty} a_n}{\lim_{n\to\infty} b_n}.$

ただし，最後の式では分母が 0 にならないものとする．

■練習問題 1.7 1) 勝手な正の実数 x に対し，$x < n$ となる整数 n が必ず存在するという "Archimedes(アルキメデス) の性質" を実数の連続性公理を用いて示せ．[ヒント：もしすべての整数 n が $n \leq x$ だと，実数列 $a_n = n$ は上に有界な単調増加列となり，ある極限 a に収束する．極限の厳密な定義により，番号 n_1 を十分大きくとれば $n \geq n_1$ のとき $|a-n| < 1$，従って $a < n+1$ となるが，これは極限のもう一つの結論である $\forall n$ について $n \leq a$ と矛盾する．]

2) 更に，$n \leq x < n+1$ となる整数 n がただ一つ定まることを示せ．[ヒント：$x < n+1$ とすれば，x は $[0,1)$，$[1,2)$，$\cdots$，$[n,n+1)$ のどれか一つに属する．]

【Cauchy 列】 単調でない数列 a_n には極限があるかどうか一般にはわかりません．これもまずは電卓で調べるしかありません．

a_n の値を計算してゆくと，8 桁の電卓ではあるところから先は同じ表示が得られるようになるときに，収束したと判断し，この表示されている小数を極限の近似値とみなしますね．これはほぼ，十分大きな任意の m, n について，常に

$$|a_m - a_n| < 10^{-8}$$

となっていたら，収束したとみなそうということです．これも極限の場合と同じように，もっと桁数の大きい電卓を持ってこられても対応できるようにしなければなりません．そこで

$$\forall \varepsilon > 0 \quad \exists n_\varepsilon \quad \text{s.t.} \quad m, n \geq n_\varepsilon \quad \Longrightarrow \quad |a_m - a_n| < \varepsilon$$

を収束の条件としようというものです．この条件を満たす数列を **Cauchy 列** (コーシー列) と呼びます．Cauchy 列が必ず収束することは有界単調列の収束定理から証明できますが，ここではどうせ証明しないので，定理と同じように事実として覚えておいて下さい (第 5 章 5.2 節に証明を載せておきます)．この性質を "実数の集合 $\boldsymbol{R}$ は**完備**である" という風に表現します．

数列が収束していれば Cauchy の条件を満たすことは明らかなので，Cauchy 列となることは収束のための必要十分条件です．

例として，入試問題にも出そうな形の漸化式

$$a_{n+1} = 1 + \frac{1}{a_n + 1}$$

を見てみましょう．初期値が $a_1 \geq 1$ を満たせば以下ずっと $a_n \geq 1$ であることがすぐわかりますから

$$a_{n+1} - a_n = \frac{1}{a_n + 1} - \frac{1}{a_{n-1} + 1} = -\frac{a_n - a_{n-1}}{(a_n + 1)(a_{n-1} + 1)}.$$

$$\therefore \ |a_{n+1} - a_n| \leq \frac{1}{4}|a_n - a_{n-1}| \leq \cdots \leq \frac{1}{4^{n-1}}|a_2 - a_1|.$$

これから任意の $m > n$ について

$$\begin{aligned}
|a_m - a_n| &\leq |a_m - a_{m-1}| + |a_{m-1} - a_{m-2}| + \cdots + |a_{n+1} - a_n| \\
&\leq \frac{1}{4^{m-2}} + \frac{1}{4^{m-3}} + \cdots + \frac{1}{4^{n-1}} \\
&\leq \frac{1}{4^{n-1}}\left(1 + \frac{1}{4} + \frac{1}{4^2} + \cdots\right) = \frac{1}{3 \cdot 4^{n-2}}
\end{aligned}$$

となり，Cauchy 列であることがわかる．従って収束しますから，漸化式で極限をとって

$$a = 1 + \frac{1}{a + 1}. \qquad \therefore \ a^2 - 2 = 0$$

から $a=\sqrt{2}$ と結論する方法が正当化できるわけです．このように，数列の収束の議論では無限級数の和の知識を用いるとわかり易いことが多いので，これ以上の議論は第 5 章でやることにします．

Cauchy 列の極限 a は条件

$$|a_n - a| \leq \varepsilon$$

を満たします．極限に行くと等号が付くことに注意して下さい．一般に，常に $a_n < M$ であっても極限に行くと $a \leq M$ となり，M は極限では到達可能です．そこで始めから収束や Cauchy 列の定義にある式に $<$ の代わりに $\leq$ を使ってしまう流儀もあります．

【収束の速さ】 ε を用いた数列の収束の定義は，収束の厳密な定義だけでなく，収束の速さを量的に測る方法をも提供するもので，大変実用的な概念ですが，普通は，数列 a_n の収束の速さを表すのに $|a_n - a|$ が n とともにどの程度小さくなって行くかを示します．

普通，次のような基準が用いられます．

(a) 非常に遅い．$|a_n - a|$ が $\frac{1}{\log n}$ のような大きさのときをいいます．

(b) 遅い．$|a_n - a|$ が $\frac{1}{n}$，より一般に $\frac{C}{n^k}$ のような大きさのときをいいます．

(c) 普通に (実用的に) 速い．$|a_n - a|$ が $\frac{1}{2^n}$，より一般に $\frac{C}{a^n}$ のような大きさのときをいいます．正しい桁の数が n に比例して増えてゆくので一次の収束とも呼ばれます．後で出てくる 2 分法の近似列はこの速さです．

(d) 非常に速い．$|a_n - a|$ が $\frac{1}{2^{n^2}}$ のように，より速いときをいいます．微分を習った後にやる Newton (ニュートン) 法の近似列はこのカテゴリーに属します．

主な数列の 0 に近付く，あるいは正無限大に発散する速さ比べを知って置くのは，応用上も重要です．

例題 1.3 次の極限を証明せよ．

1) $p(n)$，$q(n)$ はそれぞれ n の多項式で，$\deg p > \deg q$ ならば $\lim_{n\to\infty} \dfrac{q(n)}{p(n)} = 0$．ここに $\deg p$ は多項式 p の次数を表す．

2) $\lim_{n\to\infty} \frac{n^k}{a^n} = 0$ (ただし $k>0$, $a>1$ は定数).

3) $\lim_{n\to\infty} \frac{a^n}{n!} = 0$ (ただし $a>1$ は定数).

4) $\lim_{n\to\infty} \sqrt[n]{n} = 1$.

解答 1) $k = \deg p > l = \deg q$ とし,

$$p(n) = a_0 n^k + a_1 n^{k-1} + \cdots + a_k, \qquad q(n) = b_0 n^l + b_1 n^{l-1} + \cdots + b_l$$

とすれば,

$$\frac{q(n)}{p(n)} = \frac{1}{n^{k-l}} \frac{b_0 + b_1 n^{-1} + \cdots + b_l n^{-l}}{a_0 + a_1 n^{-1} + \cdots + a_k n^{-k}}$$

となり, 第二因子の分母・分子は $n\to\infty$ のときそれぞれ a_0, b_0 に近付くので, 第一因子によって全体は 0 に近付く. 抽象的に書かれるとわかりにくいでしょうが, 具体例で考えてみてください.

2) k を大きめに取り換えて証明できれば十分なので, k は正の整数とします. $a = 1+b$, $b>0$ と書けるので,

$$\begin{aligned} a^n &= (1+b)^n \\ &= 1 + nb + \frac{n(n-1)}{2!}b^2 + \cdots + \frac{n(n-1)\cdots(n-k)}{(k+1)!}b^{k+1} + \cdots + b^n \\ &\geq \frac{n(n-1)\cdots(n-k)}{(k+1)!}b^{k+1}. \end{aligned}$$

最後のものは n について $(k+1)$ 次の多項式です. 従って 1) の結果により

$$\lim_{n\to\infty} \frac{n^k}{a^n} \leq \lim_{n\to\infty} \frac{n^k}{\frac{n(n-1)\cdots(n-k)}{(k+1)!}b^{k+1}} = 0.$$

3) 正整数 k を $k>2a$ に選んで

$$\frac{a^n}{n!} = \frac{a\cdot a\cdots a}{1\cdot 2\cdots k}\cdot\frac{a\cdots a}{(k+1)\cdots n} \leq \frac{a^k}{k!}\frac{1}{2^{n-k}}$$

と変形してみれば, $n\to\infty$ のときこれが 0 に近付くことは明らかですね.

4) これは n を連続変数にして微分の計算を使ってやってもよいのですが, 整数の範囲だけでも次のように工夫すればできます：まず, $a_n = \sqrt[n]{n}$ は $n \geq 3$ のとき単調減少です. それは

$$\sqrt[n+1]{n+1} \leq \sqrt[n]{n} \iff (n+1)^n \leq n^{n+1} \iff \left(1+\frac{1}{n}\right)^n \leq n$$

よりわかります．明らかに $a_n \geq 1$ ですから，連続性の公理により極限 $a \geq 1$ を持ちます．もし $a > 1$ だと，$\forall n$ について $\sqrt[n]{n} \geq a$，従って $n \geq a^n$ となりますが，これは 2) の結果より不可能です．よって $a = 1$ でなければなりません．□

練習問題 1.8 次の極限を求める．

1) $\displaystyle\lim_{n\to\infty} \frac{n(n+1)(n+2)}{n^3+100}$ 2) $\displaystyle\lim_{n\to\infty} \frac{{}_n\mathrm{C}_r}{n^r}$ 3) $\displaystyle\lim_{n\to\infty} \sqrt[n]{n^2}$

1.4 実数の作り方

抽象的な議論が続きましたので，少し具体的な問題を考えましょう．この節では実数を得るいろいろな方法を説明します．新しい実数を定義する方法は，本質的には，“既知の数より成る数列の極限” に帰着するのですが，応用上は数列だけでは融通が利かないので，次のようないろいろな別表現が使われます．

【無限級数】 無限級数の最も基本的な例は無限等比級数で

$$\sum_{n=0}^{\infty} a^n = 1 + a + a^2 + \cdots + a^n + \cdots.$$

これは，公比 a が $|a| < 1$ を満たすとき，かつそのときに限り収束し，和は $\frac{1}{1-a}$ となることは高校で習っていますね．一般に，無限級数の和とは

$$\sum_{n=1}^{\infty} a_n := \lim_{n\to\infty} \sum_{k=1}^{n} a_k$$

の意味であり，従って数列の極限として解釈できるということも高校で習っていますね．

[8] $:=$ はプログラミング言語 Pascal で代入記号として，単なる等号と区別するために用いられていますが，数学では左辺の量を右辺の式で定義するのに用いられる国際的な記号です．

---

[8] この記号は，僕が子供の頃読んだ漫画の主人公 “戸沢ねずみの守” が褌の模様に使っていたものを拝借して，アルファベットの 28 番目の文字としたもので，チューと読む．(韓国語ではチュイ．) ちなみに 27 番目の文字は久賀道郎先生に敬意を表して，先生が導入された $\mathbb{W}$ (トリプリュー) としておく．こちらは線形代数でよく使われる．(^^;

級数の収束の問題は上のように部分和である数列の収束の問題に書き直すことができますので，数列の収束に対する判定条件を級数のそれに翻訳することができます．一番基本的な有界単調列の級数版は**正項級数**，すなわちすべての項が正の級数に対する次の判定条件です："正項級数は部分和が上に有界なら収束する．" これから，収束する正項級数を一つ知っていれば，項がそれより小さい正項級数が皆収束することが直ちにわかります．例として

$$1 + \frac{1}{2^2} + \frac{1}{3^2} + \cdots + \frac{1}{n^2} + \cdots \tag{1.6}$$

を考えましょう．高校でも良くやられる問題に

$$\sum_{n=1}^{\infty} \frac{1}{n(n+1)} = \sum_{n=1}^{\infty} \left(\frac{1}{n} - \frac{1}{n+1} \right) = 1$$

というのが有りますね．これは厳密には

$$\sum_{n=1}^{N} \frac{1}{n(n+1)} = \sum_{n=1}^{N} \left(\frac{1}{n} - \frac{1}{n+1} \right) = 1 - \frac{1}{N+1}$$

(中間の項は消し合う)

から $N \to \infty$ の極限に行って得られるものです．$\dfrac{1}{n^2} \le \dfrac{1}{(n-1)n}$ ですから，

$$\sum_{n=1}^{\infty} \frac{1}{n^2} \le 1 + \sum_{n=1}^{\infty} \frac{1}{n(n+1)} \le 2$$

で (1.6) は有限な値を持つことがわかります．実はこれは $\frac{\pi^2}{6}$ という美しい値を持つことがもう少し先へ行くとわかります．これから，$\sum_{n=1}^{\infty} \frac{1}{n^3}$ なども，更に小さい値に収束することがわかります．こちらの方の値は 1970 年代にやっと無理数であることがわかっただけです．

収束の判定がもう少し複雑な例としては

$$1 - \frac{1}{2} + \frac{1}{3} - + \cdots + (-1)^{n-1}\frac{1}{n} + \cdots = \log 2, \tag{1.7}$$

$$1 - \frac{1}{3} + \frac{1}{5} - + \cdots + (-1)^{n-1}\frac{1}{2n-1} + \cdots = \frac{\pi}{4} \tag{1.8}$$

などがあります[9]．これらの等式の証明は Taylor (テイラー) 級数というものを使ってこの本でも第 3 章で出てきますが，和の値を計算機で確認するのは簡単ですね．ここでは収束の説明だけしておきましょう．

一般に $a_n > 0$ として

$$\sum_{n=1}^{\infty}(-1)^{n-1}a_n = a_1 - a_2 + a_3 - + \cdots + (-1)^{n-1}a_n + \cdots$$

の形の級数を**交代級数**と呼びます．これに対しては次のように簡単な収束の判定法があります．

定理 1.4 a_n が単調減少して 0 に収束していれば，交代級数は収束する．またこの級数を第 n 項で切ったときの部分和の誤差は，捨てた項のうちの最初のもの a_{n+1} で抑えられる．

これを説明するため，例えば n が奇数だとすると，部分和は

$$s_{n+1} = s_n - a_{n+1}, \quad s_{n+2} = s_{n+1} + a_{n+2} < s_n, \quad s_{n+3} = s_{n+2} - a_{n+3} > s_{n+1}$$

を満たします．従って，以下同様に

$$|s_m - s_n| \leq |s_{n+1} - s_n| = a_{n+1}$$

が成り立ち，Cauchy の判定条件が満たされます．n が偶数のときも同様で，よって，極限つまり和 s が定まりますが，明らかに

$$|s - s_n| \leq a_{n+1}.$$

これから部分和の誤差に関する定理の最後の主張も得られます．

上で見たように，交代級数の部分和 s_n は

$$\cdots \leq s_{2n} \leq s_{2n+2} \leq \cdots \leq s_{2n+3} \leq s_{2n+1} \leq \cdots, \qquad s_{2n+1} - s_{2n} \to 0$$

という構造になっています．このように，“全体が単調ではないが，偶数番目だけ，奇数番目だけがそれぞれ単調で，上下から同じ値に近付く” という構造が，単調列の次に簡単なものとして良く出て来るものです．

---

9) $- + \cdots$ という表記法は，この先も符号がこの順で交互に現れることを表現するもので，何となく $+ \cdots$ と書きたくない気分のときによく使われる．

さらに一般の級数に対する収束の判定は，数列の場合の Cauchy の条件を翻訳した，次の **Cauchy の判定条件**が基礎になります: 無限級数 $\sum_{n=1}^{\infty} a_n$ が収束するための必要十分条件は $\forall\varepsilon > 0$ に対し，番号 n を十分大きく取れば，$\forall p \geq 0$ に対して

$$\left|\sum_{k=n}^{n+p} a_k\right| < \varepsilon \tag{1.9}$$

が成り立つことである．

特に，$p = 0$ として $a_n \to 0$ は収束のための必要条件ですが，これだけでは級数は収束しません．発散する有名な例として

$$\sum_{n=1}^{\infty} \frac{1}{n} \tag{1.10}$$

くらいは覚えておきましょう．これが正無限大に発散することを示す方法はいろいろありますが，例えば，

$$\begin{aligned}
&1 + \frac{1}{2} + \left(\frac{1}{3} + \frac{1}{4}\right) + \left(\frac{1}{5} + \frac{1}{6} + \frac{1}{7} + \frac{1}{8}\right) \\
&\quad + \left(\frac{1}{9} + \frac{1}{10} + \frac{1}{11} + \frac{1}{12} + \frac{1}{13} + \frac{1}{14} + \frac{1}{15} + \frac{1}{16}\right) + \cdots \\
&\geq 1 + \frac{1}{2} + \left(\frac{1}{4} + \frac{1}{4}\right) + \left(\frac{1}{8} + \frac{1}{8} + \frac{1}{8} + \frac{1}{8}\right) \\
&\quad + \left(\frac{1}{16} + \frac{1}{16} + \frac{1}{16} + \frac{1}{16} + \frac{1}{16} + \frac{1}{16} + \frac{1}{16} + \frac{1}{16}\right) + \cdots \\
&= 1 + \frac{1}{2} + 2 \times \frac{1}{4} + 4 \times \frac{1}{8} + 8 \times \frac{1}{16} + \cdots \\
&= 1 + \frac{1}{2} + \frac{1}{2} + \frac{1}{2} + \frac{1}{2} + \cdots = \infty.
\end{aligned}$$

厳密な証明にするには途中で切ったものがいくらでも大きくなることをいわねばなりませんが，本質は上の計算で終わっているので，その気になればできるでしょう．

数列の場合の Cauchy の条件を級数に翻訳したものだったら，上の表現は簡単すぎないかと思う人がいるでしょう．しかし，数列の場合にも Cauchy の判定条件は，“$\forall\varepsilon > 0$ に対し n_ε を十分大きくとれば，$\forall m > n_\varepsilon$ に対して $|a_m - a_{n_\varepsilon}| < \varepsilon$ とできる” というように，m だけを動かす形に書いても同値な

のです．何故なら，この条件を仮定すれば $\forall m, n \geq n_\varepsilon$ に対して三角不等式により

$$|a_m - a_n| \leq |a_m - a_{n_\varepsilon}| + |a_n - a_{n_\varepsilon}| < \varepsilon + \varepsilon = 2\varepsilon$$

が示せます．右辺が元の条件のときとちょっと違いますが，ε は何でもよいといってるのだから，2ε だっていくらでも小さくなり得るので，結局は同じことなのです．

練習問題 1.9　次の級数は正無限大に発散することを示せ．

1) $1 + \dfrac{1}{3} + \dfrac{1}{5} + \cdots + \dfrac{1}{2n+1} + \cdots$.

2) $\dfrac{1}{2} + \dfrac{1}{3} + \dfrac{1}{5} + \dfrac{1}{7} + \dfrac{1}{11} + \cdots + \dfrac{1}{p} + \cdots$ (すべての素数の和).

[ヒント：2) については練習問題 1.10 参照]

【絶対収束と条件収束】　級数の収束判定については，更にいろいろ実用的な方法が知られていますが，それは第 5 章でまた取り上げます．ただ，この二つの言葉は応用の現場でもよく使われるので，ここで覚えておきましょう．級数 $\displaystyle\sum_{n=1}^{\infty} a_n$ が**絶対収束**しているとは，$\displaystyle\sum_{n=1}^{\infty} |a_n| < \infty$ なること，すなわち，各項の絶対値をとった級数が収束していることです．級数が絶対収束していれば，もとの級数も収束します．これは三角不等式

$$\left|\sum_{k=n}^{n+p} a_k\right| \leq \left|\sum_{k=n}^{n+p} |a_k|\right|$$

により，絶対値を付けた級数が Cauchy の判定条件 (1.9) を満たしていれば元の級数もそれを満たすことから直ちに出ます．しかし，ε-δ 論法の訓練を積んでいないと，いきなりこういわれてもなかなかすんなりとは理解できないでしょう．今は，“絶対値を付けた級数よりも，元の級数の方が，正負の項が打ち消し合う分，収束のチャンスが多い” という風に理解して下さい．第 5 章で絶対収束の意味をもう一度議論します．ここでは実際に絶対収束しないが収束する級数の例があることを認識しておきましょう．そのような級数は**条件収束**するといわれます．上に調べた $\displaystyle\sum_{n=1}^{\infty} \frac{(-1)^{n-1}}{n}$ が代表的な例です．

レポート問題 1.2 1) (1.7) と (1.8) の値を計算機で確認せよ.
2) (1.10) が発散することが計算機で実験できるかどうか試みよ.

参考のため，付録の例 1 に，(1.7) の値を計算する Pascal プログラムを載せておきます.

実数の作り方の続きに戻ります.

【無限乗積】 無限積ともいいます．これは

$$\prod_{n=1}^{\infty}(1+a_n) := (1+a_1)(1+a_2)\cdots(1+a_n)\cdots$$

の形のものです．記号 $\prod$ は初めて見ると思いますが，積の英語 product の頭文字 p に対応するギリシャ文字 π の大文字です．これも途中までの積をとって得られる数列の極限として定義されますが，その収束は対数をとって得られる無限級数

$$\sum_{n=1}^{\infty}\log(1+a_n)$$

の収束と同等と約束します．従って積の値が 0 に近づくときは収束ではなく，発散の一種とみなされます.

$$0 \leq x \leq 1 \text{ なら} \qquad \frac{x}{2} \leq \log(1+x) \leq x$$

だから，$\forall a_n \geq 0$ のときは，収束の必要十分条件が $\displaystyle\sum_{n=1}^{\infty} a_n < \infty$ であることがわかります．これは $\forall a_n \leq 0$ でも同様です．ちなみに a_n の符号が変わるときは交代級数となるので事態はそう簡単ではなく，実際に一方が収束しても他方が収束しないような例が存在します (第 3 章の章末問題 18 参照).

無限積の例としては $\sin x$ の因数分解

$$\sin x = x\prod_{n=1}^{\infty}\left(1-\frac{x^2}{n^2\pi^2}\right) \tag{1.11}$$

が有名です．この式の証明は第 II 巻の第 8 章で出てきます.

練習問題 1.10 次の無限乗積を示せ．ただし $s>1$ は定数とする．

$$\prod_{p:\text{素数}}\left(1-\frac{1}{p^s}\right)^{-1}=\sum_{n=1}^{\infty}\frac{1}{n^s}.$$

また，これから $s\to 1$ として無限積

$$\prod_{p:\text{素数}}\left(1-\frac{1}{p}\right)$$

が 0 に発散することを示せ．

[ヒント：左辺の各因子を等比級数に展開し，更にそれらを展開して “素因数分解の一意性” に注意せよ.]

レポート問題 1.3 無限級数のプログラム例を参考にして

$$\prod_{n=1}^{\infty}\left(1-\frac{1}{4n^2}\right)=\frac{2}{\pi}$$

を計算機で確かめよ．(これは (1.11) において $x=\pi/2$ ととったものである．この等式の初等的な証明が第 4 章の章末問題 6 にある．)

【連分数】 これは

$$a_0+\cfrac{b_1}{a_1+\cfrac{b_2}{a_2+\cfrac{b_3}{a_3+\ddots}}}$$

のようなもので，その意味はこれを途中でちょんぎって得られる有限な繁分数[10)]の極限です．一番よく用いられるのが分子の b_n がすべて 1 のもので，**正則連分数**と呼ばれます．以下，単に連分数といえば，この場合を指すことにします．

$$2+\cfrac{1}{1+\cfrac{1}{2+\cfrac{1}{1+\ddots}}}$$

10) 分数の分子や分母に更に分数が含まれるような複雑な分数のことをかつてこう呼んだ．昔は小学校で繁分数の計算をさせられたが，今はこの言葉も死語となり，分数の計算自体もずいぶん簡単になっているようである．

は**循環連分数**の例です．収束すれば値は

$$x = 2 + \cfrac{1}{1 + \cfrac{1}{x}}$$

から，

$$x^2 - 2x - 2 = 0 \qquad \therefore \quad x = 1 + \sqrt{3}$$

とわかります．ここでは収束の証明はしませんが，正則連分数の場合は，n 番目の数字でちょん切ったものを s_n と置くとき，ちょうど交代級数の部分和と同様，s_n は交互に増えたり減ったりし，偶数番目，および奇数番目は単調数列になることが容易にわかります (分母が大きくなれば分数の値は小さくなる等の理由で)．従って $|s_{n+1} - s_n|$ は単調減少となります．これが 0 に近づけば収束するわけですが，それには

$$\sum_{n=1}^{\infty} a_n = +\infty$$

となることが必要かつ十分であることが知られています．従って例えば一定の整数 $\delta > 0$ が存在して $a_n \geq \delta$ となっていれば連分数は収束します (章末問題 8 参照)．

逆に，ある数を連分数に展開するには，まずそれから整数部分を引き去って 1 より小さくし，その逆数をとって同じ操作を続けます．例えば，$\sqrt{2}$ を連分数展開したければ，

$$x = \sqrt{2} = 1 + (\sqrt{2} - 1) = 1 + \frac{1}{1 + \sqrt{2}} = 1 + \frac{1}{1 + x}$$

よって

$$\sqrt{2} = 1 + \cfrac{1}{2 + \cfrac{1}{2 + \cfrac{1}{2 + \ddots}}}$$

これらの例のように，途中から同じパターンが繰り返されるものを**循環連分数**と呼びます．π なども上と同じ方法で正則連分数に展開できますが，あまり規則的なものはこの方法では得られません．しかし π を近似する良い分数が得られます．例えば，

$$\pi = 3 + \cfrac{1}{7 + \cfrac{1}{15 + \cfrac{1}{1 + \ddots}}}$$

から，途中で切って 22/7，355/113 といった有名な分数が得られます．

練習問題 1.11 次の数を連分数展開せよ．

1) $\sqrt{5}$　　2) $\sqrt{7}$　　3) $\sqrt{13}$

練習問題 1.12 $x > 0$ が整数項の循環連分数に展開されるためには，それが 2 次の無理数，すなわち，整数係数の 2 次方程式の根となることが必要かつ十分であることを示せ．ただし，正則連分数に限らなくてよいものとする．(小数のときと同様，始めの有限個が規則に従わなくても，循環連分数といいます．)

循環しない連分数はもっと難しいですが，面白い値のものがたくさんあります．例として

$$e = 2 + \cfrac{1}{1 + \cfrac{1}{2 + \cfrac{1}{1 + \ddots + \cfrac{1}{1 + \cfrac{1}{2n + \cfrac{1}{1 + \ddots}}}}}}$$

を計算するプログラムを付録例 2 に載せておきます．π についても昔から規則的なものがいろいろ知られていますが，最近発見されたもの[11] として次のようなものが有ります．

$$\pi = 3 + \cfrac{1^2}{6 + \cfrac{3^2}{6 + \cfrac{5^2}{6 + \ddots + \cfrac{(2n+1)^2}{6 + \ddots}}}}$$

[11] L.J.Lange, Amer. Math. Monthly **106** (1999),456–458.

最後に，連分数と同じような考え方で正当化できる表現の例を一つ挙げておきます．

例 1.1 次の表現に対する値を考えましょう：

$$\sqrt{1+\sqrt{1+\sqrt{1+\sqrt{1+\cdots}}}}$$

1 が n 個並んだところで切った表現は普通に意味付けできる (計算するときは後ろから平方根を次々開いてゆく) ので，これを a_n と置くと，

$$a_n = \sqrt{1 + a_{n-1}}$$

となります．この数列は明らかに単調増加です．上に有界なことは自明ではありませんが，例えば $a_n \leq 2$ を帰納法で証明するのは難しくはありません．よってこの数列は収束し，極限値は上の漸化式で n を無限大に飛ばして得られる方程式

$$x = \sqrt{1+x} \qquad \text{すなわち} \qquad x^2 - x - 1 = 0$$

を満たします．正根の方を取って $x = \dfrac{\sqrt{5}+1}{2}$ が求める値です．

レポート問題 1.4 連分数のプログラム例を参考にして

$$\sqrt{1+2\sqrt{1+3\sqrt{1+4\sqrt{1+\cdots}}}}$$

の意味付けを考え，値を計算せよ．

章 末 問 題

問題 1 ⊙ 十進法で $\frac{1}{163}$ および $\frac{1}{103}$ という分数をそれぞれ小数展開したときの循環節を求める．[ヒント: 1.1 節で説明した少年 Gauss の方法を用いよ.]

問題 2 ⊙ 十進法で $\frac{1}{17}$ および $\frac{1}{23}$ という分数をそれぞれ二進法で小数展開したときの循環節を求める．[ヒント: 二進法でも循環節の長さはそれぞれ $17-1=16$ あるいは $23-1=22$ の約数となることに注意.]

問題 3 ◠ 表現

$$\sqrt{1+2\sqrt{1+3\sqrt{1+4\sqrt{1+\cdots}}}}$$

の値を計算機に頼らずに出してみよう．

1) 上の表現の最後を $\cdots+(n-1)\sqrt{1+n}$ で止めたものを a_n と置くとき，これは単調増加な数列を定めることを示せ．

2) a_n の定義において，最後のところを $\cdots+(n-1)\sqrt{1+n(n+2)}$ と修正したものを b_n とするとき，

$$a_n - b_n \to 0 \quad (n\to\infty)$$

を示せ．

3) b_n の値はいくつか？

4) 最初の表現はいかなる実数を表すと考えられるか？

問題 4 ◠ 次の表現を適当な極限として意味付けし，値を決定せよ．

1) $\sqrt{2+\sqrt{2+\sqrt{2+\cdots}}}$　2) $\sqrt{2-\sqrt{2+\sqrt{2-\sqrt{2+\cdots}}}}$　3) $\sqrt{2}^{\sqrt{2}^{\sqrt{2}^{\cdot^{\cdot^{\cdot}}}}}$

問題 5 ◠ π，e，$\sqrt[3]{2}$ の正則連分数展開

$$a_0+\cfrac{1}{a_1+\cfrac{1}{a_2+\cfrac{1}{a_3+\ddots}}},\qquad a_k\in\boldsymbol{N}$$

を定義に従って a_5 の項まで計算せよ．

問題 6 ⊙ 次の極限を求めよ (例題 1.3 をよく理解し，大きな数値にだまされないように！)．

1) $\displaystyle\lim_{n\to\infty}\frac{n^{1000}}{1.0001^n}$　2) $\displaystyle\lim_{n\to\infty}\frac{1000^n}{n!}$　3) $\displaystyle\lim_{n\to\infty}\frac{\sqrt{n}}{(\log n)^{1000}}$　4) $\displaystyle\lim_{n\to\infty}\left(1+\frac{1}{n!}\right)^{n!}$

問題 7 ⊙ $\frac{1}{2}\le x\le 2$ とする．$a_1=1$ を初期値とし $a_{n+1}=\frac{1}{2}a_n(3-xa_n^2)$ で定まる数列 a_n の収束・発散を論ぜよ．また収束するときは極限値を示せ．

問題 8 ◠ a_n，b_n を正の実数とする．$n=1,2,\cdots$ に対し連分数

$$s_n = a_0+\cfrac{b_1}{a_1+\cfrac{b_2}{a_2+\ddots\cfrac{b_{n-1}}{a_{n-1}+\cfrac{b_n}{a_n}}}} \tag{1.12}$$

を考える．

1) $A_{-1}=0$，$B_{-1}=1$，$A_0=1$，$B_0=a_0$ とし，以下 $n=1,2,\cdots$ に対し

$$A_n = a_nA_{n-1}+b_nA_{n-2}, \qquad B_n = a_nB_{n-1}+b_nB_{n-2}$$

で順に A_n，B_n を定めると，$n=0,1,2,\cdots$ に対し $s_n = B_n/A_n$ となることを示せ．

2) $n=1,2,\cdots$ に対し

$$s_n - s_{n-1} = (-1)^{n-1}\frac{b_1\cdots b_n}{A_{n-1}A_n} \tag{1.13}$$

を示し，これより

$$\lim_{n\to\infty} s_n = a_0 + \sum_{n=1}^{\infty}(-1)^{n-1}\frac{b_1\cdots b_n}{A_{n-1}A_n} \tag{1.14}$$

を示せ．

3) (1.12) においてすべての $b_n=1$ のとき (すなわち正則連分数のとき)，$\lim_{n\to\infty} s_n$ が収束するためには

$$\sum_{n=1}^{\infty} a_n = \infty$$

が必要かつ十分であることを示せ．

問題 9 ◠◠ (**Gauss の算術幾何平均**)　$a>b>0$ とし，$a_1=\dfrac{a+b}{2}$，$b_1=\sqrt{ab}$．以下順に

$$a_n = \frac{a_{n-1}+b_{n-1}}{2}, \qquad b_n = \sqrt{a_{n-1}b_{n-1}}$$

で二つの数列 a_n，b_n を定める．

1) a_n，b_n は同一の極限 $\mathrm{AGM}(a,b)$ に収束することを示せ．また収束の速さはどうか？

2) $\mathrm{AGM}(a,b) = a\,\mathrm{AGM}(1,b/a) = b\,\mathrm{AGM}(a/b,1)$ を示せ[12)]．

---

12) この値は楕円積分というものを用いて表すことができます．第 II 巻第 8 章参照．

第2章

関数

微積で使われる基礎的な関数[1] いわゆる初等関数についてまとめ，また実用で使われているその他の奇妙な関数にもそろいぶみをしてもらいます．新しい概念としては逆三角関数が最も重要なオブジェクトです．

いよいよ微積の真打ちである関数の登場です．数の場合と同じように，今までに習った関数を一覧表にしてみましょう．

2.1 関数のいろいろ

一口に関数といっても，いろんなものがあります．19 世紀の中ごろに，独立変数の各値 x に対して決まった値 $f(x)$ が定まっているものはみんな関数と呼ぶことにしたのですから．しかし，基本は式で表現された自然な関数ですから，まずこれから見てゆきましょう．

【自然な関数】 何をもって自然な関数というかはあいまいですが，後で解析関数というクラスの定義が出て来ます．それまではあまり気にしないで常識で判断することにしましょう．これには次のようなものがあります．

1) **多項式** $a_0x^n + a_1x^{n-1} + \cdots + a_n$ これは明白．

2) **有理関数** $\frac{p(x)}{q(x)}$ ここに $p(x)$，$q(x)$ は多項式です．高校では分数式といっていたでしょうが，関数の種類としては有理関数の方が合理的です．

3) **代数関数** $\sqrt{x}$，$\sqrt[3]{1-x}$ など，根号を含む関数です．高校で無理関数とい

[1] 元来は明治以来の伝統をもつ“函数”という字を用いた．筆者は講義で今もこちらを使っている．“関数”は同じ発音で易しい字にしたつもりだろうが，これでは中国や韓国の留学生には通じないし，彼らにとっては発音も同じではない．国際化の時代に逆行していると思うが，ここは編集者の強い要望により世の中の流れに従っておく．

う言葉を用いた時代もありました．代数関数の正確な定義は，一般に x の多項式を係数とする代数方程式の根として得られる関数のことです．$y = \sqrt{x}$ の例では,

$$y^2 - x = 0$$

を y について解いたものとなっています．実は

$$y^5 - xy + 1 = 0$$

で定まる y などは四則演算と根号で表せないことが Abel (アーベル) と Galois により示されていますが，これも代数関数の仲間です．

4) **初等超越関数** 超越関数とは代数的でない関数のことです．例として高校で指数関数，対数関数，三角関数を習いました．すぐ後で三角関数の逆関数である逆三角関数を習います．三角関数自身については，$\sin x$，$\cos x$，$\tan x$ と，それに加えて $\cot x = 1/\tan x$ は知らない人はいないでしょうが，更に $\sec x = 1/\cos x$ と $\mathrm{cosec}\, x = 1/\sin x$ もまだ理工学の文献で用いられることがあります．最近はこれらを高校で扱わなくなっているようなので，ここで覚えておきましょう．

なお，西欧の文献では，tan，cot をそれぞれ tg，ctg と書くのが普通です．自然対数の log も ln と書くのが普通です．

以上の関数，及びこれらから代数的な演算と関数の合成で得られるものを**初等関数**といい，それ以外のものを**高等関数**といいます．この分類にはあまり実学的な意味はありませんが，定義はきちんとできるので，後で出てくるようにアルゴリズムの問題としては面白いものが生じます．高等超越関数の例は，第 II 巻の第 8 章で出てきます．

【逆三角関数】 $x = \sin y$ を y について解いたものを $y = \arcsin x$ と記し，x の**逆正弦**あるいはアークサイン x などと呼びます．($\sin^{-1} x$ という記号も良く使われますが，講義をさぼった人が $1/\sin x$ と間違えるのでここでは使いません．) 三角関数表を逆にたどるだけなので，実質的には中学生でも知っていることであり，関数電卓をもっている人は教えられなくても使っているものです．それを何故高校では教えないかというと，上の方程式を y について解くと答が一つに定まらないからです．すなわち，逆正弦は無限多価関数なのです．電卓が

示すのは，そのうちで**主値**と呼ばれる値で $-1 \leq x \leq 1$ に対し，$-\frac{\pi}{2} \leq y \leq \frac{\pi}{2}$ という制限を付けて一意に定まるようにされた値のことです．この主値を表すのに $\mathrm{Arcsin}\, x$ と記します．記号を区別せずに使う人も多いようです．

同様に，$x = \cos y$ から**逆余弦** $y = \arccos x$ が定義されます．この場合の主値 $\mathrm{Arccos}\, x$ は $0 \leq y \leq \pi$ と決められています．また，$x = \tan y$ から逆正接 $y = \arctan x$ が定義されます．この主値 $\mathrm{Arctan}\, x$ は $-\frac{\pi}{2} \leq y \leq \frac{\pi}{2}$ です．これらの関数のグラフは以下の通りです．ここで，——が主値を示します．最初の $\arcsin x$ だけもとの $\sin x$ を——で示しています．

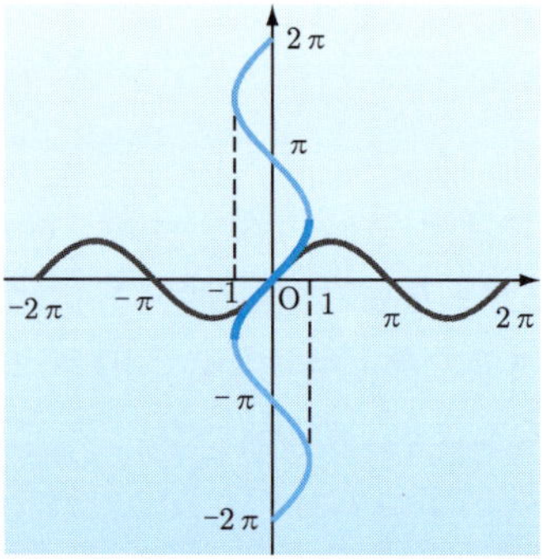

図 **2.1a**　$y = \sin x$ と $y = \arcsin x$

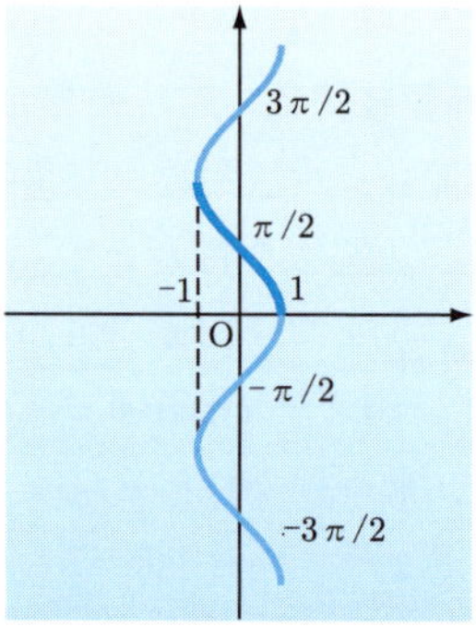

図 **2.1b**　$y = \arccos x$

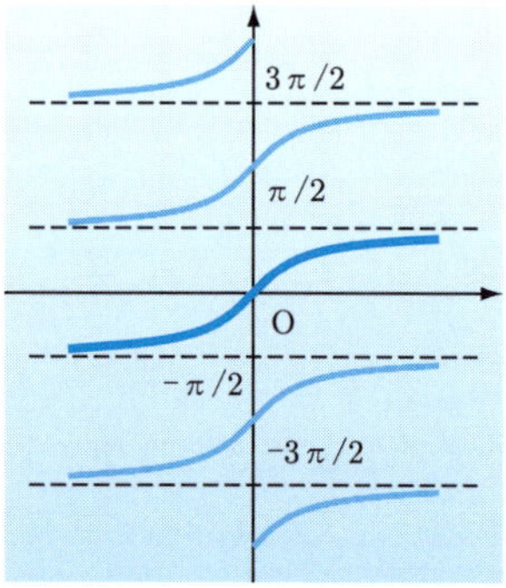

図 **2.1c**　$y = \arctan x$

三角関数に関してよく知っている公式でも，逆三角関数で書かれるとすぐにはわからないことが多いので，少し練習しましょう．

練習問題 2.1　次の等式を示せ.

1) $\mathrm{Arccos}\,x + \mathrm{Arcsin}\,x = \dfrac{\pi}{2}$　　2) $\mathrm{Arcsin}\,x = \mathrm{Arctan}\,\dfrac{x}{\sqrt{1-x^2}}$

3) $\mathrm{Arctan}\,x + \mathrm{Arctan}\,\dfrac{1}{x} = \begin{cases} \dfrac{\pi}{2}, & x > 0 \text{ のとき}, \\ -\dfrac{\pi}{2}, & x < 0 \text{ のとき}. \end{cases}$

すべて主値で話がすめば簡単なのですが，微積分の計算では，主値だと却って不自然になってしまうことも時にはあります．やはり逆三角関数は本質的には無限多価関数だということは記憶しておくべきでしょう．

練習問題 2.2　$\mathrm{Arcsin}\,x$ が主値を表すとすると，$\mathrm{Arcsin}\,(\sin x)$ はすべての実数に渡って x と等しくはならない．何になるか調べよ．

【双曲線関数】　その他，内容としては新しくはないのですが，双曲線関数

$$\sinh x = \frac{e^x - e^{-x}}{2}, \quad \cosh x = \frac{e^x + e^{-x}}{2}, \quad \tanh x = \frac{e^x - e^{-x}}{e^x + e^{-x}} \tag{2.1}$$

の挙動も覚えておくと役に立ちます．これらは順に，**双曲正弦**，**双曲余弦**，**双曲正接**と呼ばれますが，三角関数と同様，そのまま“サインハイパーボリック”等々と読むことが多いようです．簡単な計算で

$$\cosh^2 x - \sinh^2 x = 1, \qquad 1 - \tanh^2 x = \frac{1}{\cosh^2 x}$$

などがわかります．これらの公式がなぜ三角関数の対応する公式にそっくりなのかの種明かしは，第 II 巻の第 8 章でやります．

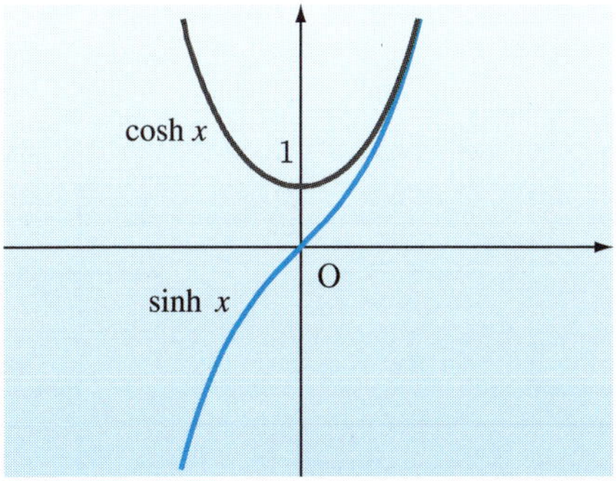

図 2.2　双曲線関数のグラフ

■**練習問題 2.3** 双曲線関数の逆関数を具体的に計算し，その多価性を調べよ．

【その他の関数】 上で述べた関数は (ここでは定義を保留しますが) “解析関数” と呼ばれる素直なものばかりです．これに対して次のような，人工的に見える “変な” 関数が実用数学でも用いられています．

a) $x_+ := \max\{0, x\} = \begin{cases} 0, & x < 0 \text{ のとき}, \\ x, & x \geq 0 \text{ のとき}. \end{cases}$

b) $x_- := \max\{0, -x\} = \begin{cases} -x, & x < 0 \text{ のとき}, \\ 0, & x \geq 0 \text{ のとき}. \end{cases}$

c) $|x| := \begin{cases} -x, & x < 0 \text{ のとき}, \\ x, & x \geq 0 \text{ のとき}. \end{cases}$

d) $\operatorname{sgn}(x) := \begin{cases} -1, & x < 0 \text{ のとき}, \\ 1, & x > 0 \text{ のとき}. \end{cases}$ (符号関数).

e) $Y(x) := \begin{cases} 0, & x < 0 \text{ のとき}, \\ 1, & x > 0 \text{ のとき}. \end{cases}$ (Heaviside 関数).

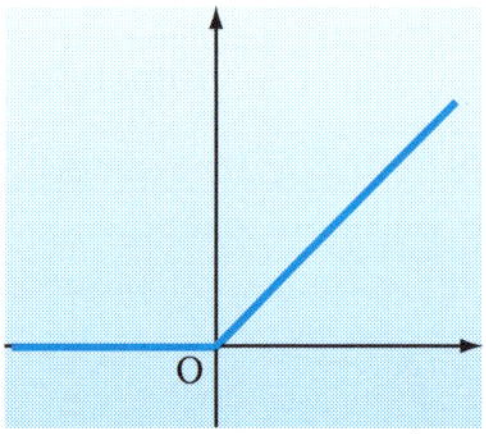

図 2.3 $y = x_+$

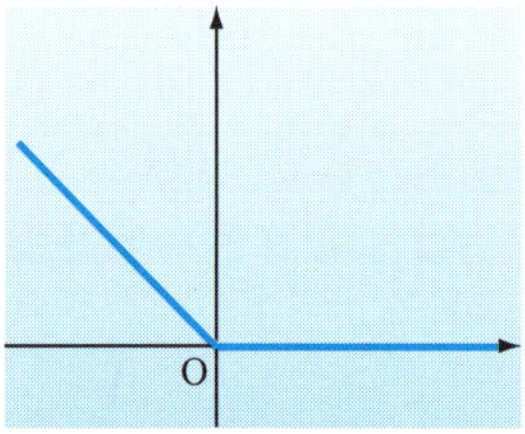

図 2.4 $y = x_-$

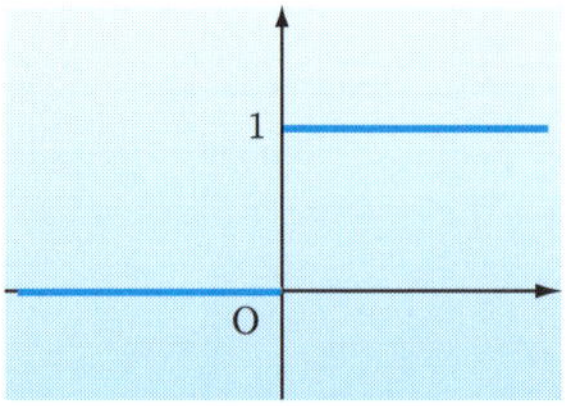

図 2.5 $y = Y(x)$

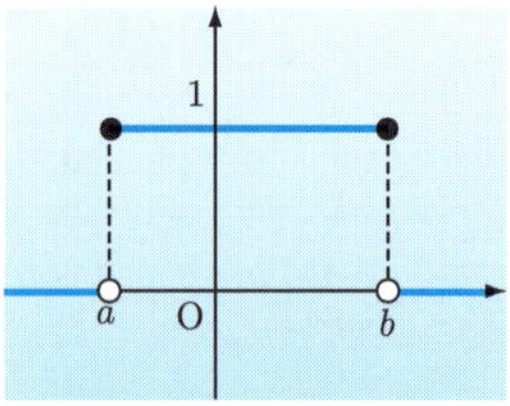

図 2.6 $y = \chi_{[a,b]}(x)$

f) $\chi_{[a,b]}(x) := \begin{cases} 0, & x \notin [a,b] \text{ のとき}, \\ 1, & x \in [a,b] \text{ のとき}. \end{cases}$　　(区間 $[a,b]$ の定義関数).

普通，関数というからにはその定義域内では独立変数のどの点でも値が確定していなければなりません．$\mathrm{sgn}\,(x)$ の $x=0$ での値は 0 と定めるのが普通です．$Y(x)$ の $x=0$ での値は 1/2 と定める流儀と 1 と定める流儀があります．しかし数学者や現場の技術者たちはこういう点での関数の値は気にしないのが普通です．受験数学よりもおおらかですね．

練習問題 2.4　次の等式を確かめよ．(ただし出てくる関数の値の定義が曖昧な点では考えなくてよい．)

1) $|x| = x_+ + x_-$　2) $x = x_+ - x_-$　3) $x_+ = \dfrac{|x|+x}{2}$

4) $\mathrm{sgn}\,(x) = \dfrac{x}{|x|}$　5) $Y(x) = \dfrac{1+\mathrm{sgn}\,(x)}{2}$　6) $\chi_{[a,b]}(x) = Y(x-a)Y(b-x)$

2.2　連続変数に関する極限

上で，$\mathrm{sgn}\,(x)$ などの $x=0$ での値を数学者はそう気にしないといいましたが，その一つの理由は，この点での値をどう決めるかよりも，独立変数 x がこの点に近づいたときの関数の値の極限値の方がずっと重要だからです．

$$\lim_{x\to -0} \mathrm{sgn}\,(x) = -1, \qquad \lim_{x\to +0} \mathrm{sgn}\,(x) = 1.$$

これらはそれぞれ $\mathrm{sgn}\,(x)$ の $x=0$ での**左極限**，**右極限**と呼ばれるものです．右極限を電卓の議論で定式化すれば“どんなに桁数の多い電卓をもってきても，独立変数 x を a の右側から a に十分近づければ，$f(x)$ の値は b と区別できなくなる”，すなわち，

$$\lim_{x\to a+0} f(x) = b \iff \begin{array}{l} \text{“}\forall\varepsilon>0 \quad \exists\delta>0 \quad \text{s.t.} \\ a<x<a+\delta \quad \Longrightarrow \quad |f(x)-b|<\varepsilon\text{”} \end{array}$$

数列のときとの違いは，極限値に近づけるために番号を十分大きくしたかどうかを表す n_ε の代わりをしているのが，ここでは独立変数が十分 a に近くとられたかどうかを示す小さな数 δ だという点です．

練習問題 2.5 左からの極限値 $\lim_{x \to a-0} f(x) = b$ の厳密な定義を上に倣って記せ.

両側の極限値が一致するときは，まとめて $\lim_{x \to a} f(x)$ と書きます.

$$\lim_{x \to a} f(x) = b \iff \begin{array}{l} \text{“}\forall\varepsilon > 0 \quad \exists\delta > 0 \quad \text{s.t.} \\ 0 < |x-a| < \delta \implies |f(x)-b| < \varepsilon\text{”} \end{array}$$

定義式で $x = a$ が除かれていることに注意して下さい．極限値を論ずるときは $x = a$ での値は問題にしないのです.

連続変数に関する極限も，数列の極限と同様，四則演算と良好な関係にあります．我々は“御用とお急ぎ”なので証明はやめましょう.

定理 2.1 $f(x)$，$g(x)$ を $x = a$ の近くで ($x = a$ を除き) 定義された二つの関数とする.

1) $\lim_{x \to a+0} \{f(x) + g(x)\} = \lim_{x \to a+0} f(x) + \lim_{x \to a+0} g(x)$.

2) $\lim_{x \to a+0} f(x)g(x) = \lim_{x \to a+0} f(x) \cdot \lim_{x \to a+0} g(x)$.

3) $\lim_{x \to a+0} \dfrac{f(x)}{g(x)} = \dfrac{\lim_{x \to a+0} f(x)}{\lim_{x \to a+0} g(x)}$.

ただし，最後の式では分母が 0 にならないものとする．左からの極限や両方からの極限についても同様の式が成り立つ.

【数列の極限との関係】 連続変数に関する極限は，数列の極限よりもわかり易いという人もいれば，x が連続的にある値に近づくというのが想像できないという人もいます．ここではどっちか一方が理解できれば十分だよということを示します．すなわち，次のような主張が成り立つのです.

定理 2.2 $x \to a+0$ のとき $f(x) \to b$ となるためには，a の右側から a に近づくどんな数列 a_n に対しても $n \to \infty$ のとき $f(a_n) \to b$ となっていることが必要かつ十分である.

べったり動く $x \to a$ を一つの数列 a_n に減らしたのだから，$f(a_n) \to b$ が必要なことは明らかですね．逆に a_n が何でもこうなっていれば $f(x) \to b$ だというのを示すには，背理法を用います．ε-δ 論法が必要になるので，続きは第 5 章に回しましょう．この言い替えは理論的にはとても重要ですが，実用的には，すべての数列で試すのは不可能なので応用の現場ではしばしば代表的な一つの数列 a_n だけで確認することが多いようです．この場合は，a_n を例外的でない，十分に一般の数列に選ぶ工学的直感力が論理力の代わりに必要となるでしょう．

2.3 連 続 関 数

【関数の連続性】 $\operatorname{sgn}(x)$ の例では

$$\lim_{x\to a-0} f(x) \neq \lim_{x\to a+0} f(x)$$

となっています．こういう関数のグラフは $x=a$ で切れてしまいます．逆に，これらの左右からの極限値が一致していれば，この点での関数値を自然にこの値に等しく定めれば，グラフは繋がります．数学用語では，関数は $x=a$ で**連続**であるといいます：

$f(x)$ が点 $x=a$ で連続 $\iff$
1) 関数値 $f(a)$ が定義されている．
2) 左極限 $\displaystyle\lim_{x\to a-0} f(x)$，および
右極限 $\displaystyle\lim_{x\to a+0} f(x)$ が存在する．
3) これらの値がすべて一致する．

まとめていえば

$$f(x) \text{ が点 } x=a \text{ で連続} \iff x\to a \quad \text{のとき} \quad f(x)\to f(a)$$

ε-δ 論法で表すと

$$f(x) \text{ が点 } x=a \text{ で連続} \iff \text{“}\forall\varepsilon>0 \quad \exists\delta>0 \quad \text{s.t.} \quad |x-a|<\delta \implies |f(x)-f(a)|<\varepsilon\text{”}$$

となります．この連続性の厳密な定義はわかり難いかもしれませんが，計算機に関数のグラフを正しく描かせようと思えば当然に必要となる考察です．

一般に，関数 $y=f(x)$ の $a\le x\le b$ の範囲のグラフを計算機で描かせるには，適当なメッシュの折れ線で近似したものを描きます．その手順は，

1) 描画枠と折れ線近似の刻み幅 $h = (b-a)/N$ を決める．

2) 描画点を $(a, f(a))$ に移動する．

3) そこから点 $(a+h, f(a+h))$ に線分を引く．

4) 以下同様に，直前の点 $(a+kh, f(a+kh))$ から次の点 $(a+(k+1)h, f(a+(k+1)h))$ まで線分を引くという操作を N 回繰り返し，点 $(b, f(b))$ に到ったときにやめる．

連続関数のグラフならこれでよいのですが，$y = \mathrm{sgn}\,(x)$ のグラフを描くのに，そのままこの手順を適用すると，ジャンプしている $x = 0$ のところを結んでしまいます．それを避けるには，もし $f(a+kh)$ と $f(a+(k+1)h)$ の値の差が予め決めた ε の値よりも大きければ，そこは連続には繋がっていないと判断して結ばずに描画点の移動だけを行う，という配慮が必要です．$h = \delta$ だとみなせば，これは本質的に上で述べた連続性の判定と同じことですね．違いは ε を一つ固定してしまっていることと $a + kh < x < a + (k+1)h$ での $f(x)$ の値は考えていないという点だけです．実際に計算機でグラフを描くには，プログラム言語だけでなく描画のためのグラフィックシステムに何を使うかも決めなければなりません．Pascal 言語については付録の例 3 を見て下さい．

レポート問題 2.1 連続関数 $y = \sin x$ の描画プログラム `example3.p` を適当に修正して連続でない関数 $y = \mathrm{sgn}\,(x)$ のグラフを描け．

関数の連続性をより良く理解するため，連続でない点ではどんな状態があり得るかを調べておきましょう．連続性に関する上の条件を否定すると，関数 $f(x)$ が点 $x = a$ で連続でないときは

1) 関数値 $f(a)$ が存在しないか，

2) 左右の極限値 $\displaystyle\lim_{x\to a\pm 0} f(x)$ のいずれかが存在しないか，

3) 左右の極限値は存在するが，それらが食い違っているか，

4) 左右の極限値は一致する (i.e. $\displaystyle\lim_{x\to a} f(x)$ は存在する) が関数の値 $f(a)$ と異なるか，

のいずれかが起こっているという訳です．このうち 1) は $f(a)$ の定義だけならいつでも追加できますので，本質的な問題は 2) 以下です．4) は関数値 $f(a)$ を修正しさえすれば連続になるので，考慮する必要は無いようにも思えますが，実

際に計算をしているとこのような関数が割と自然に現れることがあります．このような不連続点は**除去可能**と呼ばれ，関数の値を極限値で置き換えて (未定義だった場合は極限値により新たに定義して) 連続にすることを“関数を連続性により拡張する”といいます．$\frac{\sin x}{x}$ の $x=0$ での値を 1 と定義するなどがこの例です．この関数は $\mathrm{sinc}\, x$ とも書かれ，情報通信などで良く用いられています．

3) は連続でない場合のうちで一番質の良い方で，“第 1 種の不連続点”と呼ばれます．上に出て来た $Y(x)$ などの実用的な関数の不連続点はみなこの種類です．これ以外を第 2 種といいます．その例は

$$f(x)=\begin{cases}\sin\dfrac{1}{x}, & x\neq 0 \text{ のとき},\\ 0, & x=0 \text{ のとき}\end{cases} \tag{2.2}$$

などです．

練習問題 2.6 次の関数の連続性を調べよ．

1) $f(x)=\displaystyle\sum_{n=0}^{\infty}\frac{x^2}{(1+x^2)^n}$.　　2) $f(x)=\begin{cases}\sqrt{x}, & x\geq 0 \text{ のとき},\\ 0, & x<0 \text{ のとき}.\end{cases}$

3) $f(x)=\begin{cases}x\sin\dfrac{1}{x}, & x\neq 0 \text{ のとき},\\ 0, & x=0 \text{ のとき}.\end{cases}$

レポート問題 2.2 1) 関数 (2.2) のグラフを“美しく”描いてみよ．(付録例 3 のプログラムをそのまま使うと，振動が細かいところで頭の高さが十分でなくなってしまう．)

2) 上の練習問題の 1) の無限和を，第 5，10，100，1000 項までの和で止めて得られる関数のグラフを重ね描きしてみよ．

極限の性質を連続関数の定義に当てはめると，次の主張が直ちに得られます：

定理 2.3 $f(x)$，$g(x)$ を点 $x=a$ で連続な二つの関数とするとき，$f(x)+g(x)$，$f(x)g(x)$ もまた点 $x=a$ で連続となる．更に，$g(a)\neq 0$ なら，$f(x)/g(x)$ もまた点 $x=a$ で連続となる．

連続変数に関する極限の定義は数列に置き換えて述べることができました (定理 2.2)．それを連続関数の定義に組み込めば，次のような主張が得られます：

定理 2.4 $f(x)$ が点 a で連続となるためには，a に近づくどんな数列 a_n に対しても $n \to \infty$ のとき $f(a_n) \to f(a)$ となっていることが必要かつ十分である．

2.4 連続関数の性質

連続関数とは，定義域の各点で連続な関数のことです．次のように重要な性質をいくつかもっています．

定理 2.5 **(中間値の定理)** 閉区間 $[a, b]$ で連続な関数 $f(x)$ は，この区間で $f(a)$ と $f(b)$ の中間の任意の値 C をとる．

この定理は，実数の連続性公理と連続関数の厳密な定義を用いて証明できますが，ここでは高校のときと同様，とりあえずグラフを描いて納得しておき，まず最初にその応用として，二分法を勉強しましょう．(その後で証明らしきものを示します．)

$f(x)$ が閉区間 $[a, b]$ で連続で，$f(a)$ と $f(b)$ が異符号ならば，中間値の定理により $f(x)$ はこの区間で値 0 を取ります．すなわち，超越方程式 $f(x) = 0$ は，この区間に少なくとも一つの解をもちます．それを以下のアルゴリズムで近似計算するのが**二分法**です．

1) $a_0 = a$，$b_0 = b$ と置く．$[a_0, b_0]$ の中点 m_0 をとる．

2) もし $f(a_0)$ と $f(m_0)$ が異符号なら，$a_1 = a_0$，$b_1 = m_0$ ととる．そうでなければ $a_1 = m_0$，$b_1 = b_0$ ととる．いずれにしても，中間値の定理により $f(x) = 0$ の解が $[a_1, b_1]$ に少なくとも一つはある．

3) 以下，帰納的に，$[a_n, b_n]$ まで定まったとして，その中点 m_n を取って同様に進め，$[a_{n+1}, b_{n+1}]$ を定める．

$\{a_n\}$ は単調増加，$\{b_n\}$ は単調減少で，互いに相手により抑えられているので，これらは収束する．しかし

$$b_n - a_n = \frac{b_0 - a_0}{2^n} \tag{2.3}$$

なので，これらの極限は一致し，$f(x) = 0$ の真の解を与える．この解は常に

$[a_n, b_n]$ に含まれているので，実用的には，適当な n で止めれば a_n または b_n が誤差 (2.3) 以下の近似解となる．

この誤差評価から，二分法の近似列が 1 次の収束をしていることもわかります．

参考のため，$\sqrt{2}$ を方程式 $x^2 - 2 = 0$ に二分法を適用することにより求めるプログラム example4.p を付録例 4 に示します．

レポート問題 2.3　二分法を用いて超越方程式 $x = \cos x$ の近似解を計算せよ．

二分法に関する上の説明は中間値の定理の証明の核心部分をほとんどカバーしています．実際，$f(x)$ を $f(x) - C$ で取り換えることにより，取ることを示すべき値は 0 だとしても一般性を失いません．すると，上の二分法の手続きで $[a, b]$ の区間の部分列 $[a_n, b_n]$ が得られ，$\exists c \in [a, b]$ に対して $a_n \to c$, $b_n \to c$ となるのでした．このとき，$f(x)$ の連続性により $f(a_n) \to f(c)$，$f(b_n) \to f(c)$ ですが，a_n, b_n の取り方から，$f(a_n)$ と $f(b_n)$ は互いに異なる一定の符号，例えば，$f(a_n) < 0$，$f(b_n) > 0$ をもっています．すると極限に行って $f(c) \leq 0$, $f(c) \geq 0$．よって $f(c) = 0$ でなければなりません．

中間値の定理は，単調増加な連続関数に逆関数が存在することを厳密にいうときにも必要となります．われわれは逆三角関数を定義するときにも，もうそのことを直観的に認めて使ってしまったのでした．微分積分学のすべてを理論的に構築するのは，気の遠くなるような仕事です．ユーザーとしての我々も，すべての証明を辿る必要は無いかもしれませんが，先人の努力には敬意を表しておきましょう!

定理 2.6　**(最大値の定理)**　閉区間 $[a, b]$ で連続な関数は，そこで最大値に到達する．

最大値に到達すればもちろん最小値にも到達します．f が最小となる点は $-f$ が最大となる点なので，普通は定理の記述を一つで済ませます．

最大値の定理も当座は図で納得すればいいでしょうが，証明を気にする人のためにその要点を書いておきましょう．上の定理を分析すると，以下のように二つの部分より成っていることがわかります．まず，

1) 連続関数が閉区間 $[a,b]$ で取る値は上に**有界**である．すなわち，ある定数 M が存在して

$$a \leq x \leq b \quad \text{において} \quad f(x) \leq M \quad \text{となる．} \tag{2.4}$$

ここが証明の核心です．その粗筋は次の通りです：もし $f(x)$ が区間 $[a,b]$ 上で値が有界でないと，この区間を $[a,(a+b)/2]$, $[(a+b)/2,b]$ と半分ずつにしたとき，そのどちらかで既に有界ではありません．その部分区間を例えば $[a_1,b_1]$ と書き直しましょう．これを更に半分にしても，やはりそのどちらか $[a_2,b_2]$ で $f(x)$ は有界ではありません．この操作を続けてゆくと，長さが順に半分になる区間の減少列 $[a_n,b_n]$ が得られますが，二分法のときの証明と同様，これは一点 c に収束します．しかし $f(c)$ は有界な値なので $\delta > 0$ を十分小さく選べば，区間 $(c-\delta,c+\delta)$ での $f(x)$ の値はこれに近くなければいけません:

$$|x-c| < \delta \quad \Longrightarrow \quad |f(x)-f(c)| < \varepsilon, \quad \text{従って} \quad f(x) < f(c)+\varepsilon.$$

しかるに n が十分大きいと $[a_n,b_n] \subset (c-\delta,c+\delta)$ となってしまい，$[a_n,b_n]$ 上で $f(x)$ の値が有界でなかったことと矛盾します．

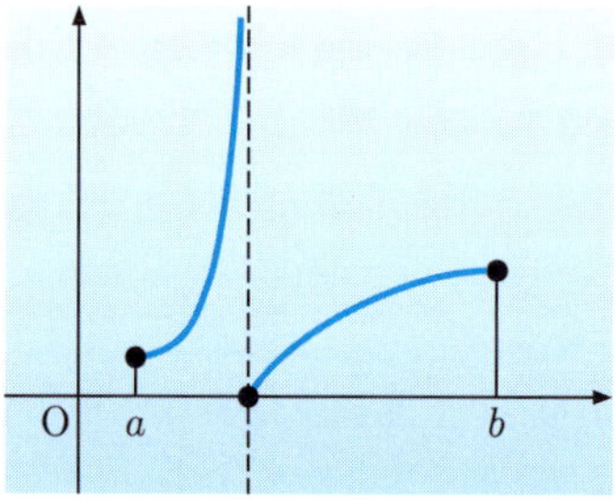

図 2.7a　連続でないと有界と限らない例

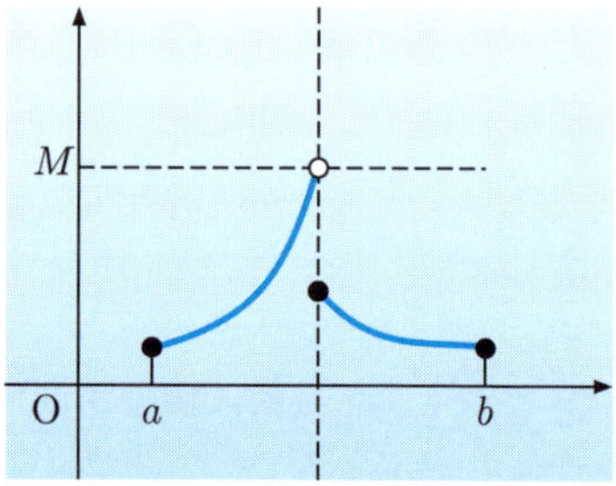

図 2.7b　有界でも最大値をとらない例

連続関数でないと，閉区間で取る値は有界とは限りません (図 2.7a)．では，値が有界な関数は最大値をもつでしょうか？連続関数でないと図 2.7b のような反例がありますね．このときの図の上方の破線の高さ，すなわち，(2.4) が成り

立つぎりぎり最小の M を区間 $[a,b]$ 上での f の値の**上限**といい

$$\sup_{a \leq x \leq b} f(x)$$

と書きます．f がこの値をとる点は，一般にはこの区間の中に必ずしも存在しないことに注意して下さい．

2) 連続関数が閉区間 $[a,b]$ で取る値には上限が含まれる．

上限が関数の値域に含まれているとき，それを**最大値**というのです．最大値を表す記号は

$$\max_{a \leq x \leq b} f(x)$$

です．これからは最大値と上限をしっかり区別しましょう．連続関数が値として上限を達成することの証明は，1) を根拠にすれば簡単です．もし，上限 μ が取られなかったら，$g(x) = 1/(f(x) - \mu)$ は分母が決して 0 にならないので連続関数となりますが，上限の定義によりこの分母はいくらでも小さくなるので $g(x)$ の値が有界ではありません．不合理です．

連続関数でも，開区間や無限区間の上で考えると，値は有界でなかったり，また有界でも上限が最大値とならなかったりします．図 2.8 参照．

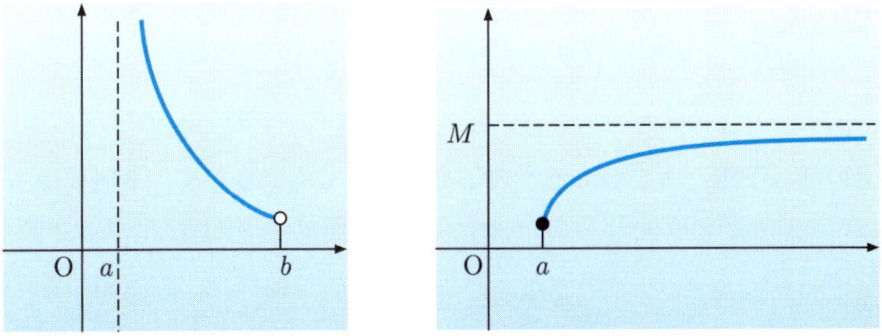

図 2.8　開区間 (左) および無限区間 (右) 上の連続関数が最大値をとらない例

このように，最大値の定理は実数の連続性公理 (1.2 節) から厳密に証明されます．逆にいうと，この定理を厳密に証明するには実数の連続性公理を準備しておく必要があるのです．最大値の定理は，後で出て来る平均値の定理を証明す

る基礎に使われます．高校の数学ではこれは当然だとして認めてしまったのでした．これはまた高校数学で最大値を求める問題の根拠ともなっています．もっとも，最大値が無いような問題は高校では出せませんから，普通はこの定理を気にすることは無かったのでした．実際の応用の現場では，最大値があるかどうかを吟味しなければならないような状況も無い訳ではありません．そんなときはこの定理を思い出しましょう．

上限という概念は，応用の現場では関数値に関連して用いられることが圧倒的に多いのですが，もともとは実数の任意の部分集合 E に対して定義された概念です．μ が E の上限とは，E の右端にある元のことですが，正確にいうと

i) $\forall x \in E$ に対して $x \leq \mu$．すなわち，μ は集合 E の上の限界 (上界) となっている．

ii) $\forall \varepsilon > 0$ に対して $\exists x \in E$ で $x > \mu - \varepsilon$ となるものがある．すなわち，μ より小さい数は E の上界となり得ない．

μ が E に含まれれば，それは E の最大元です．しかし，最大元はたとい集合が有界であっても存在するとは限りません．上の言い換えによれば，μ は E の上界の集合の最小元というわけですから，その存在は自明ではありません．しかし実はそれは実数の連続性と同等なのです:

定理 2.7 **(上限の存在)** 上に有界な実数の集合には上限が存在する．

関数値の上限とは，関数が取る値の集合 E のここの意味での上限に相当します．

以上の話は**下限**，すなわち最大の**下界**についても同様です．下限には inf，最小値には min という記号を用います．上の定理の証明は第 5 章 5.2 節で与えます．

練習問題 2.7 次の集合に上限・下限・最大元・最小元が有ればそれを示せ．

1) $\{x \in \boldsymbol{R}\,;\, -1 < x \leq 2\}$.　2) $\left\{\dfrac{1}{n}\,;\, n=1,2,\cdots\right\}$.　3) $\{\sin n\,;\, n=1,2,\cdots\}$.

［ヒント：3) の証明は厳密でなくてよい．計算機で $\sin n$ の位置に次々と点を打ってみよ.］

練習問題 2.8 次の関数が指定された定義域で上限・下限・最大値・最小値をもてばそれを示せ.

1) $y = 1 - |x|,\ -1 < x \leq 1.$ 2) $y = \mathrm{Arctan}\, x,\ -\infty < x < \infty.$

3) $y = \dfrac{1}{x(1-x)},\ 0 < x < 1.$ 4) $y = x^2\left(2 - \sin\dfrac{1}{x(1-x)}\right),\ 0 < x < 1.$

2.5 特殊な性質をもつ関数

関数の中で特殊な性質をもつもののクラスがいろいろ使われています. 応用上も重要なものをここでまとめておきましょう.

【偶関数・奇関数】 $f(-x) = f(x)$ という恒等式を満たす関数を**偶関数**と呼びます. また $f(-x) = -f(x)$ という恒等式を満たす関数を**奇関数**と呼びます. 多項式なら偶関数は偶数冪のみより成るもの, 奇関数は奇数冪のみより成るものであることがすぐわかります. この他, $\cos x$ は偶関数, $\sin x$ や $\tan x$ は奇関数であることは高校でも習っているでしょう. 一般の関数 $f(x)$ は偶関数と奇関数の和に一意的に分解できます. 分解は具体的に

$$f(x) = \frac{f(x) + f(-x)}{2} + \frac{f(x) - f(-x)}{2}$$

で与えられます. この右辺の第 1 項, 第 2 項がそれぞれ偶関数, 奇関数となることはただちにわかりますね. これ以外の分解が無いことは, 分解が

$$f(x) = g_{even}(x) + g_{odd}(x) = h_{even}(x) + h_{odd}(x)$$

と二つ有ったとして差を取ると, 同時に偶関数かつ奇関数であるような関数 $g_{even}(x) - h_{even}(x) = h_{odd}(x) - g_{odd}(x)$ が得られますが, そのような関数は 0 に限ることがすぐわかるので, 二つの分解は一致すると結論できます.

【凸関数】 定義域内の任意の二点 x, y と $0 < \lambda < 1$ を満たす任意の実数 λ に対して

$$f((1-\lambda)x + \lambda y) \leq (1-\lambda)f(x) + \lambda f(y)$$

が常に成り立つような関数を**凸関数**と呼びます. この条件は, 関数のグラフ上の任意の二点を結んだ弦が, 対応するグラフの弧よりも常に上方にあることを意味します. 普通の感覚とは凹凸が逆のように見えるかもしれませんが, 数学ではこのように, グラフが下方に向かって凸状になっている場合を凸と呼ぶ習

慣です．上で $\leq$ の代わりに真の不等号 $<$ とした式を満たすものを凸と呼ぶこともありますが，普通はこちらの方は狭義凸と呼んで区別します．ただし，等号付きの定義にした場合も，容易にわかるように，各 x，y について，これに対応する弦がグラフの弧と完全に一致する場合以外は，弧の上の点は両端を除きすべて弦上の対応する点より真に下に来ます．従って狭義凸でない凸関数といっても，折れ線を繋いだようなものしかありません．(ただし折れ線の幅が 0 に収束して一点に集まるようなところは存在可能です．)

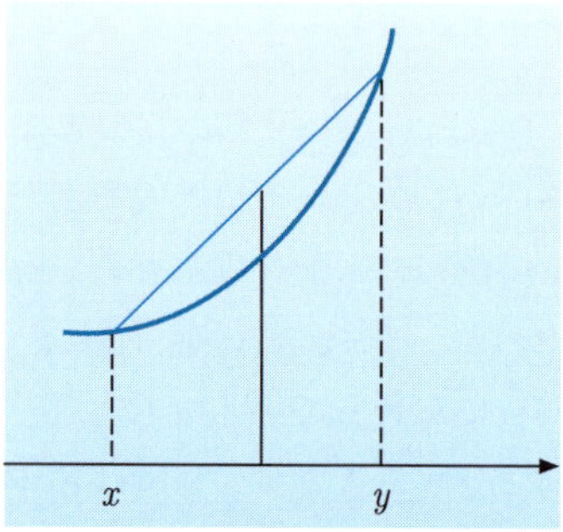

図 2.9 凸関数の条件

凸の条件は関数に対する少々の仮定の下で $\lambda = 1/2$ だけに減らすことができます．章末問題 5 参照．また，高校で学んだように，2 階導関数が正という十分条件も知られています．第 3 章の章末問題 14 参照．

練習問題 2.9 関数 e^x を偶関数と奇関数の和に分解せよ．

練習問題 2.10 1) 関数 x^2 は実数全体の上で凸関数であることを直接示せ．

2) $-\log x$ は $x > 0$ で凸関数となることが 2 階の導関数 > 0 より確かめられるが，直接凸性の定義を当てはめると Hölder (ヘルダー) の不等式

$$a, b > 0,\ a^p \neq b^q \quad \Longrightarrow \quad ab < \frac{a^p}{p} + \frac{b^q}{q} \tag{2.5}$$

$$\text{ここに}\quad p > 1,\ q > 1,\ \ \frac{1}{p} + \frac{1}{q} = 1$$

に導かれることを示せ．

2.6　初等関数の定義

我々は e^x や $\sin x$ などの定義をもう知ってるものとしてやって来ましたが，数学科などで微積の講義を実数の定義から始めて厳密に進める場合はこれらの関数も厳密に再定義しなければ釣り合いがとれません．ここでは参考としてこの二つの関数の定義を考察しましょう．殆んどの部分は高校以下で習ったことからできています．あとはそれを総合するだけの作業です．

【指数関数の定義】　e^x でも a^x でも手間は同じなので，$a>1$ を一つ固定して a^x の定義を考えましょう．まず，正の整数 n に対しては

$$a^1 = a,\ a^2 = a\times a,\ \cdots,\ a^n = a^{n-1}\times a$$

により帰納的に定義してゆきます．また

$$a^0 = 1, \quad a^{-n} := \frac{1}{a^n}$$

と規約します．これで整数冪が定義できました．この定義は指数法則

$$a^{x+y} = a^x\cdot a^y$$

を満たすことが帰納法で示せます．

次は有理数冪です．これも負冪は正冪の逆数として定義するので，正の既約分数 q/p に対する値の定義だけで十分です．更に，$a^{q/p} = (a^{1/p})^q$ と定義するので，$a^{1/p}$ を定義すればよいのですが，これは，代数方程式 $x^p = a$ のただ一つの正根と定めます．x^p は $x=0$ のときに値 0 を取り，そこから x とともに単調に増大して $+\infty$ に向かいますから，中間値の定理により $x^p = a$ を満たすような x がただ一つ存在することが保証されます．この定義は既約分数でなくても $(a^{1/pr})^{qr} = (a^{1/p})^q$ とつじつまが合っていることが容易に示せます．また，今までの定義で ($a>1$ としているので) a^x が有理数 x に対しては狭義単調増加であることが示せます．有理数冪 x, y に対する指数法則も (冪を通分することにより) 示せます．

最後は一般の無理数 x に対する a^x の定義ですが，無理数は有理数の列で近似できるので，今 $x_n \nearrow x$，$y_n \searrow x$ と下，及び上から近似列で挟めば，a^{x_n}，a^{y_n} はそれぞれ上に有界な単調増加列，及び下に有界な単調減少列となります

から，それぞれ収束極限をもちます．二つの極限が一致すれば，それをもって a^x の定義とすることができます．そのためには $r_n = y_n - x_n$ を考えて指数法則を用いることにより，有理数の単調減少列 $r_n \searrow 0$ に対して

$$a^{r_n} = \frac{a^{y_n}}{a^{x_n}} \searrow 1$$

がいえればよいですが，$m_n \leq 1/r_n < m_n + 1$ という正整数の列 m_n を選べば明らかに $m_n \to \infty$ で，かつ $a^{1/(m_n+1)} \leq a^{r_n} \leq a^{1/m_n}$ なので，

$$\lim_{n\to\infty} a^{1/n} = 1$$

をいえば十分です．これは (指数関数などは使わずに) 第 1 章で証明してありましたね．

上の論法で近似列 x_n，y_n の対は何でもよかったので，これから極限 a^x の値が近似列の選び方に依らないこともわかります．こうして拡張された指数関数は，実数の上でも連続関数となっていることが，実数列を有理数列で近似することにより示されます．

以上の説明は必要なポイントをすべてカバーしていますが，全くの初心者がすらすら読める程には細部を丁寧に書いていません．Hilbert によれば，数学の記述の最終目標は，道でばったり出会った数学を全く知らない人にも理解させられるくらいに明快でなければならないそうなので，読者は論理の練習に細部を徹底的に補ってみて下さい．それにしても，この調子で微積の講義を厳密にやろうとするといくら時間が有っても足りませんね．そこで，大学の先生の中には次の章で出てくる e^x の Taylor 展開級数を先取りして定義にしてしまったり，微分方程式の解として定義してしまう人も出てきます．しかしそれでは講義する方はすっきりしてもやっぱり聞く方はわかりづらいでしょうね．

対数関数 $\log x$ は高校で学んだ通り，指数関数の逆関数として $x = e^y$ により定義されます．逆関数が $x > 0$ を定義域として一意に定まることは，指数関数の単調増加性と連続関数に対する中間値の定理から従います．

【三角関数の定義】 三角関数の最も自然な定義は弧度 (ラジアン) の関数としてです．デカルト座標 (直角座標) の書かれた平面に原点を中心として単位円を描き，その円周上の点の位置を x 軸上の点 $(1, 0)$ から測った弧の長さ s で

表します．これをそのまま中心角の大きさとして採用するのが弧度法でしたね．

単位円上の弧度 s の点のデカルト座標が (x, y) のとき，

$$\cos s = x, \qquad \sin s = y$$

が三角関数の定義です．昔は次のような図を中学の理科の実習で画用紙に描かされた記憶があります：

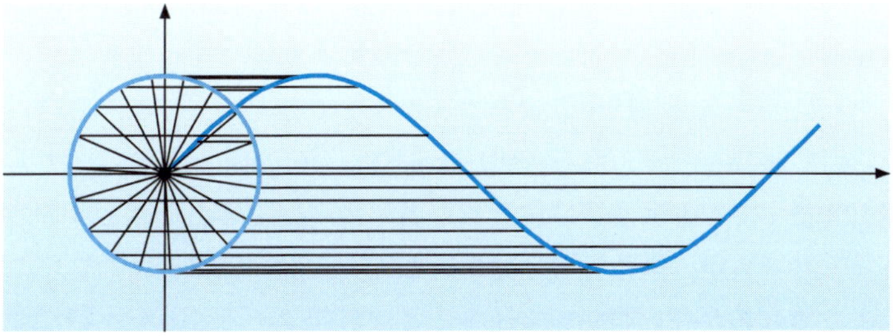

図 **2.10**　正弦関数の描画

この定義から，$\cos s$，$\sin s$ が周期 2π (これは定義により単位円の全長) の周期関数であること，また

$$\sin(\pi - s) = \sin s, \quad \cos(\pi - s) = -\cos s, \quad \sin\left(\frac{\pi}{2} + s\right) = \cos s$$

等々の恒等式が，図形の対称性だけからただちに導かれます．ところで $(\sin s)' = \cos s$ をいうのに，

$$\lim_{s \to 0} \frac{\sin s}{s} = 1 \tag{2.6}$$

というのが必要になり，高校の教科書ではそれを図形による説明でごまかしている，とよくいわれます．物理の先生の中には，“数学者は普段は厳密，厳密といいながらこんなもので人をだましている”と数学者を怨んでいる人もいるくらいです．しかし，(私は高校の教科書を書いていないので推測に過ぎませんが) 高校の数学教科書に書かれている“証明”は，将来数学にも物理にも行かない人のために納得しやすい説明をしているだけです．実は曲線の弧長というものは高校では省略する積分論で初めて厳密に定義されるもので (本書では第 II 巻の第 9 章で扱われています)，そうすると滑らかな曲線では

$$\lim_{\text{弦の長さ}\to 0} \frac{\text{弦の長さ}}{\text{弧の長さ}} = 1$$

が一般的に成り立つので，(2.6) は証明するまでもない式になるのです．しかし，それではおそらく高校の教科書は出版してもらえないでしょうね．^^;) こんな事情も有って，大学の微積の教科書で論理をきちんとさせる努力をしているものは，上の伝統的な定義を避けて三角関数を次章に述べる Taylor 級数で定義したり，あるいは微分方程式の解として定義したりすることが多いようです．

私が最初に微積の講義をしたときは，すべてを厳密にかつ伝統に従ってやろうとしたため，三角関数は積分論をやった後まで使えず，ところがいろんな例の構成で周期関数がどうしても必要になるので，Gauss 記号を使ってしのいだ経験があります．本書は最初に注意したように高校で学んだことはそのまま使うという方針ですが，微積分の理論構成と実例の計算練習とは独立なので，本書の行き方でも必要なら筋立てを通すことは可能であることを，特に理論好きの学生のための注意として記しました．

章 末 問 題

問題 1 n 次の Chebyshev 多項式は

$$T_n(x) = \begin{cases} \cos(n \operatorname{Arccos} x), & |x| \leq 1 \text{ のとき} \\ \cosh(n \operatorname{Arccosh} x), & x \geq 1 \text{ のとき} \\ (-1)^n \cosh(n \operatorname{Arccosh} |x|), & x \leq -1 \text{ のとき} \end{cases}$$

で定義される．ここに，$\operatorname{Arccosh} x = \log(x + \sqrt{x^2 - 1})$ である．

1) $n = 0, 1, 2, 3, 4$ に対し $T_n(x)$ を具体的に計算せよ．

2) もう一つの多項式の列を

$$S_n(x) = \begin{cases} \dfrac{\sin(n \operatorname{Arccos} x)}{\sqrt{1 - x^2}}, & |x| \leq 1 \text{ のとき} \\ \dfrac{\sinh(n \operatorname{Arccosh} x)}{\sqrt{x^2 - 1}}, & x \geq 1 \text{ のとき} \\ (-1)^{n-1} \dfrac{\sinh(n \operatorname{Arccosh} |x|)}{\sqrt{x^2 - 1}}, & x \leq -1 \text{ のとき} \end{cases}$$

で定めるとき，T_n，S_n をそれぞれ x の多項式を係数とする T_{n-1}，S_{n-1} の一次結合で表せ．

3) $T_n(x)$ が満たす 3 項漸化式を求めよ．

4) $\frac{T_n(x)}{2^{n-1}}$ のグラフを区間 $[-1,1]$ より少し広い範囲でいくつかの n に対して描き，それから

$$\frac{T_n(5/4)}{2^{n-1}} \to 1$$

を確認せよ．また解析的な証明を考えよ．

問題 2 ⊙ 既知の関数 $f(x)$ から，次のようにして新しい関数が誘導される：

$$f_+(x) := \max\{f(x), 0\}, \qquad f_-(x) := \max\{-f(x), 0\}.$$

$f_+(x)$，$f_-(x)$ をそれぞれ f の正の部分，負の部分という[2)]．このとき次の関係式を示せ．また f が連続ならこれらの関数も連続となることを示せ．

$$f_+ \geq 0, \qquad f_- \geq 0, \qquad -f_-(x) \leq f(x) \leq f_+(x),$$
$$f_+(x) - f_-(x) = f(x), \qquad f_+(x) + f_-(x) = |f(x)|.$$

問題 3 ⊙ 既知の関数 $f(x)$，$g(x)$ から，次のようにして新しい関数が誘導される：

$$f \vee g(x) := \max\{f(x), g(x)\}, \qquad f \wedge g(x) := \min\{f(x), g(x)\}.$$

特に，$g(x) = M$ が定数のとき，

$$f^M(x) := f \wedge M, \qquad f_M(x) := f \vee M$$

をそれぞれ f の上，および下からのはさみ切り (scisoring) という．このとき次を示せ：

$$f \wedge g(x) \leq f(x) \leq f \vee g(x), \qquad f \wedge g(x) \leq g(x) \leq f \vee g(x),$$
$$f \vee g + f \wedge g = f + g, \qquad f \vee g - f \wedge g = |f - g|.$$

また f，g が連続ならこれらの関数も連続となることを示せ．

問題 4 ⊙ $x > 0$，$x \neq 1$ で定義された関数

$$\frac{x-1}{\log x}$$

は連続関数として実数全体まで拡張できることを示せ．また拡張の具体例を与えよ．

問題 5 ⊙ 関数 $f(x)$ が定義域内の任意の 2 点 x, y に対して

$$f\left(\frac{x+y}{2}\right) \leq \frac{f(x)+f(y)}{2}$$

を満たすとする．

[2)]負の部分も $f \geq 0$ である．名前に惑わされないように．

1) f に対し任意の自然数 n について

$$f\left(\frac{x_1+\cdots+x_{2^n}}{2^n}\right) \leq \frac{f(x_1)+\cdots+f(x_{2^n})}{2^n}$$

が成り立つことを数学的帰納法により示せ.

2) f が更に連続関数のとき，二進分数による近似を用いて $0<\lambda<1$ を満たす任意の実数 λ に対して

$$f((1-\lambda)x+\lambda y) \leq (1-\lambda)f(x)+\lambda f(y)$$

が成り立つことを示せ. (連続性を落とした場合の考察は第 5 章の章末問題 8 を参照.)

問題 6 ㋛ Dirichlet (ディリクレ) の関数 :

$$f(x) = \begin{cases} 1, & x \text{ が有理数のとき} \\ 0, & x \text{ が無理数のとき} \end{cases}$$

の連続性を調べよ.

問題 7 ㋛ 実数 x を二進小数表示したものを間違えて十進法の小数だと思って読んだ値を $f(x)$ とする. この関数の連続性を調べよ.

問題 8 ㋛ 実数 x が無理数なら $f(x)=0$，有理数で $x=q/p$，$p>0$ と既約分数表示されるときは $f(x)=1/p$ で定まる関数 $f(x)$ の連続性を調べよ.

第3章

微　分　法

高校で学んだ微分の計算を復習した後，微分の意味について反省し，発展として大学の微積で学ぶ新しいテーマの中でも最も大切なものの一つである Taylor 展開を学びます．

3.1　導関数の計算

微分の計算は大切な例の殆んどを高校で学んでいるので，ここでは取り敢えずその続きをやりましょう．まず，高校で習った公式を駆け足で復習しておきましょう．

【初等関数の導関数】　主な初等関数の導関数の公式です．

$(x^n)' = nx^{n-1} \quad (n \in \boldsymbol{N}),$

より一般に $(x^\alpha)' = \alpha x^{\alpha-1} \quad (\alpha \in \boldsymbol{R}),$

$(\sin x)' = \cos x,$

$(\cos x)' = -\sin x,$

$(e^x)' = e^x,$

$$(\log x)' = \frac{1}{x}.$$

次はこれらを組み合わせた，より複雑な関数を微分するときに使う公式です：

線形性[1] $\{af(x)+bg(x)\}' = af'(x)+bg'(x)$ (a, b は定数).
積の微分 $(f(x)g(x))' = f'(x)g(x)+f(x)g'(x)$.
商の微分 $\left(\dfrac{g(x)}{f(x)}\right)' = \dfrac{g'(x)f(x)-g(x)f'(x)}{f(x)^2}$.
特に $\left(\dfrac{1}{f(x)}\right)' = -\dfrac{f'(x)}{f(x)^2}$.
合成関数の微分 $f(g(x))' = f'(g(x))\cdot g'(x)$ (右辺は微分してから代入).
逆関数の微分 $(f^{-1}(x))' = \dfrac{1}{f'(f^{-1}(x))}$ (同上). (3.1)

これらを組み合わせると,

$$(\tan x)' = \left(\frac{\sin x}{\cos x}\right)' = \frac{\cos^2 x+\sin^2 x}{\cos^2 x} = \frac{1}{\cos^2 x} = \sec^2 x \qquad (3.2)$$

も計算できるのでした. 最初に挙げた導関数の表も, 例えば e^x と $\log x$ のどちらかを覚えておけばよいということに論理的にはなりますが, 実際問題としては, 上の諸例よりも下の公式の方を先に忘れてしまう可能性の方が強いでしょうから, けちなことを考えるのはやめて, 全部覚えましょう.

【逆三角関数の微分】 新しいことを学ばねばつまらないので, まずこれからやりましょう. 逆関数の微分法の公式はもう高校でやっていますが, 公式の丸覚えというのは長続きしないので, 次のように公式よりも計算法を覚えておきましょう.

$x=\sin y$ を y について解くと関数 $y=\arcsin x$ が定まるのですから, 元の式の方で y はこの x の関数のことだと考えて, 両辺を x で微分すると, 合成関数の微分の公式により

$$1 = \cos y\,\frac{dy}{dx}. \qquad \therefore\ \frac{dy}{dx} = \frac{1}{\cos y}.$$

最終結果は x の関数として表さねばなりませんから,

---

[1] 元来は “線型” と書いた. “かた” であって “かたち” ではないと教わったはずだが, いつの間にかこうなってしまった. ただし中国語ではどのみち “線性” という別の用語を使っている.

$$\cos y = \pm\sqrt{1-\sin^2 y} = \pm\sqrt{1-x^2}. \qquad \therefore \quad \frac{dy}{dx} = \pm\frac{1}{\sqrt{1-x^2}}.$$

主値 $y = \mathrm{Arcsin}\,x$ のときは単調増加ですから，正の符号をとって

$$\frac{d}{dx}\,\mathrm{Arcsin}\,x = \frac{1}{\sqrt{1-x^2}}.$$

同様に，$y = \arccos x$ の微分は，$x = \cos y$ から

$$1 = -\sin y\,\frac{dy}{dx}. \qquad \therefore \quad \frac{dy}{dx} = -\frac{1}{\sin y} = \mp\frac{1}{\sqrt{1-x^2}}.$$

主値 $y = \mathrm{Arccos}\,x$ のときは単調減少ですから

$$\frac{d}{dx}\,\mathrm{Arccos}\,x = -\frac{1}{\sqrt{1-x^2}}$$

となります．この負号は $\cos x$ の微分に負号が付くから付いたのではありません．あくまで多価関数 $\arccos x$ のどの部分を考察しているかによって決まるもので，主値以外の単調減少な部分の分枝をとれば $\arcsin x$ の方の微分でも負号が付きます．

最後に，$y = \arctan x$ は $x = \tan y$ から

$$1 = \sec{}^2 y\,\frac{dy}{dx} = (1+\tan^2 y)\frac{dy}{dx}. \qquad \therefore \quad \frac{dy}{dx} = \frac{1}{1+x^2}$$

と，きれいな一価関数になります．これは $\arctan x$ のグラフが多価とはいっても，主値を y 軸方向に平行移動，すなわち，定数を加えただけの構造ですから，微分すると差が無くなるためです．

こんな簡単な有理関数の積分を計算するのに逆三角関数が必要となるのは意外な感じでしょう．でも

$$\int_0^1 \frac{1}{1+x^2}\,dx = \Big[\mathrm{Arctan}\,x\Big]_0^1 = \mathrm{Arctan}\,1 = \frac{\pi}{4}$$

などの計算は，置換積分 $x = \tan y$ によって実は高校生も知っているのですね．

【対数微分】　高校で $y = x^x$ の微分の計算などに，**対数微分**という方法を使うように習いますね．与式の両辺の対数をとった

$$\log y = x\log x$$

を x につき微分すると，合成関数の微分の公式により

$$\frac{1}{y}\frac{dy}{dx} = \log x + 1. \qquad \therefore \quad \frac{dy}{dx} = y(\log x + 1) = x^x(\log x + 1)$$

と計算するやり方です．高校の先生の中には，こうしないとできないように教える人がいるかもしれませんが，実はこんな計算は合成関数の微分法を直接使って

$$\frac{d}{dx}x^x = \frac{d}{dx}e^{x\log x} = e^{x\log x}(\log x + 1) = x^x(\log x + 1)$$

とやる方がはるかに速いのです．ただし，対数微分は理論的な計算のときに役に立つことが有りますから，覚えておいても損はありません．

練習問題 3.1 x^{x^x} の微分を対数微分と，上に述べた方法で二通りに計算して見よ．

練習問題 3.2 次の関数の導関数を求めよ．

1) $\log\log x$ 2) $\dfrac{\sin x}{x}$ 3) $(\log x)^{x^{\log x}}$ 4) $\mathrm{Arctan}\,\dfrac{x}{\sqrt{1-x^2}}$

【双曲線関数】 双曲線関数

$$\sinh x = \frac{e^x - e^{-x}}{2}, \qquad \cosh x = \frac{e^x + e^{-x}}{2}, \qquad \tanh x = \frac{e^x - e^{-x}}{e^x + e^{-x}}$$

の導関数は定義式 (2.1) から簡単な計算で

$$(\cosh x)' = \sinh x, \quad (\sinh x)' = \cosh x, \quad (\tanh x)' = \frac{1}{\cosh^2 x} \tag{3.3}$$

と導けます．これらより

$$\int \frac{2}{e^x + e^{-x}}\,dx = \int \frac{1}{\cosh x}\,dx = \int \frac{\cosh x}{1+\sinh^2 x}\,dx$$
$$= \int \frac{d(\sinh x)}{1+\sinh^2 x} = \mathrm{Arctan}\,\sinh x = \mathrm{Arctan}\,\frac{e^x - e^{-x}}{2}$$

などがわかります．この結果は高校でもやったでしょうが，きれいに計算できる理由がよくわかりますね．

練習問題 3.3 双曲線関数の逆関数の導関数を算出せよ．

以上で復習というか，計算練習はおしまいです．これまでのところは微分といっても，いくつかの基礎公式を基にした，単なる代数計算で，こういうのは計算機の方が得意です．これからいよいよ，この章の眼目である，微分の意味を大学生の立場から見直すという作業に入ります．

3.2 微分の定義

【微分とは何ぞや？】 微分とは何でしょう？ 高校での微分の定義は

$$h \to 0 \text{ のとき} \qquad \frac{f(x+h)-f(x)}{h} \to f'(x) \tag{3.4}$$

でした．この定義は，微分係数を“弦の傾きの極限”として理解するもので，その結果，微分係数とは接線の傾きのことである，と説明されます．

(3.4) を接線の傾きと解釈することはそれなりにわかりやすいのですが，この割り算の形は，多変数の場合への発展には不向きです．それに，そもそも接線って何でしょう？ と聞かれると堂々巡りになりかねませんね．接線って何でしょう？ 与えられた点を通って，与えられた曲線に最もぴったりくっついている直線のことです．このことをよく見るためにも上の形では都合が悪い．

(3.4) は

$$\frac{f(x+h)-f(x)}{h} = f'(x) + R(h), \qquad \lim_{h \to 0} R(h) = 0 \tag{3.5}$$

と同値です．そこで，この式の両辺の分母を払って

$$f(x+h) = f(x) + hf'(x) + r(h) \tag{3.6}$$

と書いてみましょう．$r(h) = hR(h)$ ですが，ここで最初から後者の式が与えられたとして，$r(h)/h \to 0$ という条件をつけておけば，(3.6) は (3.4) と全く同等になります．同等ではありますが，こちらの方がずっと内容があります．

両者の差はちょうど，割り算を

$$a \div b = q \quad \text{余り } r$$

と書く小学生流と，

$$a = qb + r$$

と書く高校生流の差ほどです．高校になって割り算をこのように書くことで，剰余定理や因数定理など，いろいろ強力な道具が手に入ったことを思い出して下さい．

さて，(3.6) 式は h が十分小さいとき，$f(x+h)$ の近似式として，まず第 0 近似，すなわち一番粗い近似として，もとの点での値 $f(x)$ がとれ，次にその

修正項として，h の一次式 $hf'(x)$ がとれ，残りはそれより高次の微小量，すなわち，h で割ってもなお 0 に近づくような項となる，というように読むことができます．すなわち，関数 $f(x)$ が点 x で**微分可能**とは，高校での定義は (3.4) の極限が存在することでしたが，大学での定義は，$f(x+h)-f(x)$ が h の 1 次の微小量となり，かつ h の 1 次式を引き去った残りがそれより高次の微小量となる，という意味において“無限小一次近似を許す”ことです．このように解釈することで大いなる発展が開けるのです．

“微分とは 1 次近似のことなり”

接線の説明もこれで明快にできます．今，$y=f(x)$ 上の点 (a,b) を通る任意の直線 $y=A(x-a)+b$ を考えましょう．$x=a+h$ での両者の差は

$$
\begin{aligned}
f(a+h)-\{Ah+b\} &= b+f'(a)h+r(h)-\{Ah+b\} \\
&= \{f'(a)-A\}h+r(h)
\end{aligned}
$$

で，一般には h の 1 次の大きさで 0 に近づきますが，$A=f'(a)$ のとき，すなわち直線の傾きが微分係数と一致するとき，かつそのときに限り，h の 1 次式よりも速く 0 に近づくことがわかります．これが“最もぴったりくっついている”ことの数学的な意味です．

微分とは微分係数，あるいは微分演算すなわち導関数を計算する操作の名前で，しばしば導関数自身を指すのにも使われます．微分演算の元来の定義は極限 (3.4) を計算することで，非常に解析的な操作ですが，高校数学では定義通りにこの式を使うのは e^x，$\sin x$ などの導関数の公式を導くときだけで，その後はいつの間にか，(3.1) に挙げたような，基本的な導関数の表と計算規則をうまく組み合わせて行う，専ら代数的な計算に化けてしまいますね．この種の計算は数式処理 (symbolic algebra) と呼ばれ，計算機でもできるもので，解析ではありません．計算機に e^x の導関数が e^x になることを証明させるのは大変でしょうが，微分計算を行うようなソフトでは，これは覚えさせてあるのです．計算機は代数は得意で解析が苦手です．これは，計算機が実数を扱うのが苦手で分数の方が得意だというのと同じで，多分計算機のことをよく知らない世間の人にとっては意外なことでしょう．

【無限小】 以上のような微小近似式を扱うときによく使われるのが**無限小**の記号です．最近の微積の教科書にはあまり載っていませんが，これと親戚関係にある無限大の記号は情報科学でも大切な概念なので，勉強しておきましょう (p.82 の注参照)．

今，h を 0 に近づく独立変数とします．これを**独立無限小量**と呼びます．この h に依存する量 $R(h)$ が $h \to 0$ とともに 0 に近づくとき，これを h の**無限小量**，あるいは単に**無限小**といいます．一口に無限小といってもその小ささにはいろいろあり，上の議論でもその比較が出て来ましたが，これを厳密に表現するため，標準的な無限小量である h^n と比較して，次のような言い方をします．

1) $R(h)/h^n \to 0$ のとき，$R(h)$ は h の n 次[2] より高次の無限小だといい，$R(h) = o(h^n)$ と記す．o は小文字のオーで，スモールオーダーと読みます．特に，$n = 0$ のときは $R(h) = o(1)$ と記すが，これは $R(h)$ が単に無限小量だといっているのと同じです．

2) $R(h)/h^n$ は有界に留まるとき，$R(h)$ は h の (少なくとも) n 次の無限小だといい，$R(h) = O(h^n)$ と記す．O は大文字のオーで，ラージオーダーと読みます．特に，$n = 0$ のときは $R(h) = O(1)$ と記すが，これは $R(h)$ という量が $h \to 0$ のとき少なくとも値が有界に留まり，無限に大きくなったりはしないという意味です．

h^n は，n が大きくなるほど微小な量となることに注意して下さい．このことがよく納得できない人は，h^2 と h^3 が $h = 0.1$，0.01，0.001 のとき，それぞれどんな値になるか調べてみて下さい．

無限小の記号を使うと，関数 $f(x)$ が点 x で連続という定義は

$$f(x+h) = f(x) + o(1) \tag{3.7}$$

と書き直せます．また，上で述べた大学生流の微分可能の定義は

$$f(x+h) = f(x) + f'(x)h + o(h) \tag{3.8}$$

[2] 昔の文献では “n 位 (い)” という言葉が使われていた．ある編集者に “くらい” と平仮名に直されて以来，筆者も “次” を使うようになった．;_;

と書ける訳です．こう表してみると，“微分可能ならば連続” という主張はほとんど自明ですね．微分可能とは，連続の条件における剰余項が，単に $o(1)$ というのから h について 1 次の無限小となり，しかも 1 次の主部が取り出せるという特別な場合のことをいう訳だからです．

練習問題 3.4 次の量の中で $O(h^2)$ となる量，および $o(h^2)$ となる量を拾い出せ．

1) h^2+h^3 2) $h^2\sqrt[3]{h}$ 3) $h^2\log|h|$ 4) $\dfrac{h^2}{\log|h|}$ 5) $h^2\sin\dfrac{1}{h}$ 6) h^5

練習問題 3.5 半径 1 の円内に中心角が $2h$ の扇形 OAB を考えます．次の諸量はそれぞれ h の何次の無限小となるでしょうか？なるべく正確な値を計算してしまわずに直感で答えて下さい．

1) 線分 AH の長さ
2) 弦 AC の長さ
3) 三角形 OAB の面積
4) 線分 CH の長さ
5) 三角形 ACB の面積
6) 弓形 ACB の面積
7) 弓形 ACB に内接する最大の円の面積

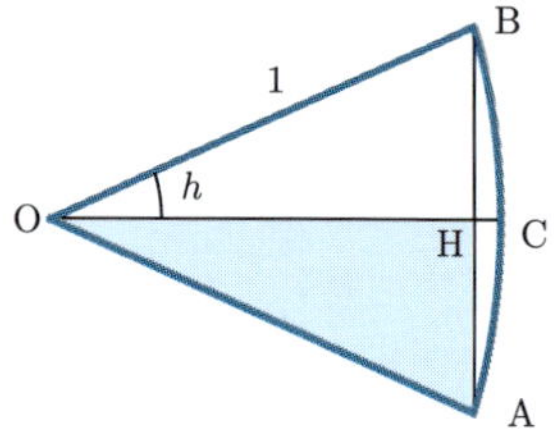

図 3.1 練習問題 3.5 の図

ちょうど n 次の無限小という概念も必要になることがあります．それは

$$\exists c, C>0 \quad \text{s.t.} \quad c \le \left|\frac{R(h)}{h^n}\right| \le C$$

を満たすようなものと定義すればよろしい．この特別な場合として，

$$\lim_{h\to 0}\frac{R(h)}{h^n}=A\neq 0$$

が確定するとき，

$$R(h)\sim Ah^n \tag{3.9}$$

という記号を使います．ちょうど n 次の無限小であっても (3.9) のようにはならないものの例としては，

$$h^n\left(2+\sin\frac{1}{h}\right)$$

などがあります．無限小解析の記号として，o，O，$\sim$ くらいは覚えておきましょう．

【漸近展開としての Taylor 展開】 (3.7)，(3.8) を点 x における関数の微

小増分 h に対する近似式だと思うと，これをもっと高次まで続けたくなりますね．簡単のため $x=0$ で考えましょう．与えられた $f(x)$ に対して

$$f(h)=a_0+a_1h+a_2h^2+\cdots+a_nh^n+o(h^n) \tag{3.10}$$

のような形の近似式を f の**漸近展開**と呼びます．このような式が成り立つとしたら，その係数は何でしょうか？

1) $h=0$ と置けば $a_0=f(0)$

2) $a_0=f(0)$ を両辺から引き，h で割ってから $h\to 0$ とすれば $a_1=f'(0)$

3) 同様にして

$$a_2=\lim_{h\to 0}\frac{f(h)-(a_0+a_1h)}{h^2}$$

等々と，係数はすべて $f(x)$ から決まる．

しかし決まることがわかるだけでは実用になりません．そこで大胆な発見的考察をしてみましょう．(3.10) 式の両辺を h で次々と微分して得た式

$$\begin{aligned}
f'(h) &= a_1+2a_2h+3a_3h^2+\cdots+na_nh^{n-1}+o(h^{n-1}),\\
f''(h) &= 2a_2+6a_3h+\cdots+n(n-1)a_nh^{n-2}+o(h^{n-2}),\\
f'''(h) &= 6a_3+\cdots+n(n-1)(n-2)a_nh^{n-3}+o(h^{n-3}),\\
&\quad \cdots\cdots\cdots,\\
f^{(n)}(h) &= n!\,a_n+o(1)
\end{aligned}$$

において，$h=0$ と置くと $a_2=f''(0)/2!$，$a_3=f'''(0)/3!$，一般に

$$a_n=\frac{f^{(n)}(0)}{n!} \tag{3.11}$$

が得られます．今から 300 年近く前に，Taylor という人は，補間法の計算から類推してこれと同じ係数をもつ近似式を求めたのでした．そのためこの近似式には Taylor の名前が付いています．いや，Taylor の名前は普通，これの原点を平行移動した

$$f(x+h)=f(x)+f'(x)h+\frac{f''(x)}{2!}h^2+\cdots+\frac{f^{(n)}(x)}{n!}h^n+o(h^n) \tag{3.12}$$

に付いていて，原点中心の近似式には Maclaurin (マクローリン) という人の名前が付いています．数学史の書物を見ると，Maclaurin がこの級数を論じた

のはTaylorより30年程後のことで，NewtonやTaylorの仕事を厳密化しようとしています．原点中心の展開に彼の名が付いているのは歴史的偶然の一例のようです [3)]．

例 3.1 Taylor展開を上の公式から直接作るには，逐次導関数が計算できることが必要です．そのため，簡単に計算できる例はそう多くはありません．具体的に計算が可能な代表例は $f(x) = e^x$ で，この場合は $\forall n$ に対して $f^{(n)}(x) = e^x$，従って $f^{(n)}(0) = 1$ ですから，

$$e^x = 1 + \frac{x}{1!} + \frac{x^2}{2!} + \cdots + \frac{x^n}{n!} + o(x^n)$$

また，$f(x) = \sin x$ については，

$$f'(x) = \cos x, \quad f''(x) = -\sin x, \quad f'''(x) = -\cos x, \quad f^{(4)}(x) = \sin x$$

で，後は周期4で同じ答を繰り返しますから，$f^{(2n+1)}(0) = (-1)^n$, $f^{(2n)}(0) = 0$ となり，

$$\sin x = x - \frac{x^3}{3!} + \frac{x^5}{5!} - + \cdots + (-1)^n \frac{x^{2n+1}}{(2n+1)!} + o(x^{2n+1}).$$

実は最後の誤差項は $O(x^{2n+3})$ と書くこともできます．(何故でしょう？ 答は，n が何でも成り立つのだから，$(2n+3)$ 次まで展開しておいて，$2n+1$ までの項を取ってみればよい，です．) 同様にして

$$\cos x = 1 - \frac{x^2}{2!} + \frac{x^4}{4!} - + \cdots + (-1)^n \frac{x^{2n}}{(2n)!} + o(x^{2n})$$

も示せます．

実は上の推論はインチキなのです．$R(h) = o(h^n)$ でも，それを微分したら $o(h^{n-1})$ になるとは限りません．もっとずっと大きくなることさえあります．例えば，

$$R(h) = h^{n+1} \sin \frac{1}{h^{n+1}}$$

なんて関数を考えると，$O(h^{n+1})$ ですから，もちろん $o(h^n)$ ですが，微分し

[3)] 数学史の書物には，更に“Taylor展開はTaylorより20年ほど前に，既にBernoulliが発表していた”という論争のことが載っている．

たら有界でさえ無くなってしまいます．Taylor 達の推論も現代の目から見れば不完全なものでした．でも結果の (3.12) は正しいのです．正しい推論は 18 世紀の末になってやっと得られたのでした．そこで皆さんもインチキでよいから，この発見的考察法は記憶しておいて下さい．我々もしばらくの間，おおらかな計算を続けましょう．また，理論的には，ちょうど n 回だけ微分可能な関数に対する展開の誤差がぎりぎり $o(h^n)$ なのですが，君達は将来もそんなけちな使い方をすることはまず無いでしょうから，実用的に誤差は $O(h^{n+1})$ だと思って構いません．これは関数 $f(x)$ の $(n+1)$ 階導関数[4)]が考えているところで有界なら (したがって $f^{(n+1)}(x)$ が連続ならもちろん) 成り立ちます．

【導関数の符号と関数値の増減】 高校で既に $f'(x)>0$ なら増加，$f'(x)<0$ なら減少，そして $f'(x)=0$ なる点が極値の候補，といったことを十分練習してきたと思いますが，ちょっと大学生らしく復習してみましょう．まず，$f'(x)>0$ なる点 x で関数が増加とは，$\delta>0$ を十分小さく取るとき $0<h<\delta$ なる任意の h に対して $f(x+h)>f(x)$ (および，$-\delta<h<0$ なる任意の h に対して $f(x+h)<f(x)$) というのが正確な意味です．これは，微分の定義式

$$f(x+h)=f(x)+f'(x)h+r(h), \qquad r(h)=o(h)$$

において，$r(h)/h\to 0$ より，$0<h<\delta$ なら $|r(h)/h|<f'(x)/2$ となるような $\delta>0$ が取れることから，このような h に対しては

$$f(x+h)\geq f(x)+f'(x)h-|r(h)|\geq f(x)+\frac{f'(x)}{2}h>f(x)$$

となることよりわかります．$h<0$ のときも同様です．また $f'(x)<0$ のときの減少の意味も上と同様です．この二つを合わせて，$f'(x)=0$ が極値の必要条件であることがわかります．

ところで，高校で増減表を作ったときのように，ある区間で常に $f'(x)>0$ となっていれば $f(x)$ はそこで増加といえますが，一点だけで $f'(x)>0$ であっても，$f(x)$ がその付近で増加とは必ずしもいえません．例えば

$$f(x)=\begin{cases} x^2\sin\dfrac{1}{x^2}+x, & x\neq 0 \text{ のとき}, \\ 0, & x=0 \text{ のとき} \end{cases}$$

4) $(n+1)$ 回微分した結果のこと．最近はこれも "$(n+1)$ 次導関数" と記す文献が多いが，全部 "次" で済ますのは気持が悪いので，伝統的な "階" を使っておく．

などという関数を考えると，到るところ微分可能です．実際，原点以外では

$$f'(x) = 2x\sin\frac{1}{x^2} - \frac{2}{x}\cos\frac{1}{x^2} + 1$$

で，明らかに微分可能で，原点でも微分係数は定義により

$$\frac{f(x)-f(0)}{x} = x\sin\frac{1}{x^2} + 1 \to 1 \quad (x \to 0 \text{ のとき})$$

と，確定しています．しかし，この関数は原点を内部に含むどんなに小さな区間の上でも増加状態にあるとはいえないことが $f'(x)$ が原点のどんな近くでも正負の値を無限に取ることからわかります．導関数が常に連続関数になるならこんなことはあり得ないのですが，導関数が存在しても必ずしも連続になるとは限らないことが上の例でもわかります[5)]．そればかりか，各点で微分可能でも導関数は有界とさえ限らないことを上の例は示しています．

導関数が連続でないといろいろと困ることがあるので，数学では，単に導関数が存在するだけでなく，それが連続になることまで仮定して議論することが多いのです．そのため，導関数が連続になるような関数を**連続的微分可能**と呼んでいます．

導関数は必ずしも連続ではないといいましたが，連続関数と同様，中間値の定理を満たします．従って，勝手な関数がある関数の導関数となれる訳ではありません．特に第一種の不連続点をもつような関数は Newton-Leibniz (ライプニッツ) [6)]の意味の導関数にはなることができません．この定理の証明は章末問題 16 に回します．

3.3 漸 近 解 析

【無限小解析】 無限小の定義は簡単ですが，慣れるまでは記号がなかなかすっと頭に入らないでしょう．次の計算規則はよく使われますので，練習のために証明してごらんなさい．このように記号で書かれると難しそうに見えるでしょうが，この中にはもう既に使ってしまったものもあるくらい当然な規則ばかりです．

[5)] 導関数が存在すれば元の関数は必ず連続である．それとここでの話を混同しないように．

[6)] 山田明雄氏は詳細な調査により“ライブニッツ”という読みの方が正しいと結論されているが，慣用に従っておく．

定理 3.1 5)〜7) では $R(S(h))$ は定義できるものとし，また $R(h) \to 0$ のときは，$S(h)=0$ となるところで $R(S(h))=0$ と規約する．

1) $R(h)=O(h^m)$, $S(h)=O(h^n)$ なら $R(h)S(h)=O(h^{m+n})$.
   略して $O(h^m)\times O(h^n)=O(h^{m+n})$.
2) $R(h)=O(h^m)$, $S(h)=o(h^n)$ なら $R(h)S(h)=o(h^{m+n})$.
   略して $O(h^m)\times o(h^n)=o(h^{m+n})$.
3) $R(h)=O(h^m)$, $S(h)=O(h^n)$ なら $R(h)+S(h)=O(h^{\min\{m,n\}})$.
   略して $O(h^m)+O(h^n)=O(h^{\min\{m,n\}})$.
4) $R(h)=o(h^m)$, $S(h)=o(h^n)$ なら $R(h)+S(h)=o(h^{\min\{m,n\}})$.
   略して $o(h^m)+o(h^n)=o(h^{\min\{m,n\}})$.
5) $R(h)=O(h^m)$, $S(h)=O(h^n)$ なら $R(S(h))=O(h^{mn})$.
6) $R(h)=O(h^m)$, $S(h)=o(h^n), m>0$ なら $R(S(h))=o(h^{mn})$.
7) $R(h)=o(h^m)$, $S(h)=O(h^n), n>0$ なら $R(S(h))=o(h^{mn})$.
8) $R(h)=\begin{cases} O(h^n) \\ o(h^n) \end{cases}$ ならば，それぞれ $\displaystyle\int_0^h R(h)dh=\begin{cases} O(h^{n+1}) \\ o(h^{n+1}) \end{cases}$.

これらを順に見て行きましょう．

1) $R(h)=O(h^m)$ とは，定義により $\exists C_1$ があって，$|h|$ が十分小さいとき $|R(h)/h^m|\le C_1$ となることです．同様に $S(h)=O(h^n)$ は $|S(h)/h^n|\le C_2$ となることです．この二つを掛け合わせれば $|R(h)S(h)/h^{m+n}|\le C_1C_2$ が得られますが，これは $R(h)S(h)=O(h^{m+n})$ ということに他なりません．

2) $R(h)=O(h^m)$ とは，定義により $\exists C>0$, $|R(h)/h^m|\le C$ となることです．同様に $S(h)=o(h^n)$ は $S(h)/h^n\to 0$ となることです．この二つを掛け合わせれば $R(h)S(h)/h^{m+n}\to 0$ が得られますが，これは $R(h)S(h)=o(h^{m+n})$ ということに他なりません．

3) これは例で説明しましょう．$R(h)=h^2$，$S(h)=h^3$ なら，$R(h)+S(h)=h^2+h^3$ において，$R(h)=h^2$ の方が優越し，全体として $O(h^2)$ であることは変わりません．つまり和のオーダーはもとのオーダーである 2 と 3 のうちの小さい方になります．これが一般にもいえるという訳です．

注意しておきますが，$R(h)$ と $S(h)$ のオーダーが等しい $m=n$ のときは，主部が打ち消し合ってオーダーが m よりも上がることが有り得るということです．実際，$R(h)=h^2+h^3$，$S(h)=-h^2+h^3$ のときは，$R(h)+S(h)=2h^3$ は 3 次の無限小となり，一般に期待される 2 次よりも小さくなります．この場合も上の主張は成り立ってはいることに注意しましょう．

4) も同様です．

5) $\dfrac{R(S(h))}{h^{m+n}}=\dfrac{R(S(h))}{S(h)^m}\left(\dfrac{S(h)}{h^n}\right)^m$ と変形してみると，仮定の $|R(h)/h^m|\le C_1$，$|S(h)/h^n|\le C_2$ から，上の量が $C_1C_2^n$ で抑えられることが容易にわかります．

ただし，この証明には難点があって，分母に入れた $S(h)$ が $h\neq 0$ でも 0 となるときに困ります．これを防ぐには同じことを割り算をせずに証明すればいいのです．すなわち，$R(h)=O(h^m)\iff \exists C_1>0$，$|R(h)|\le C_1|h|^m$ において $h\mapsto S(h)$ と置き換えれば $R(S(h))\le C_1|S(h)|^m$．これに $|S(h)|\le C_2|h|^n$ を代入して $|R(S(h))|\le C_1C_2^m|h|^{mn}$ を得るという具合です．

6) は上と同様です．ただし，最後のところを $S(h)$ はそのままにして全体を h^{mn} で割り $h\to 0$ として 0 に近づくことを見るのが簡単でしょう．

7) も上と同様ですが，割り算をせずに証明するには，ちょっとした ε-δ 論法が必要になります．このような訓練は第 5 章でやるので，ここでは練習問題に回します．

8) $R(h)=O(h^n)$ の定義により，$\exists C>0$ が存在して，x が 0 に十分近いとき $|R(x)|\le C|x|^n$ となります．よって

$$\left|\int_0^h R(x)dx\right|\le C\left|\int_0^h |x|^n\,dx\right|\le \frac{C}{n+1}|h|^{n+1}.$$

この計算が見にくい人は，まず $h>0$ として，不要な絶対値記号を取り去ってからもう一度眺めてみて下さい．

上の計算では $|f(x)|\le g(x)$ のとき

$$\left|\int_a^b f(x)dx\right|\le\int_a^b g(x)dx \tag{3.13}$$

という不等式を用いました．これは図を書いて直感的に理解することもできますが，計算で証明するには，もっと明らかな不等式

$$f(x) \leq g(x) \quad \Longrightarrow \quad \int_a^b f(x)dx \leq \int_a^b g(x)dx \tag{3.14}$$

から導けます．すなわち，$|f(x)| \leq g(x)$ なら $-f(x) \leq g(x)$ も成り立ちますから

$$-\int_a^b f(x)dx \leq \int_a^b g(x)dx.$$

二つを合わせれば，左辺の絶対値をとった不等式が得られるというわけです．[7)]

練習問題 3.6 上の規則のうち証明しなかったものを証明してみよ．

新しい微分の解釈と無限小の記号の応用として，合成関数の微分法の公式を厳密に証明してみましょう．$y = g(t)$ と $t = h(x)$ の合成関数 $y = f(x) := g(h(x))$ の微分を計算するのに，高校の教科書には

$$\frac{\Delta y}{\Delta x} = \frac{\Delta y}{\Delta t}\frac{\Delta t}{\Delta x}$$

から $\Delta x \to 0$ の極限にゆくのだから

$$f'(x) = \frac{dy}{dx} = \frac{dy}{dt}\frac{dt}{dx} = g'(t)h'(x)$$

だと書いてありますが，$\Delta x \to 0$ のとき $\Delta t \to 0$ にはなるものの Δt は Δx に依存した量ですから 0 にゆく途中で何回でも 0 になり得ます．高校では分母に 0 が来るのを極端に嫌いますが，この証明ではほおかむりですね．

これは，次のように割り算をしない表現を使えば何でもなく厳密化できるのです：

$$\Delta y = g(t + \Delta t) - g(t) = g'(t)\Delta t + o(\Delta t)$$

に

7) ここの議論を含めて，この章では時々定積分が出てくるが，これは次章で展開される積分論を仮定しなくても，高校で学んだように“原始関数の値の差”だと理解して読めば十分である．論理的一貫性を重んじた講義をする場合も，次節で扱う平均値定理を先に証明しておけば厳密に論ずることが可能である．(例えば (3.14) は，“$f(a) = 0$，かつ $a \leq x \leq b$ において $f'(x) \geq 0$ なら，そこで $f(x) \geq 0$” という主張と同等である．) 唯一明らかでないのは原始関数の存在であるが，ここではそれを仮定した上でその性質を調べているのだから，論理的にも問題はない．

$$\Delta t = h(x+\Delta x) - h(x) = h'(x)\Delta x + o(\Delta x)$$

を代入すると

$$\begin{aligned}\Delta y &= g(h(x+\Delta x)) - g(h(x)) \\ &= g'(h(x))(h'(x)\Delta x) + o(\Delta x) + o(h'(x)\Delta x + o(\Delta x)) \\ &= g'(h(x))h'(x)\Delta x + o(\Delta x).\end{aligned}$$

剰余項を $o(\Delta x)$ と一つにまとめたときに，上に紹介した無限小の計算規則をいろいろ適用しました．どれを使ったか考えてみて下さい．(ここでは Δx だけが変量で，x も定数として扱われています．) 得られた結果は $g(h(x))$ が微分可能で，その微分係数が $g'(h(x))h'(x)$ に等しいことを示しています．

前節で導入した

$$f(h) = a_0 + a_1 h + a_2 h^2 + \cdots + a_n h^n + o(h^n) \qquad (3.15)$$

のような近似式は，一般に漸近展開と呼ばれるのでした．ここでは前節において発見的考察で求めたこの係数を厳密に導いて見ましょう．先に注意したように小さなものを微分しても小さいとは限らないのですが，小さいものを小さな区間の上で積分すればもっと小さくなります (上の規則 8))．そこで，同じ発見的考察でも

$$f^{(n)}(x+h) = f^{(n)}(x) + o(1)$$

から始めて，h につき 0 から h まで積分することを繰り返すと

$$f^{(n-1)}(x+h) - f^{(n-1)}(x) = \int_0^h f^{(n)}(x+h)dh = hf^{(n)}(x) + o(h),$$

$$\therefore\ f^{(n-1)}(x+h) = f^{(n-1)}(x) + hf^{(n)}(x) + o(h),$$

$$\begin{aligned}f^{(n-2)}(x+h) - f^{(n-2)}(x) &= \int_0^h f^{(n-1)}(x+h)dh \\ &= hf^{(n-1)}(x) + \frac{h^2}{2!}f^{(n)}(x) + o(h^2),\end{aligned}$$

$$\therefore\ f^{(n-2)}(x+h) = f^{(n-2)}(x) + hf^{(n-1)}(x) + \frac{h^2}{2!}f^{(n)}(x) + o(h^2),$$

$$\cdots\cdots\cdots,$$

$$f(x+h)-f(x)=\int_0^h f'(x+h)dh$$
$$=hf'(x)+\frac{h^2}{2!}f''(x)+\cdots+\frac{h^n}{n!}f^{(n)}(x)+o(h^n),$$
$$\therefore\ f(x+h)=f(x)+hf'(x)+\frac{h^2}{2!}f''(x)+\cdots+\frac{h^n}{n!}f^{(n)}(x)+o(h^n)$$

という推論ができ，これは数学的にも正確です．

【無限小解析による Taylor 展開の計算】 公式通りに計算できる Taylor 展開の重要な例としてもう一つ，**一般 2 項展開**というのがあります．これは $(1+x)^\alpha$ の逐次導関数を計算するだけで必要なときにいつでも自分で作れるようなものですが，結果は特に重要ですので，展開の形をしっかり覚えておきましょう．

$$(1+x)^\alpha$$
$$=1+\alpha x+\frac{\alpha(\alpha-1)}{2!}x^2+\cdots+\frac{\alpha(\alpha-1)\cdots(\alpha-n+1)}{n!}x^n+O(x^{n+1}).$$

係数は α が自然数のときの 2 項係数と同じ形をしています．α が一般のときに組合せの記号を使うのははばかられるので，普通はこの係数を ${}_\alpha\mathrm{C}_n$ とは書かず，$\binom{\alpha}{n}$ という記号を使います．

さて，n 次の導関数を計算できる例はもうそれほど多くは残っていませんが，これら既知の展開を組み合わせて，いろいろな関数の Taylor 展開を作り，それを用いて極限演算をすいすいとこなすのが無限小解析あるいは漸近解析の醍醐味です．

例 3.2 等比級数展開 (これは一般 2 項展開の $n=-1$ のときに相当します)

$$\frac{1}{1+x}=1-x+x^2-+\cdots+(-1)^{n-1}x^{n-1}+O(x^n)$$

の両辺を 0 から x まで積分して

$$\log(1+x)=x-\frac{x^2}{2}+\frac{x^3}{3}-+\cdots+(-1)^{n-1}\frac{x^n}{n}+O(x^{n+1})$$

漸近展開は微分はできないが積分はできることをしっかり覚えて下さい．その理由は，$R(x) = O(x^n)$ のとき，$R'(x) = O(x^{n-1})$ とは限らないが，$\int_0^x R(x)dx = O(x^{n+1})$ は常に正しいからです．上の結果が正直に $\log(1+x)$ の逐次導関数を計算して作る Taylor 展開と同じものを与えることは，前節でお話しした漸近展開の係数の一意性によるのです．

例 3.3 上の等比級数展開に x^2 を代入した

$$\frac{1}{1+x^2} = 1 - x^2 + x^4 - + \cdots + (-1)^{n-1}x^{2n-2} + O(x^{2n})$$

の両辺を 0 から x まで積分して

$$\mathrm{Arctan}\, x = x - \frac{x^3}{3} + \frac{x^5}{5} - + \cdots + (-1)^{n-1}\frac{x^{2n-1}}{2n-1} + O(x^{2n+1}).$$

$\log(1+x)$ はまだ直接定義式での計算が可能ですが，これになると直接計算はもう不可能です．等比級数を積分する計算法はいろいろな方法のうちの一つですが，非常に簡明ですね．

例 3.4 $\sqrt{1+x}$ を展開するには，一般 2 項展開において $\alpha = 1/2$ として

$$\sqrt{1+x} = 1 + \frac{1}{2}x - \frac{1}{8}x^2 + - \cdots + (-1)^{n-1}\frac{(2n-3)!!}{(2n)!!}x^n + O(x^{n+1}).$$

ここに，

$$(2n)!! := 2 \cdot 4 \cdot 6 \cdots 2n, \qquad (2n-1)!! := 1 \cdot 3 \cdot 5 \cdots (2n-1)$$

という記号が数学公式集などでよく使われます．普通の階乗よりも大きくなり方がよけいびっくりするという気持でしょうか？

著名な物理学者 Feynman のユーモアたっぷりの自伝[8]には，彼がブラジル旅行中に，そろばんの達人に計算の試合を挑まれ，四則演算では全然歯が立たなかったが，平方根の計算に及んで，この公式を使った手計算でそろばんの達人を打ち負かしたという自慢話が載っています．$\sqrt{17}$ のように，平方数に非常に近い数の平方根などは

$$\sqrt{17} = \sqrt{16+1} = 4\sqrt{1+\frac{1}{16}}$$

[8] “ご冗談でしょうファインマンさん (上下)”，岩波書店

とみなすと，上の公式が適用できる訳です．でも，実際に答の正確な桁数に確信をもつためには，後で述べる剰余項の評価が必要となります[9]．

例 3.5 $1/\sqrt{1+x}$ の展開の方がもっと規則的になります，一般 2 項展開において $\alpha=-1/2$ として

$$\frac{1}{\sqrt{1+x}}=1-\frac{1}{2}x+\frac{1\cdot 3}{2\cdot 4}x^2-+\cdots+(-1)^n\frac{(2n-1)!!}{(2n)!!}x^n+O(x^{n+1}).$$

例 3.6 上の展開において，x の代わりに $-x^2$ を代入すると

$$\frac{1}{\sqrt{1-x^2}}=1+\frac{1}{2}x^2+\frac{1\cdot 3}{2\cdot 4}x^4+\cdots+\frac{(2n-1)!!}{(2n)!!}x^{2n}+O(x^{2n+2}).$$

この両辺を 0 から x まで積分すれば

$$\mathrm{Arcsin}\,x=x+\frac{1}{2}\frac{x^3}{3}+\frac{1\cdot 3}{2\cdot 4}\frac{x^5}{5}+\cdots+\frac{(2n-1)!!}{(2n)!!}\frac{x^{2n+1}}{2n+1}+O(x^{2n+3}).$$

$\mathrm{Arcsin}\,x$ なんて難しそうですが，意外と簡単でしょう．これらの公式は誤差の評価がきちんとされていないので，まだ残念ながら近似値の計算には使えません．例えば，この式で $x=1$ と置くと $\pi/2$ が得られそうですが，残念ながらこの式は $x=1$ ではあまり意味がありません．(剰余項が小さくなっていかないのです．) 他方，$x=1/\sqrt{2}$ と置けば $\pi/4$ が得られますが，実際計算では誤差の評価が欲しいですね．

誤差評価の無いこれらの展開はどんな用途に使えるのでしょうか？それが次のテーマです．

【漸近解析の計算例】 今まで Taylor 展開の例をかなり沢山見て来ましたが，関数はまだまだ沢山ありますので切りがありません．でも大抵の関数は，今まで調べたような基本的な関数の組合せとして与えられます．そこで漸近計算の応用として，そのような組み合わされた関数の Taylor 展開をその部品である関数の既知の Taylor 展開から計算する方法を示します．

例 3.7 $\tan x$ の Taylor 展開の一般項は難しいのですが，最初の方なら漸近

---

[9]計算機で実際に平方根を計算するには，2 の偶数冪で割り算して第 1 章の章末問題 7 に示した方法にもち込む方が圧倒的に速い．

解析で簡単に求まります.

$$
\begin{aligned}
\tan x &= \frac{\sin x}{\cos x} \\
&= \frac{x - \dfrac{x^3}{3!} + \dfrac{x^5}{5!} + O(x^7)}{1 - \dfrac{x^2}{2!} + \dfrac{x^4}{4!} + O(x^6)} \\
&= \left(x - \frac{x^3}{3!} + \frac{x^5}{5!} + O(x^7)\right) \\
&\quad \times \left\{1 + \left(\frac{x^2}{2!} - \frac{x^4}{4!} + O(x^6)\right) + \left(\frac{x^2}{2!} - \frac{x^4}{4!} + O(x^6)\right)^2 + O(x^6)\right\} \\
&= x + \frac{1}{3}x^3 + \frac{2}{15}x^5 + O(x^7).
\end{aligned}
$$

これと Taylor 展開の定義式を比較すると，$f(x) = \tan x$ に対し

$$
f^{(5)}(0) = 5! \cdot \frac{2}{15} = 16
$$

であることがわかります．これは直接計算するより圧倒的に速いですね．

例 3.8 普通の教科書で de l'Hospital (ロピタル) [10] の方法を用いて計算している不定形の極限値をここでは Taylor 展開を用いて計算して見ましょう．(de l'Hospital の方法も理論的には重要なので，後で説明します．)

$$
\lim_{x \to 0} \frac{(1+x)^n - 1}{x} = \lim_{x \to 0} \frac{(1 + nx + O(x^2)) - 1}{x} = n,
$$

$$
\lim_{x \to 0} \frac{1 - \cos x}{x^2} = \lim_{x \to 0} \frac{1 - \left(1 - \dfrac{x^2}{2} + O(x^4)\right)}{x^2} = \frac{1}{2}.
$$

Taylor 展開を記憶していれば，こちらの方が圧倒的に速いですね．

---

[10] 日本では冠詞を省いてこう呼ぶのが普通である．英語文献でも L'Hospital と書くものが多い．

練習問題 3.7 次の関数の $x=0$ における Taylor 展開を計算せよ．

1) $\dfrac{x}{1+x^3}$ 2) $\sqrt{1-x}$ 3) $\mathrm{Arccos}\,x$ 4) $\sqrt[3]{1+x^3}$ 5) $\log(1+x^2)$

6) $\mathrm{Arcsin}\,x^2$ 7) $\dfrac{\sin x}{x}$ 8) $\sin^2 x$ 9) $\log\cos x$ (x^5 の項まで)

10) $\sec x$ (x^6 の項まで) 11) $\dfrac{x}{e^x-1}$ (x^4 の項まで)

次の問題は他の応用例です．

練習問題 3.8 次の関数の原点における 6 次の微分係数 $f^{(6)}(0)$ を求めよ．

$$f(x) = \log\cos(x\sin x)$$

[ヒント：Taylor 展開の定義式を漸近解析で計算したものと比較する．決して実際に 6 回も微分してはいけません.]

3.4 平均値の定理とその応用

【平均値の定理】 Taylor 展開の剰余項の $O(x^n)$ の類の表現は理論的には意味深いのですが，実際に関数の近似値を数値的に求めるときの誤差の見積りには不向きです．そこで剰余項付きの Taylor の公式が必要になります．そのための準備として平均値の定理を復習しましょう．

平均値の定理は高校でも習いますね．最も基本的な形は

定理 3.2 $f(x)$ は閉区間 $[a,b]$ で連続，かつ開区間 (a,b) で微分可能とするとき，$a < \exists c < b$ が存在して

$$\frac{f(b)-f(a)}{b-a} = f'(c)$$

となる．言葉でいえば，f のグラフの $[a,b]$ に対応する弧の上で，その接線が弦と平行になるような点が存在する．

証明は，$f(x)$ の代わりに

$$F(x) = f(x) - \frac{f(b)-f(a)}{b-a}(x-a)$$

という関数を考えることにより，両端点での関数値が等しい場合に帰着させます: $F(b)=F(a)=f(a)$．このとき上の定理の主張は

$$F'(c) = 0$$

となる点が存在するということと同値になりますが，この特別な場合は **Rolle (ロル) の定理**と呼ばれます．Rolle の定理は，滑らかな山には必ず平らなところが存在する，ということをいっている訳で，その証明には山の頂上を見ればよろしい．ここで頂上とは最大値を与える点 c のことをいっているのですが，もしこれが区間 $[a,b]$ の内部に有れば，

$$x \leq c \text{ のとき } F(x) \leq F(c), \text{ 従って}$$
$$\frac{F(x)-F(c)}{x-c} \geq 0 \text{ から極限に行って } F'(c) \geq 0.$$

同様に

$$x \geq c \text{ のとき } F(x) \leq F(c), \text{ 従って}$$
$$\frac{F(x)-F(c)}{x-c} \leq 0 \text{ から極限に行って } F'(c) \leq 0.$$

よって

$$F'(c) = 0$$

でなければならない訳ですね．もし c が区間の端の点だと，どちらか一方しか成り立たちません．しかしそのときは谷底，すなわち最小値を探して同様に論ずればよろしい．もし最大値も最小値も区間の端点だったら？そんなのは $F(x)$ が定数のときしか起こり得ませんから，その場合は c をどう取っても $F'(c) = 0$ です．

以上の証明の正当化には，あと，連続関数が閉区間で必ず最大値 (最小値) に到達することを思い出すだけです．折角最大値が有っても，そこで微分可能ではなく，頂上が剱岳のようにとがっていては水平な接線は存在しませんね．以上の考察から定理の仮定がもっともなことが理解できるでしょう．

【de l'Hospital の公式】 $\frac{0}{0}$ 型の不定形の極限値の計算は漸近解析を使ってやるのが一番実用的ですが，理論的にはこれから述べる de l'Hospital の公式も重要です．

まずは平均値の定理を一般化した次の定理を示しましょう．

定理 3.3 $f(x)$，$g(x)$ は閉区間 $[a,b]$ で連続，かつ開区間 (a,b) で微分可能，またそこでは $g'(x) \neq 0$ とするとき，$a < \exists c < b$ が存在して

$$\frac{f(b)-f(a)}{g(b)-g(a)} = \frac{f'(c)}{g'(c)}$$

となる．

分母分子に独立に平均値の定理を適用してしまうと，c が共通でなくなることに注意しましょう．

これを示すには，平均値の定理にならって

$$F(x) = f(x) - \frac{f(b)-f(a)}{g(b)-g(a)}(g(x)-g(a))$$

を考えます．やはり $F(b) = F(a)$ となることが容易にわかりますので，$F'(c)=0$ なる点が存在しますが，これは

$$f'(c) - \frac{f(b)-f(a)}{g(b)-g(a)}g'(c) = 0$$

すなわち証明すべき式を与えます．

この定理から，もし $f(x)$，$g(x)$ が $x \neq 0$ では微分可能で，$g'(x) \neq 0$，かつ f，g がともに $x \to 0$ のとき 0 に近づくなら，$f(0)=0$，$g(0)=0$ とこれらの関数の定義を拡張あるいは修正しておいて上の公式を当てはめれば，

$$\frac{f(x)}{g(x)} = \frac{f(x)-f(0)}{g(x)-g(0)} = \frac{f'(\xi)}{g'(\xi)}$$

が 0 と x の中間のある ξ で成り立ち，従って $x \to 0$ なら $\xi \to 0$ ですから，次の有名な公式が得られます:

定理 3.4 **(de l'Hospital の公式)** $\lim_{x\to 0} f(x) = \lim_{x\to 0} g(x) = 0$ のとき

$$\lim_{x\to 0}\frac{f(x)}{g(x)} = \lim_{\xi\to 0}\frac{f'(\xi)}{g'(\xi)}. \tag{3.16}$$

この等式は，“右辺が存在すれば左辺も存在して等しい” という意味で成立しています．左辺が存在しても右辺は存在するとは限らないので完全な等式とはい

えないのですが，実用的には，計算して行った結果見つかった極限値はもとの問題の答となる，という意味で成立しているので，それで十分です．

■**練習問題 3.9** (3.16) 式の左辺が存在しても右辺が存在するとは限らない理由を考えてみよ．また反例を見付けてみよ．[ヒント：

$$\lim_{x\to 0}\frac{x^2\sin\dfrac{1}{x}}{\sin x}=0$$

および，分母分子を微分した

$$\lim_{x\to 0}\frac{2x\sin\dfrac{1}{x}-\cos\dfrac{1}{x}}{\cos x}$$

を調べて見よ．]

【不定形の極限値の補遺】 不定形には $\frac{0}{0}$ 型の他に $\frac{\infty}{\infty}$，$\infty\times 0$，1^∞，0^0，$\infty-\infty$ など，いろいろの型があります．今までは $\frac{0}{0}$ 型の解説だけやって来ましたが，ここで他の型の取り扱い方にも言及しておきます．

例として，1^∞ 型

$$\lim_{x\to 0}f(x)^{g(x)}$$

を考えます．1^∞ 型の意味は，$f(x)\to 1$ で $g(x)\to\infty$ ということです．$f(x)\equiv 1$ なら何乗しても 1 ですが，1 よりもちょっとでも大きいと，どんどん大きくなってしまい，逆に 1 よりちょっとでも小さいと 0 に近づいてしますから，これは確かに“不定形”です．これは

$$f(x)^{g(x)}=e^{g(x)\log f(x)}$$

と変形すれば $\infty\times 0$ 型に帰着できます．$\infty\times 0$ 型はどちらかを分母にもって行けば $\frac{0}{0}$ 型か $\frac{\infty}{\infty}$ 型に帰着できます．

$\frac{\infty}{\infty}$ 型のときは漸近解析は使えないと思っている人がいるかもしれませんが，そんなことはありません．例えば，

$$\lim_{x\to 0}\frac{\log\sin x}{\log x}$$

などは，$\log x$ が $x=0$ で微分可能でないので，直接 Taylor 展開は使えませんが，

$$\frac{\log\sin x}{\log x} = \frac{\log(x+O(x^3))}{\log x} = \frac{\log\{x(1+O(x^2))\}}{\log x}$$
$$= \frac{\log x + \log(1+O(x^2))}{\log x} = \frac{\log x + O(x^2)}{\log x}.$$

ちゃんと Taylor 展開を使いましたね．ここで $\log x \to -\infty$ ですから，極限は 1 と結論されます．$\frac{\infty}{\infty}$ 型の不定形で，分母と分子の入れ換えによって $\frac{0}{0}$ 型にしても直接 Taylor 展開が効かない場合にも，大抵はこのような逃げ道があるものです．

もちろん，$\frac{\infty}{\infty}$ 型のときには，直接 de l'Hospital の定理を使って計算してもいいわけです．de l'Hospital の定理は，$\frac{0}{0}$ 型の場合は

$$\lim_{x\to\infty}\frac{f(x)}{g(x)}$$

となっても，証明は同様です．なぜなら，$f(\infty)=g(\infty)=0$ と考えて一般化された平均値の定理を使えば

$$\frac{f(x)}{g(x)} = \frac{f(x)-f(\infty)}{g(x)-g(\infty)} = \frac{f'(c)}{g'(c)}, \qquad x<c<\infty$$

で，$x\to\infty$ とともに $c\to\infty$ となるからです．($f(\infty)$ などが気持悪い人は，これを十分大きな a に対する値 $f(a)$ などで置き換えて厳密に論じてみて下さい．) ちょっと面倒なのは，$\frac{\infty}{\infty}$ 型の不定形の場合にも de l'Hospital が使えることを示すものです．すなわち次の公式です:

定理 3.5　$\lim_{x\to0} f(x) = \lim_{x\to0} g(x) = \infty$ のとき

$$\lim_{x\to0}\frac{f(x)}{g(x)} = \lim_{\xi\to0}\frac{f'(\xi)}{g'(\xi)}. \tag{3.17}$$

これも，右辺が存在すれば左辺も存在して等しいという意味の等式です．$x\to0$ の代わりに $x\to\infty$ としても成り立ちます．証明は同様ですから，ここでは後者の場合をやりましょう．これは，a を十分大きな定数として

$$\lim_{x\to\infty}\frac{f(x)}{g(x)} = \lim_{x\to\infty}\frac{f(x)-f(a)}{g(x)-g(a)}$$

と考えるのです．(この等式は $f(x)$ と $g(x)$ をそれぞれ分母，分子から括り出してみればわかりますね．) すると

$$a < \exists c < x \quad \text{に対し} \qquad \frac{f(x)-f(a)}{g(x)-g(a)} = \frac{f'(c)}{g'(c)}. \tag{3.18}$$

今度は，$x \to \infty$ としただけでは $c \to \infty$ かどうか不明です．しかし，もし極限

$$A = \lim_{c \to \infty} \frac{f'(c)}{g'(c)}$$

が存在するなら，a が十分に大きくとってあれば c はそれより大きくなりますから，上の (3.18) の値は

$$\left| \frac{f(x)-f(a)}{g(x)-g(a)} - A \right| < \varepsilon \tag{3.19}$$

となるでしょう．すると，もとの極限は，

$$\left| \lim_{x \to \infty} \frac{f(x)}{g(x)} - A \right| \le \varepsilon \tag{3.20}$$

となるでしょう．(ここで lim の記号を使ってしまうのは，本当は厳密ではないのですが，感じはわかるでしょう？) $\varepsilon > 0$ は任意ですから，これから元の極限が存在して A に等しいことがわかります．

この証明は厳密にやろうとすると ε-δ 論法を必要とするので，続きは第 5 章 5.1 節に回しましょう．de l'Hospital の定理がこの場合も使えることは覚えておいて下さい．

$x \to \infty$ という極限を考えるときには，x は独立無限大と呼ばれます．このとき x に依存する量がどのくらいの速さで大きくなるかを計るのに，**無限大**の記号が用いられます:

$$R(x) = O(x^n) \quad \Longleftrightarrow \quad \frac{R(x)}{x^n} \text{ が有界}$$

$$R(x) = o(x^n) \quad \Longleftrightarrow \quad \frac{R(x)}{x^n} \to 0$$

$$R(x) \sim x^n \quad \Longleftrightarrow \quad \frac{R(x)}{x^n} \to 1$$

無限小のときもそうでしたが，比較の対象は x^n 型である必要はありません．有名な Gauss の素数定理は，正実数 x 以下の素数の個数 $\pi(x)$ が

$$\pi(x) \sim \frac{x}{\log x}$$

を満たすというものです．また，階乗 $n!$ の大体の大きさを n 回掛け算せずに見積もる Stirling の公式は

$$n! \sim \sqrt{2\pi n}e^{-n}n^n$$

というものです．この公式は第 II 巻第 8 章で証明されます．

練習問題 3.10 次の不定形の極限値を求めよ．

1) $\displaystyle \lim_{x\to 0} \frac{\cos(x^{10})-1}{(\mathrm{Arcsin}\, x)^{20}} \quad \left(\frac{0}{0}\text{ 型}\right)$　　2) $\displaystyle \lim_{x\to 0} \left(\frac{\sin x}{x}\right)^{1/x^2} \quad (1^{\infty}\text{ 型})$

3) $\displaystyle \lim_{x\to 0} \left(\frac{1}{\sin^2 x} - \frac{1}{x^2}\right) \quad (\infty - \infty\text{ 型})$　　4) $\displaystyle \lim_{x\to \infty} \frac{\log x}{\log x + \log\log x} \quad \left(\frac{\infty}{\infty}\text{ 型}\right)$

3.5 Taylor の定理

いよいよ，微分法の総仕上げです．この節では剰余項付きの Taylor 展開，すなわちいわゆる Taylor の定理を導き，合わせて剰余項の評価を与えます．次に，そこから極限に行って Taylor 級数を導きます．

【Lagrange の剰余項】 まず，剰余項の代表例である Lagrange (ラグランジュ) の剰余項を紹介しましょう．これは平均値の定理を一般化したもので，実は平均値の定理自身も Lagrange によるものです．

平均値の定理は分母を払って

$$f(b) = f(a) + f'(c)(b-a)$$

あるいは，$a = x$，$b - a = h$，従って $b = x + h$ と置き換え，c も $x + \theta h$，$0 < \theta < 1$ と置いて

$$f(x+h) = f(x) + f'(x+\theta h)h$$

の形に書くことができます．これを Taylor 展開の特別な場合と見て，先へ延ばしてゆくと，次の公式が得られます：

$$f(x+h) = f(x) + f'(x)h + \frac{f''(x)}{2}h^2 + \cdots + \frac{f^{(n-1)}(x)}{(n-1)!}h^{n-1}$$
$$+ \frac{f^{(n)}(x+\theta h)}{n!}h^n, \qquad 0 < \theta < 1. \qquad (3.21)$$

平均値の定理はここで $n = 1$ とした場合に相当します．この公式を証明するには，やや天下り[11] 的ですが，

$$\frac{f(x+h) - \{f(x) + f'(x)h + \frac{f''(x)}{2}h^2 + \cdots + \frac{f^{(n-1)}(x)}{(n-1)!}h^{n-1}\}}{h^n} \qquad (3.22)$$

に一般化された平均値の定理を繰り返し適用します．ただし，この式では x は止まっており，独立変数は h であることに注意して下さい．一回適用すると，$0 < h_1 < h$ なるある h_1 により

$$= \frac{f'(x+h_1) - \{f'(x) + f''(x)h_1 + \cdots + \frac{f^{(n-1)}(x)}{(n-2)!}h_1^{n-2}\}}{nh_1^{n-1}}$$

が得られます．そこで今度は h_1 を独立変数と見てもう一度一般化された平均値定理を適用すると，$0 < h_2 < h_1$ として

$$= \frac{f''(x+h_2) - \{f''(x) + f'''(x)h_2 + \cdots + \frac{f^{(n-1)}(x)}{(n-3)!}h_2^{n-3}\}}{n(n-1)h_2^{n-2}}$$

この辺で最後を想像してもらうと，ちょうど n 回繰り返したところで

$$= \frac{f^{(n)}(x+h_n)}{n!}.$$

最初と最後を等値し，$h_n = \theta h$，$0 < \theta < 1$ と書き直して分母を払えば，求める公式 (3.21) が得られます．

【積分形の剰余項】 剰余項付きの Taylor 展開の導き方として一番初等的なものに，部分積分を繰り返すという方法があります．平均値の定理も使いません．ひたすら計算するだけですが，得られる結果は強力です[12]．

---

[11] この言葉は動機付けをせずに定義などをいきなり導入するときに使われて来た．“官僚の天下り”という意味しか知らない学生に，どういう関係があるのかと質問されてびっくりしたのは 15 年くらい前からである．

[12] ここでも論理的一貫性を重んじる講義の場合は，とりあえず積分を原始関数の意味に取っておけば，何の問題もない．

$$\begin{aligned}
f(h) &= f(0) + \int_0^h f'(t)dt = f(0) + \Big[-(h-t)f'(t) \Big]_0^h + \int_0^h (h-t)f''(t)dt \\
&= f(0) + f'(0)h + \int_0^h (h-t)f''(t)dt \\
&= f(0) + f'(0)h + \Big[-\frac{(h-t)^2}{2} f''(t) \Big]_0^h + \int_0^h \frac{(h-t)^2}{2} f'''(t)dt \\
&= \cdots\cdots \\
&= f(0) + f'(0)h + \frac{f''(0)}{2}h^2 + \cdots + \frac{f^{(n)}(0)}{n!}h^n \\
&\qquad\qquad + \int_0^h \frac{(h-t)^n}{n!} f^{(n+1)}(t)dt. \qquad (3.23)
\end{aligned}$$

最後の項 $R_{n+1}(h)$ が誤差項で，“積分型の剰余項” と呼ばれることがあります．これは $f^{(n+1)}(x)$ が原点の近くで有界なら $O(h^{n+1})$ の量となります．すなわち

$$M = \sup_{|x| \le h} |f^{(n+1)}(x)|$$

と置けば，

$$\begin{aligned}
|R_{n+1}(h)| &= \left| \int_0^h \frac{(h-t)^n}{n!} f^{(n+1)}(t)dt \right| \\
&\le \frac{M}{n!} \int_0^h (h-t)^n \, dt = \frac{M}{(n+1)!} h^{n+1}. \qquad (3.24)
\end{aligned}$$

この計算は $h > 0$ のときのものですが，$h < 0$ のときもほんの少し修正すれば適用でき，結果として h を $|h|$ で置き換えたものが得られます．

剰余項を $o(h^n)$ のように書く流儀は理論的に重要ですが，そのままでは実際の数値解析に役立ちません．(例えば，$10^{10}h^2 = O(h^2)$ で $0.1h = O(h)$ ですが，ある固定した $h > 0$ に対しては前者の方が小さいとは必ずしもいえません．) (3.23)–(3.24) のように剰余項の大きさ，すなわち誤差の大きさがきちんと評価されていると，関数値の近似計算にも利用できるようになります．例えば

$$e^h = 1 + \frac{h}{1!} + \frac{h^2}{2!} + \cdots + \frac{h^n}{n!} + R_{n+1}, \quad |R_{n+1}| \le \frac{e^h}{(n+1)!} h^{n+1} (h > 0).$$

特に，$h = 1$ とすると (この h はあまり小さくはありませんが，誤差評価が明らかなので使えるのです)

$$e = 1 + \frac{1}{1!} + \frac{1}{2!} + \cdots + \frac{1}{n!} + R_{n+1}. \tag{3.25}$$

このときの誤差は $|R_{n+1}| < 3/(n+1)!$ です．この式を用いると e の近似値を相当の桁数まで容易に求めることができます．

レポート問題 3.1 級数の値を計算するプログラム `example1.p` を修正して，上の級数により e の値を小数点以下 15 桁計算し，計算機の処理系がもっている値と比較せよ．

上くらい誤差が小さい表示は純粋数学的にも使えます．例えば e が無理数であることなどがこの表示を用いて証明できます．

練習問題 3.11 e が無理数であることを，(3.25) の表現を用いて証明せよ．[ヒント：$e = q/p$ と既約分数に書けたとし，$n = p$ に選んで矛盾を導け.]

$\log(1+x)$ や $\operatorname{Arctan} x$ の展開の剰余項は，一般論を使うよりも等比級数の部分和の剰余項を用いて評価する方が簡単です．

$$\frac{1}{1+x} = 1 - x + x^2 - + \cdots + (-1)^{n-1}x^{n-1} + \frac{(-1)^n x^n}{1+x}$$

を 0 から x まで積分すれば

$$\log(1+x) = x - \frac{x^2}{2} + \frac{x^3}{3} - + \cdots + (-1)^{n-1}\frac{x^n}{n} + \int_0^x \frac{(-1)^n x^n}{1+x}\,dx$$

だから，$x \geq 0$ のときは

$$|R_{n+1}| \leq \int_0^x x^n\,dx = \frac{x^{n+1}}{n+1}$$

はいえます．従って展開は $0 \leq x \leq 1$ で意味をもちます．とはいっても，$x = 1$ のときの展開

$$\log 2 = 1 - \frac{1}{2} + \frac{1}{3} - + \cdots + (-1)^{n-1}\frac{1}{n} + R_{n+1}, \tag{3.26}$$
$$|R_{n+1}| \leq \frac{1}{n+1}$$

は，正しいことは正しいのですが，誤差が大きすぎて実用にはなりません．例えば，小数点以下 4 桁計算するのに，誤差を $1/n = 10^{-4}$ とするには $n = 10^4$

個の項が必要です.(ここで示したのは R_{n+1} の上からの評価だけですが, もう少し詳しく調べると, R_{n+1} は本当にこの程度の大きさであることもわかります. 練習問題 3.12 参照.)

$x < 0$ の方では

$$|R_{n+1}| \le \int_0^{|x|} \frac{t^n}{1-t}\,dt \le \frac{|x|^{n+1}}{n+1}\frac{1}{1-|x|}$$

は成り立ちますから, 合わせて $|x| < 1$ で Taylor 展開の式は有効です.

練習問題 3.12 展開 (3.26) の誤差 R_{n+1} が

$$R_{n+1} = \frac{(-1)^n}{2n} + O\left(\frac{1}{n^2}\right) \tag{3.27}$$

を満たすことを部分積分を用いて示せ. このことから, 展開の最後の項を半分にすると有効数字は倍に増えることを説明せよ.

同様に,

$$\mathrm{Arctan}\, x = x - \frac{x^3}{3} + \frac{x^5}{5} - + \cdots + (-1)^{n-1}\frac{x^{2n-1}}{2n-1} + R_{n+1}, \tag{3.28}$$

$$R_{n+1} = \int_0^x \frac{(-1)^n x^{2n}}{1+x^2}\,dx$$

から,

$$|R_{n+1}| \le \int_0^{|x|} x^{2n}\,dx = \frac{1}{2n+1}|x|^{2n+1}$$

がいえます.

一般 2 項展開の場合の剰余項は

$$(1+x)^\alpha = 1 + \alpha x + \frac{\alpha(\alpha-1)}{2!}x^2 + \cdots + \frac{\alpha(\alpha-1)\cdots(\alpha-n+1)}{n!}x^n + R_{n+1}$$

$$R_{n+1} = \frac{\alpha(\alpha-1)\cdots(\alpha-n)}{n!}\int_0^x (x-t)^n(1+t)^{\alpha-n-1}\,dt \tag{3.29}$$

です. この剰余項は $-1 < x < 1$ の範囲で $n \to \infty$ とともに小さくなることが知られていますが, その係数の厳密な評価は結構面倒です, 特に, (3.29) 式

では間に合いません．この評価は後で $n \to \infty$ として無限級数展開を作るときには本格的に必要となりますが，ここでは直感的に $|\alpha+n|/n \to 1$ なんだから，分子の $\alpha(\alpha-1)\cdots(\alpha-n)$ は分母の $n!$ とほぼ同等だとだけ理解して，積分の部分の評価だけをしておきましょう．実用的には n は十分に大きいと仮定してもよいですから，$\alpha-n-1<0$ としましょう．すると $x \ge 0$ のときは，$(1+x)^{\alpha-n-1}$ を 1 で置き換えて

$$|R_{n+1}| \le \frac{|\alpha(\alpha-1)\cdots(\alpha-n)|}{n!}\int_0^x (x-t)^n\,dt = \frac{|\alpha(\alpha-1)\cdots(\alpha-n)|}{(n+1)!}x^{n+1}$$

これは展開の次の項の絶対値に等しいですね．一般に展開に正負の項が交互に現れる，いわゆる交代級数となる場合は，項が n について単調減少になった時点で，誤差の大きさは捨てた最初の項で評価できることを前に示しましたね．また $-1<x<0$ のときは，$|x|-t \le |x|(1-t)$ に注意すると

$$\begin{aligned}|R_{n+1}| &= \frac{|\alpha(\alpha-1)\cdots(\alpha-n)|}{n!}\int_0^{|x|}\left|\frac{|x|-t}{1-t}\right|^n (1-t)^{\alpha-1}\,dt \\ &\le \frac{|\alpha(\alpha-1)\cdots(\alpha-n)|}{n!}|x|^n\int_0^{|x|}(1-t)^{\alpha-1}\,dt \\ &= \frac{|\alpha(\alpha-1)\cdots(\alpha-n)|}{n!}\cdot\frac{(1-|x|)^\alpha-1}{\alpha}|x|^n \end{aligned} \tag{3.30}$$

従っていずれの場合も $\alpha(\alpha-1)\cdots(\alpha-n)$ と $n!$ がほぼ同等 (正確には，$\forall\varepsilon>0$ に対して，定数 C_ε を適当にとれば，

$$\frac{1}{C_\varepsilon(1+\varepsilon)^n} \le \left|\frac{\alpha(\alpha-1)\cdots(\alpha-n)}{n!}\right| \le C_\varepsilon(1+\varepsilon)^n \tag{3.31}$$

が成り立つ) とすれば，剰余項は $|x|<1$ のときに n の増大とともに小さくなります．また $|x|>1$ では $|x|-t \ge |x|(1-t)$ に注意すると，剰余項は n とともに増大することが同様の計算でわかります．(3.31) のより精密なバージョンの証明は第 5 章の章末問題 3 にあります．

以上の計算は α や n が文字のままだとわかりにくいですが，実用的には，α や n を具体的に決めたときにこの値を評価するのはそう難しくないでしょう．これを用いると，いろんな数の平方根や立方根などが計算できます．

例 3.9 $1+\dfrac{1}{239^2}=2\cdot\dfrac{169^2}{239^2}$ に注意すると

$$\sqrt{2}=\frac{239}{169}\sqrt{1+\frac{1}{239^2}}=\frac{239}{169}\left(1+\frac{1}{2}\frac{1}{239^2}-\frac{1}{8}\frac{1}{239^4}+\cdots\right)$$

この奇妙な数の組み合わせは僕が高校生の時に Machin (マチン) の級数 (章末問題 12 参照) を見ていて偶然発見したものです．(実は初等整数論の定理を使うとこのようなものは系統的に見つけることができます．章末問題 3 参照．) 当時は電卓もまだ無かったので，僕はこの級数を用いて $\sqrt{2}$ の近似値を手で 50 桁計算しました．皆さんもやってみますか？

レポート問題 3.2 上の展開を用いて $\sqrt{2}$ を 50 桁正しく求めるには何項使えばよいか？ また実際に計算してみよ．(Pascal で実現するのは，50 桁分をいくつかの変数に分けて計算する，いわゆる無限多倍長演算を必要とするので，プログラムが得意でない人は Mathematica か Risa を用いよ．)

練習問題 3.13 $\mathrm{Arcsin}\,x$ の展開の剰余項の評価を与えよ．

【Taylor 級数】 剰余項の評価をきちんとやる理由の一つは，

$$f(x)=f(0)+f'(0)x+\frac{f''(0)}{2}x^2+\cdots \tag{3.32}$$

という無限級数表示，すなわちいわゆる $f(x)$ の **Taylor 級数**を得たいためです．このように書くと誤差無しの式のように見えて美しいのですが，実際に計算するときはどうせ有限項で止めなければならないので，誤差評価をもった剰余項付きの公式の方が実用的にはありがたいのです．このように級数の形に書くのは理論的な興味からです．

級数の定義により上の式の右辺は

$$\sum_{k=0}^{n}\frac{f^{(k)}(0)}{k!}x^k$$

の $n\to\infty$ の極限ですから，これが $f(x)$ に収束するためには

$$R_{n+1}=f(x)-\sum_{k=0}^{n}\frac{f^{(k)}(0)}{k!}x^k$$

が 0 にゆくことが必要かつ十分です．後に第 8 章で一般的に習うように，$R\geq 0$

が存在して，級数は $|x| < R$ では $f(x)$ に収束し，$|x| > R$ では発散するという具合になっています．R のことを Taylor 級数の**収束半径**といいます．例えば，一般 2 項展開の収束半径は 1 であることが上に示した 2 項係数の評価からわかります．一般 2 項展開の収束を厳密に論じたのは Abel が最初です．Abel は夭折した天才数学者で，5 次の代数方程式に対しては根の公式が存在しないことを初めて証明したことでも有名ですね．

一般 2 項展開から派生した $\log(1+x)$，$\mathrm{Arctan}\,x$，$\mathrm{Arcsin}\,x$ などの展開の収束半径もすべて 1 です．これに対し，e^x，$\sin x$，$\cos x$ などは，任意の x について Taylor 展開が意味をもつので，収束半径は ∞ です．

Taylor 級数は，もちろん収束半径の中だけでしか意味をもちません．剰余項付きの Taylor の定理は，x が大きくても，式としては間違いではありませんが，役には立ちません．例えば，3.3 節でちょっと紹介した

$$\sqrt{17} = 4\sqrt{1+\frac{1}{16}} = 4\left(1+\frac{1}{2}\frac{1}{16}-\frac{1}{2\cdot 2\cdot 2}\frac{1}{16^2}+\cdots\right)$$

は意味がありますが，

$$\sqrt{17} = \sqrt{1+16} = 1+\frac{1}{2}16-\frac{1}{2\cdot 2\cdot 2}16^2+\cdots$$

としたのでは無意味です．これを

$$\begin{aligned}\sqrt{17} &= \sqrt{1+16}\\ &= 1+\frac{1}{2}16-\frac{1}{2\cdot 2\cdot 2}16^2+\frac{1}{2\cdot 2\cdot 2\cdot 2}(1+16\theta)^{-5/2}16^3\end{aligned}$$

と剰余項付きで書けば誤りではありませんが，使いものにはなりません．理由はわかりますね．そう，剰余項の方がその前の大事な展開項よりも大きくなってしまうからです．それを $\cdots$ で省略したら如何にひどいことをやっているかわかるでしょう？

ちょうど $|x| = R$ のところでは (3.32) が成り立つかどうかは大変微妙で，一般にはわかりません．成り立ったとしても収束が遅くて実用にならないのが普通です．例えば $\log(1+x)$ の Taylor 級数は収束半径が 1 であることがすぐにわかりますが，$x = -1$ では明らかに発散，また先の計算で示したように $x = 1$ では

$$\log 2 = 1 - \frac{1}{2} + \frac{1}{3} - + \cdots + (-1)^{n-1}\frac{1}{n} + \cdots$$

は収束しています．この級数は美しいが，収束は前に注意したように大変遅い．

同様に，Leibniz の発見した級数

$$\frac{\pi}{4} = \operatorname{Arctan} 1 = 1 - \frac{1}{3} + \frac{1}{5} - + \cdots + (-1)^{n-1}\frac{1}{2n-1} + \cdots \tag{3.33}$$

も，とてもきれいな級数ですが収束は大変遅い．ただし，この級数で実際に計算してみると章末問題 13 のような面白い現象が見られます．

級数の収束を速くして π や $\log 2$ などの値を効率的に求める工夫がいろいろされてきました．この種の工夫を一般に**加速法**と呼びます．章末問題 19 に歴史的に有名なものを挙げておきます．現行の計算機内部では Taylor 展開よりももっと進んだ理論が近似値の計算に使われています．

冪級数の収束半径の一般的な求め方については，第 8 章で取り上げます．

微分可能な関数 $y = f(x)$ に対しては，関数値の増分 $\Delta f = f(x+h) - f(x)$ は独立変数の増分 $h = \Delta x$ の 1 次の微小量になることを見ましたが，関数の**微分**とは，その 1 次の部分 $f'(x)\Delta x$ (もっと正確にいうと，高次の微小量の差を無視することにより得られる量) のことをいい，dy とか df と記します．h 自身は $f(x) \equiv x$ という関数の微分になりますから，dx と書けます．よって

$$dy = df = f'(x)\,dx$$

$f'(x)$ のことを微分係数というのは，微分の係数だからです．導関数のことを微分商というのは，それが二つの微分の商

$$\frac{dy}{dx}$$

になっているからです．よってこれからは晴れて分母と分子をバラバラにできるのです．物理法則を表す微分方程式を立てるときなど，数学の先生が Δy や Δx を使って近似式を導き，極限に行って方程式を導くところを，物理の先生はいきなり dy や dx で書いてしまいますが，少なくとも 1 階の微分しか出てこなければ，ここでの説明のように正当化できるのです．我々も第 4 章で，(あまり物理は使わずに) いくつか微分方程式を導いてみましょう．

3.6 数 値 微 分

Taylor 展開の実用的な応用の一つとして，代表的な数値微分の公式の近似のオーダーを計算してみましょう．

【数値微分】 計算機で微分を計算するというと，Mathematica にやらせるのを思い浮かべる人がいるかもしれませんが，あれは主な関数の導関数を覚えさせておき，その組合せとして代数的な演算で答が出るものだけです．実際に極限の計算が必要になるような微分は Mathematica は苦手です．それは Mathematica に極限値自身を答えさせてみると，導関数ほどにはやってくれないことからも想像されるでしょう．

極限を真に求めるのは無限の計算が必要で，有限の計算が原則の計算機には不可能です．しかし世の中の科学的計算では公式の組合せではできないような微分の計算がいつも必要とされています．そういうときは数値的な近似計算が用いられます．早い話が，微分の定義である極限

$$f'(x) = \lim_{h \to 0} \frac{f(x+h) - f(x)}{h}$$

が本当には計算できないなら，極限までゆかずに十分小さい h で止めてそのときの差分商の値

$$\frac{f(x+h) - f(x)}{h}$$

を $f'(x)$ の近似値として採用すればよいでしょう．$h > 0$ のときこの値は点 x における f の**前進差分商**と呼ばれます．考えている点から先に進むときの弦の傾きをとっているからです．しかし数学的には h の符号はどうでもよいはずだから，

$$\frac{f(x-h) - f(x)}{-h} = \frac{f(x) - f(x-h)}{h}$$

という値だって $f'(x)$ の近似値と考えられなくはないですね．これが**後退差分商**と呼ばれるものです．

ところで図を見ると，これら二つの近似値よりも，それぞれの両端を直接結んだ弦の傾き

$$\frac{f(x+h) - f(x-h)}{2h} \tag{3.34}$$

の方がひときわ接線の傾き，すなわち真の $f'(x)$ の値に近そうですね．これは**中心差分商**と呼ばれるもので，容易にわかるように，先の二つの平均値にもなっています．これだけはっきり目で違いがわかるときは，近似式として誤差が h のオーダーで違うことが殆んどです．しかし厳密には計算で確かめなければなりません．

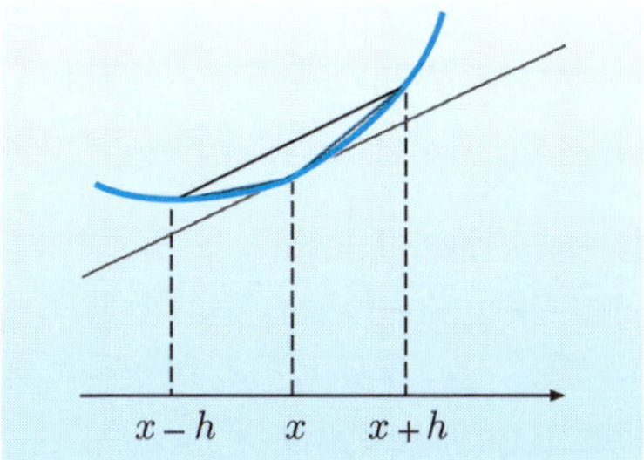

図 **3.2** 接線と三種の差分商の傾き

Taylor 展開で

$$f(x+h) = f(x) + \frac{f'(x)}{1!}h + \frac{f''(x)}{2!}h^2 + \frac{f'''(x)}{3!}h^3 + \cdots \tag{3.35}$$

よって

$$\frac{f(x+h)-f(x)}{h} = f'(x) + \frac{f''(x)}{2!}h + \cdots$$

ですから，前進差分商は一般に (すなわち $f''(x)=0$ という特別な場合を除き) $O(h)$ の誤差をもちます．これを "前進差分商は $f'(x)$ の 1 次の近似である" と表現します．後退差分商についても全く同様です．

次に中心差分商 (3.34) の誤差を見ましょう．(3.35) において h を $-h$ に換えた

$$f(x-h) = f(x) - \frac{f'(x)}{1!}h + \frac{f''(x)}{2!}h^2 - \frac{f'''(x)}{3!}h^3 + \cdots \tag{3.36}$$

も使って，

$$\frac{f(x+h)-f(x-h)}{2h} = f'(x) + \frac{f'''(x)}{3!}h^2 + \cdots$$

となり，確かに 2 次の近似式であることがわかります．この差は大変なものです．$h=0.01$ のとき 1 次の近似式の誤差は 0.01 に比例した大きさになるのに，2 次の近似式の誤差は 0.0001 に比例した大きさで済むからです．

Taylor 展開を思い出したついでに，同じ式たちをもう 1 項先に進めたものを用いて，2 階の微分に対する有名な近似式も紹介して置きましょう．2 階微分の差分近似は科学計算の世界ではとても大切なものです．(3.35) と (3.36) を加えると，今度は奇数次の項が消えてしまい，

$$\frac{f(x+h)+f(x-h)-2f(x)}{h^2}=f''(x)+\frac{f^{(4)}(x)}{12}h^2+\cdots \tag{3.37}$$

という式が得られます．2 階の微分の場合は，これが二つの Taylor 展開の組み合わせとして一番始めに見つかる自然なものですが，それが既に 2 次の近似式となっています．

ここでの計算は漸近展開だけでしたが，Taylor 展開として Lagrange 剰余の付いたものを用いると，誤差の計算を上からきちんと見積もったものが得られます．例えば，中心差分 (3.34) の誤差は

$$\frac{h^2}{6}\sup|f'''(x)|$$

で抑えられることがわかります．ここに $\sup|f'''(x)|$ は導関数を計算したい区間での上限値を採用します．1 階の導関数がわからなくて計算しているのに 3 階の導関数を使うのは変ではないか？という人がいるかもしれませんが，これは誤差評価なので，公式を使うときに安心するためのものですから，大体の大きさだけわかればよいのです．

■ **練習問題 3.14** 次の近似式を証明せよ．ただし f は必要なだけ微分可能とする．

$$\frac{8(f(x+h)-f(x-h))-(f(x+2h)-f(x-2h))}{12h}=f'(x)+O(h^4).$$

● **レポート問題 3.3** 前進差分商，中心差分商，上の練習問題の公式により計算機の Pascal 用ライブラリに付属した $\sin x$ を x のいろいろな値において微分してみて，同じく Pascal 用ライブラリに付属した $\cos x$ の値と比較せよ．

3.7 高階微分と C^k 級関数

【2 階微分の意義】 2 階微分はその符号が接線の傾きの増減を表すことから，曲線の凹凸を表す量として高校で学びました．その応用として $f'(x)=0$ となる点で極大になっているか，極小になっているかが 2 階微分の符号で判定されました．曲線が凸 (凹) であることは高校では接線の傾きが次第に増加 (減少) す

るということで定義したので，$f''(x) > 0$ なる区間で凸となることは直ちに従いますが，凸の定義を第 2 章 2.5 節のように定義すると，少し証明が必要になります (章末問題 14 参照).

ここでは，凹凸に関連させないで，$f'(x) = 0$，$f''(x) < 0$ なる点で関数が極大となることを大学生流の直接計算で厳密に示しておきましょう．そのためまず，極大の厳密な定義をします．関数 $f(x)$ が点 $x = a$ で極大になる，あるいは $f(a)$ が極大値であるとは，十分小さい $\delta > 0$ をとるとき

$$0 < |x - a| < \delta \quad \Longrightarrow \quad f(a) > f(x)$$

となっていることです．つまり，お山の大将，あるいは，おらが村で一番高いところで，村の外に出ればもっと高いところがあるかもしれません.

さて，$x = a$ において $f'(a) = 0$，$f''(a) < 0$ とすると，Taylor の定理より

$$f(x) = f(a) + \frac{f''(a)}{2}(x - a)^2 + r(x), \qquad r(x) = o((x - a)^2)$$

従って，$\delta > 0$ を十分小さく選べば，$0 < |x - a| < \delta$ において $|r(x)/(x - a)^2| < |f''(a)|/4$ とできますから，このような x に対しては

$$\begin{aligned} f(x) &< f(a) + \frac{f''(a)}{2}(x - a)^2 + \frac{|f''(a)|}{4}(x - a)^2 \\ &= f(a) + \frac{f''(a)}{4}(x - a)^2 < f(a) \end{aligned}$$

となり，$f(a)$ が極大値であることが示せました.

極小の厳密な定義とその判定法の正当化も同様です.

2 階微分はまた，第 9 章で学ぶように，2 階微分を使うと曲線の曲がり方 (曲率) を表すこともできます.

他方，物理では位置座標の時間に関する 1 階微分が速度を与え，従って 2 階微分が速度の増加率である加速度を表すことが力学の基本です．そして，物体の加速度は物体に加えられた力に比例する (比例定数が質量と定義される) という，Newton の運動法則があるため，2 階微分はすこぶる重要です.

【高階微分】 3 階以上の高階導関数はそれに比べると Taylor 展開の計算のようなものを除き，単独の概念としてはそう応用には出てきません．しかし，理論的には n 階の導関数を求めたいこともあります．次の定理くらいは知って

おきましょう.

定理 3.6 **(Leibniz の公式)** f, g が n 階微分可能なら

$$\{f(x)g(x)\}^{(n)} = \sum_{k=0}^{n} {}_n\mathrm{C}_k f^{(n-k)}(x)g^{(k)}(x).$$

この公式は 2 項定理にそっくりですね. 証明も同じように帰納法で簡単にできます. こんな公式が有っても, n 階導関数を n のきれいな式で表せることはよほどの幸運が無い限り不可能なことは, Taylor 展開のところで注意した通りです. $f^{(n)}(x)$ が n の 3 項くらいの漸化式で表されればそれでも幸運な方でしょう.

練習問題 3.15 次の関数の n 階導関数を計算せよ.

1) xe^x 2) $e^x \sin x$ 3) $e^x \log x$

練習問題 3.16 高階微分係数に関して次の二つを証明せよ.

1) $f'(a) = f''(a) = \ldots = f^{(m-1)}(a) = 0$, $f^{(m)}(a) \neq 0$ とする. このとき m が偶数なら $f(x)$ は点 $x = a$ で極値を取り, m が奇数なら極値を取らない.

2) $f(a) = g(a)$, $f'(a) = g'(a)$, $\cdots$, $f^{(m-1)}(a) = g^{(m-1)}(a)$, $f^{(m)}(a) \neq g^{(m)}(a)$ とする. このとき m が奇数なら $f(x)$ のグラフと $g(x)$ のグラフは点 $x = a$ で交差し, m が偶数ならグラフは交差しない.

【C^k 級関数】 先に, 導関数は存在しても連続とは限らないので, わざわざ導関数が連続なことを仮定することが多いということを注意しました. 最近は連続的微分可能という言葉の代わりに $\boldsymbol{C^1}$**級**という言葉を使う方が多いようです.

これを一般にして, k 階までの導関数がすべて連続になるようなものを$\boldsymbol{C^k}$**級**の関数と呼びます. 連続的微分可能は $k = 1$ の場合に相当する訳です.

更に, 何回でも微分可能な関数は $\boldsymbol{C^\infty}$**級**の関数, あるいは**無限階微分可能**と呼ばれます. これは “何回でも微分できる” という意味で, 本当に無限階の微分をする訳ではありません. このとき各階の導関数はすべて連続になりますから, C^∞ は C^k の $k \to \infty$ の極限と考えられます.

更に, 収束する冪級数の和で書けるような関数を, **解析関数**, あるいは$\boldsymbol{C^\omega}$**級**の関数と呼びます. 第 II 巻の第 8 章で, 収束する冪級数は何回でも微分可能

なこと，すなわち解析関数は C^∞ 級であることが示されますが，逆に C^∞ 級の関数は必ずしも C^ω 級とは限りません．有名な例は

$$f(x) = \begin{cases} e^{-1/x}, & x > 0 \text{ のとき}, \\ 0, & x \leq 0 \text{ のとき} \end{cases} \tag{3.38}$$

で定まる関数 $f(x)$ です．これが C^∞ 級であることは章末問題 15 でやりましょう．この関数の原点における微分係数はすべて 0 であることは，左から極限を取ってみれば明らかです．従って Taylor 展開を作っても係数はすべて 0 となり，元の関数を表現することができません．

章末問題

問題 1 ☺ 次の関数の導関数を求めよ．

1) $\log\log\log x$　　2) $\mathrm{Arcsin}\,\dfrac{1}{x}$　　3) $e^{xe^{xe^{x}}}$　　4) $\mathrm{Arcsin}\,\dfrac{x}{\sqrt{1+x^2}}$

問題 2 ☺ 次の不定形の極限値を求めよ．

1) $\displaystyle\lim_{x\to 0}\frac{\cos x^{20}-1}{(\mathrm{Arctan}\,x)^{40}}$　　2) $\displaystyle\lim_{x\to 0}(\cos x)^{\cot^2 x}$　　3) $\displaystyle\lim_{x\to 0}\left(\frac{1}{\tan^2 x}-\frac{1}{x^2}\right)$

問題 3 ☺ 一般 2 項展開を工夫することにより $\sqrt{7}$ を計算できるうまい級数を一つ作り出し，その値を 10 桁計算せよ．[ヒント：例えば $7m^2-n^2$ がなるべく小さくなるような正整数 m，n を計算機で探し利用せよ.]

問題 4 ☺ $\sqrt[3]{2}$ 及び $\sqrt[3]{3}$ を計算できるうまい級数を一般 2 項展開を工夫することによりそれぞれ一つ作り出し，それらを用いてこれらの値を十進 10 桁計算せよ．

問題 5 ☺ $\tan x$ の Maclaurin 展開を x^7 の項まで計算せよ．

問題 6 ☺ 次の関数 $f(x)$ に対し原点における 100 次の微分係数と 101 次の微分係数の値を求めよ．

1) $f(x) = \dfrac{x}{1-x^{50}}$　　2) $f(x) = \dfrac{\sin x^{100}}{1+x}$

[ヒント：ほんとうに 100 回も微分しないように！]

問題 7 ☺ $n = 1, 2$ に対し $\sin n$ は必ず無理数となることを Taylor 展開の剰余項を評価することにより示せ．[ヒント: e の無理数性の証明法を真似せよ．$n = 2$ の方は $k!$ が 2 を幾つ因子に含むかを考えよ.]

問題 8 ⊙ 放物線 $y=x^2$ と x 軸，および $x=h$ $(h>0)$ で囲まれた有界領域に含まれる最大の円の半径を $R(h)$ と置く．$h\to+0$ のとき h の無限小量 $R(h)$ の主部 $R(h)\sim ch^a$ を決定しよう：

1) $R(h)$ は $h\to+0$ のとき h の何次の無限小となるか？

2) 上の答を a としたとき $c=\lim_{h\to+0}\frac{R(h)}{h^a}$ を計算せよ．

［ヒント：直角を挟む二辺の長さが λh，h^2 $(\lambda>0$ は定数$)$ である直角三角形の内接円の半径の挙動を参考にせよ．うまく説明できないときは直感で答だけでも記せ.］

問題 9 ⊙ 1) 関数 $x\sin x$ の $0\le x\le\pi$ の部分のグラフ Γ の概形を描け．

2) D の $x\le h$ の部分に含まれる半径が最大の円の面積は，$h\to 0$ のとき h の何次の無限小となるか？［ヒント：直感により簡単な図形に還元する.］

3) この関数の $0\le x\le\pi$ の範囲における最大値を 2 分法により小数点以下 10 桁の精度で求めよ．

問題 10 ⊙ 1) 曲線 $y^2=xe^x$ の概形を描け．

2) $h>0$ とし，上の曲線と直線 $x=h$ で囲まれる有界な領域を S_h と置く．$h\to 0$ のとき S_h の面積 $|S_h|$ は h の何次の無限小量となるか？($|S_h|/h^\lambda$ が $h\to 0$ のとき 0 にも無限大にもならないような λ を決めよ．このような λ は整数とは限らないことに注意．)

3) S_h に含まれる最大の三角形を T_h，最大の円を C_h とし，それらの面積をそれぞれ $|T_h|$，$|C_h|$ で表すとき，これらの量の h に関する無限小の次数 a，b を示せ．

4) 極限値 $\displaystyle\lim_{h\to 0}\frac{|T_h|^{1/a}}{|C_h|^{1/b}}$ を求めよ．

問題 11 ⌒ Taylor の定理の Lagrange 剰余 (3.21) の中に入っている θ は h に依存する量であるが，$f^{(n+1)}(a)\ne 0$ という仮定の下では $h\to 0$ のとき

$$\theta\sim\frac{1}{n+1}$$

となることを示せ．ただし f は必要なだけ何回でも微分可能とする．［ヒント：剰余項を θh につき展開したものと，もとの f をもう一つ先まで展開したものとを比較せよ.］

問題 12 ⊙ 1) 次の関係式を示せ．

$$\frac{\pi}{4}=4\,\mathrm{Arctan}\,\frac{1}{5}-\mathrm{Arctan}\,\frac{1}{239}.$$

2) π に対する次の展開 (J.Machin の級数) を導け[13)]．

[13)] 現在では，計算機による π の多倍長計算には，Gauss により発見された算術幾何平均 (第 1 章章末問題 9) と呼ばれる数列の極限を改良したものが用いられる．

$$\pi = 16\left(\frac{2}{10} - \frac{8}{3\cdot 10^3} + \cdots + \frac{(-1)^n 2^{2n+1}}{(2n+1)\cdot 10^{2n+1}} + \cdots\right)$$
$$- 4\left(\frac{1}{239} - \frac{1}{3}\frac{1}{239^3} + \cdots + \frac{(-1)^n}{2n+1}\frac{1}{239^{2n+1}} + \cdots\right).$$

問題 13 ☺ 1) (3.33) に与えた $\mathrm{Arctan}\,\pi/4$ の Taylor 展開の剰余項 R_{n+1} が

$$R_{n+1} = \frac{(-1)^n}{4n} + O\left(\frac{1}{n^3}\right)$$

を満たすことを部分積分を用いて示せ．

2) 上の評価により，(3.33) の級数を $n = 10^k$ までとって計算した π の近似値は，小数点以下 k 桁目が丁度 1 だけ少なくなっているが，それを修正すれば約 $3k$ 桁正しい値を与える (System5)[14)]．これを説明せよ．

問題 14 ☺ $f''(x) > 0$ なる区間において $f(x)$ は第 2 章 2.5 節で定義した意味で (狭義) 凸関数となることを示せ．[ヒント：$x < y$，$0 < \lambda < 1$ とし，f の点 $(1-\lambda)x + \lambda y$ を中心とする 2 次の Taylor 展開を用いて $f(x)$，$f(y)$ を表してみよ.]

問題 15 ☺ 1) (3.38) で定まる関数 $f(x)$ は無限階微分可能なことを示せ．

2) この $f(x)$ を用いて $0 < x < 1$ だけで $f(x) > 0$ となり，その他の点では値が 0 であるような無限階微分可能関数を作れ．

3) 同じく $x \leq 0$ で 0，$x \geq 1$ で 1 となるような無限階微分可能関数を作れ．

問題 16 ☺ (**導関数に対する中間値の定理**) 関数 $f(x)$ は区間 $[a, b]$ の各点で微分可能とする．このとき，$f'(a)$ と $f'(b)$ の間の任意の値 μ に対し $f'(c) = \mu$ を満たす点 c がこの区間内に存在することを示せ．[ヒント：関数 $f(x) - \mu x$ に対し Rolle の定理の論法を適用し，接線が水平になるところを探せ.]

問題 17 ☺ 1) 関数 $y = f(x)$ の零点を数値計算する高速な方法として次の Newton 法が知られている:

i) 零点の初期近似値 x_0 を適当に定める．

ii) 第 n 近似値 x_n から第 $(n+1)$ 近似値は，点 $(x_n, f(x_n))$ における曲線 $y = f(x)$ の接線が x 軸と交わる点として計算する: 接線の方程式は $y - f(x_n) = f'(x_n)(x - x_n)$ なので，$y = 0$ と置いて x を求めれば

$$x_{n+1} = x_n - \frac{f(x_n)}{f'(x_n)}.$$

$f'(a) \neq 0$ で初期値 x_0 が求める零点 a に十分近いとき，近似列 $\{x_n\}$ は二次の収束で a に近づくことを示せ: $\exists C > 0$ に対し

[14)] これは 1970 年代，数学セミナーに計算機に関連した面白い話題を連載していた 5 人組のペンネームである．

$$|x_{n+1} - a| \leq C|x_n - a|^2.$$

(直感的には，これは一回の反復で有効桁数が順に倍になることを意味する．)

2) $f'(a) = 0$ だが $f''(a) \neq 0$ のとき，Newton 法はどうなるか？

3) $x^2 - 2$ の零点を Newton 法で求めることにより $\sqrt{2}$ の近似値を計算してみよ (プログラム `example5.p` 参照)．二分法と収束の速さ (指定精度を達成するまでに要する反復回数) を比較せよ．

問題 18 無限級数 $\sum_{n=1}^{\infty} a_n$ と無限乗積 $\prod_{n=1}^{\infty}(1 + a_n)$ について，

1) 前者が収束するが後者は発散する例，

2) 後者は収束するが前者は発散する例，

をそれぞれ与えよ．

問題 19 数列 a_n に対し，その逐次階差数列を

$$\Delta a_n := a_{n+1} - a_n, \qquad \Delta^2 a_n := \Delta a_{n+1} - \Delta a_n = a_{n+2} - 2a_{n+1} + a_n,$$

一般に

$$\Delta^k a_n := \Delta^{k-1} a_{n+1} - \Delta^{k-1} a_n$$

で定める．また $\Delta^0 a_n = a_n$ と規約する．すべての $a_k > 0$ のとき，次の公式を示せ：

$$\sum_{k=0}^{\infty}(-1)^k a_k = \sum_{k=0}^{n-1}(-1)^k a_k + (-1)^n \sum_{k=0}^{\infty} \frac{(-1)^k}{2^{k+1}} \Delta^k a_n.$$

新しい級数は一般に元のものより収束が著しく速くなります．この変形を Euler (オイラー) 変換と呼び，またこの計算法を Euler の加速法と呼びます．

第4章

積　分　法

高校で学んだ原始関数の計算とそれを応用した定積分の計算に関する知識を復習・拡充した後，積分の真の意味について反省し，定積分の数値計算も学びます．最後に，積分論の基礎付けを少々．

4.1　積分の意味

【原始関数と定積分】　高校では定積分とは，原始関数の値の差でした：

$$\int_a^b f(x)dx = F(b) - F(a), \qquad \text{ここに}\ \ F'(x) = f(x).$$

この式の根拠は，関数 $y = f(x)$ のグラフと x 軸，それに二つの縦線 $x = a$, $x = b$ で囲まれた部分の面積を $S(b)$ と置くとき，h が小さければ $S(b+h) - S(b)$ はほぼ $h \times f(b)$ に等しく，従って

$$\lim_{h\to 0} \frac{S(b+h) - S(b)}{h} = f(b)$$

であるという点です．これは，f が点 b で連続なら，実際

$$h \times \inf_{b\le t\le b+h} f(t) \le S(b+h) - S(b) \le h \times \sup_{b\le t\le b+h} f(t)$$

が図から明らかで，かつ連続関数の定義により上の不等式の左右の辺を h で割ったものは $h \to 0$ のとき $f(b)$ に近づくことから正当化され，**微分積分学の基本定理**と呼ばれています．

この結果は Newton-Leibniz の微分積分学の最大の成果の一つであり，そのため，積分といえばこれが強調されすぎて来たきらいがあります．しかし，上

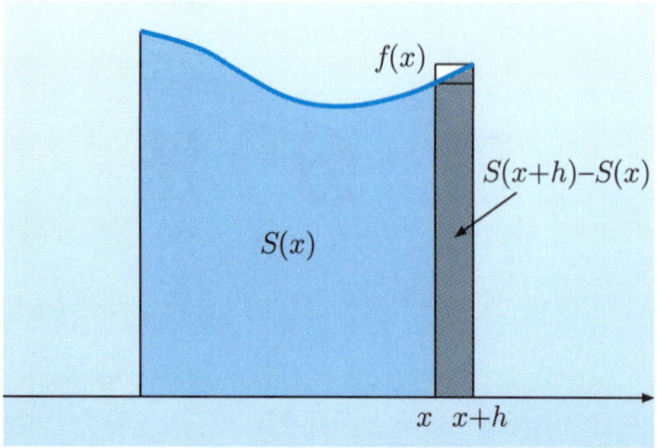

図 4.1 微分積分学の基本定理の説明図

の論法には一つ大きなギャップがあります．面積とは何でしょうか？上の議論では，関数 $y = f(x)$ のグラフと x 軸，および二つの縦線 $x = a$，$x = b$ で囲まれた部分の面積を表す量 $\int_a^b f(x)dx$ というものがあって，

$$\lambda,\mu \in \boldsymbol{R} \text{ なら } \int_a^b \{\lambda f(x) + \mu g(x)\}dx = \lambda \int_a^b f(x)dx + \mu \int_a^b g(x)dx \quad \text{(線形性)}, \tag{4.1}$$

$$\text{常に } f(x) \leq g(x) \text{ なら } \int_a^b f(x)dx \leq \int_a^b g(x)dx \quad \text{(単調性)}, \tag{4.2}$$

$$\int_a^b f(x)dx + \int_b^c f(x)dx = \int_a^c f(x)dx \quad \text{(区間に関する加法性)} \tag{4.3}$$

などを満たしていることが暗黙のうちに仮定されていますが，これは少しも自明なことではありません．

【区分求積法と定積分】 実は，面積の計算には Newton-Leibniz の前に区分求積法という長い歴史があります．ギリシャの人々は，上の面積を細い長方形の集まりで近似したものの極限ととらえました．今，区間 $[a,b]$ を N 等分した点を

$$a = x_0 < x_1 < x_2 < \cdots < x_N = b$$

とし，各微小区間 $[x_{i-1}, x_i]$ 上の f のグラフ下の面積はこの区間の長さ $\Delta x_i = x_i - x_{i-1}$ を底辺，この区間内の一点 ξ_i における f の値を高さとする長方形の面積

$$f(\xi_i) \times \Delta x_i$$

で近似できると考え，これらの総和

$$\sum_{i=1}^{N} f(\xi_i) \Delta x_i \tag{4.4}$$

を求める面積の近似値とします．この分割を細かくした極限を取れば面積の真の値が得られると考えるのです．この方式の積分論は Riemann (リーマン) が初めて現代的な意味での正当化を与えたので，現在ではこれを **Riemann 積分**と呼び，また (4.4) を **Riemann 近似和**と呼びます．ところが実は，この方法はいわゆる区分求積法として，古代ギリシャの人達が，いくつかの具体的な図形に対してではありましたが，すでに用いており，しかもギリシャ人らしい厳密さで，(4.4) で $f(\xi)$ として最大値をとったときと最小値をとったときの和が，分割を細かくしたとき同一の値に近づくことまで調べて，一定の面積の値の存在を確信していたのです．Archimedes が放物線の求積をした方法は，放物線の幾何学的性質を利用したもの (図 4.2a) の方が有名ですが，実は，我々が今求積法の代表例として学ぶ

$$\begin{aligned}\int_0^1 x^2\,dx &= \lim_{N\to\infty} \frac{1}{N}\left\{\left(\frac{1}{N}\right)^2 + \left(\frac{2}{N}\right)^2 + \cdots + \left(\frac{N}{N}\right)^2\right\} \\ &= \lim_{N\to\infty} \frac{N(N+1)(2N+1)}{6N^3} = \frac{1}{3}\end{aligned} \tag{4.5}$$

という方法 (図 4.2b) も与えているのです．(これは上からの近似値ですが，下からの近似値は上で分子の和を $N-1$ で止めたものとなりますから，やはり同じ極限 1/3 になることがわかります．) ギリシャの人達にはこちらの方が泥臭くて評価されなかったかもしれませんが，ずっと現代的ですね．(ちなみに，Archimedes がこの議論を正当化する過程で用いたのが，先に実数の連続性公理のところで紹介した Archimedes の性質です．彼はこれを “どんな自然数 N に対しても $1/N$ より小さいような非負実数 ε は 0 に限る” という形で用いた

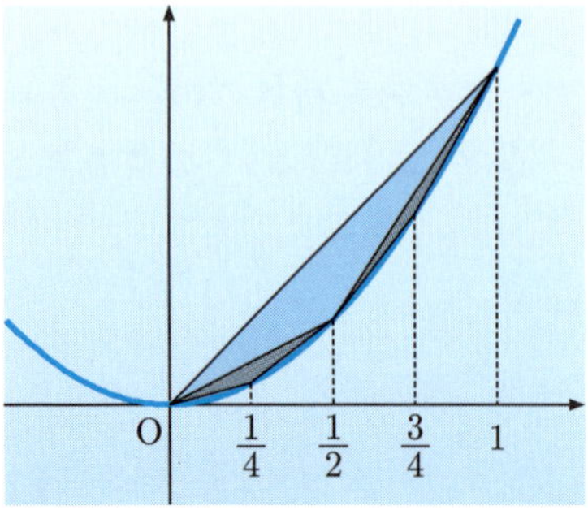

図 4.2a 三角形による取り尽し法

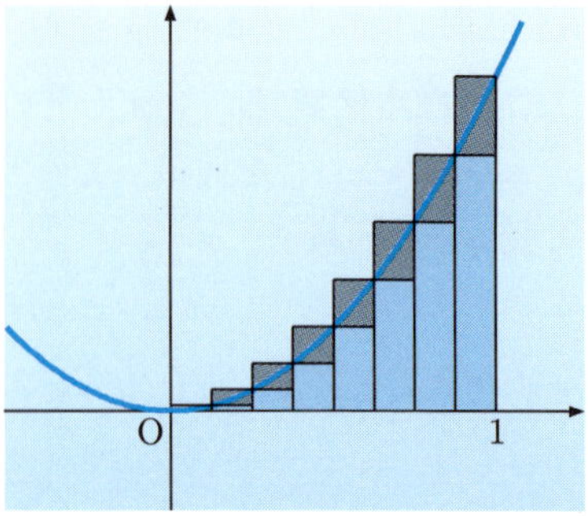

図 4.2b 長方形による区分求積法

のです．

応用上は等分割を用いることが多いですが，積分論をきちんとやるには (例えば，積分値の区間に関する加法性などを示すには) 等分だけでは不足なので，近代積分論では一般の分割を考えます．そのとき，部分区間の長さの最大値

$$h = \max_{1 \le i \le N} \Delta x_i$$

を分割のメッシュと呼び，これを 0 に近づけるとき (4.4) が代表点 ξ_i の選び方によらない一定の極限値をもつとき，f は区間 $[a, b]$ で **Riemann 積分可能**と呼び，その極限値で Riemann 積分 (定積分) の値

$$\int_a^b f(x)dx$$

を定義するのです．

定義に意味があるからには Riemann 積分が可能でない関数も存在する訳ですが，実用上はそんなものを心配する必要はありません．大切なことは，連続関数がすべて定積分可能なことが定理として証明できることです．その結果として，連続関数には必ず原始関数が存在することが示されるのです．原始関数は積分上端を変数にした定積分，すなわち真の意味の "不定積分" で定義されます．これがものごとの本当の順序です．

しかし実際に計算するとなると，上のように区分求積の近似和がきれいに求まるような関数はそうそうは無いので，微積分の基本定理が大変役に立ったのでした．この章では理論的基礎は最後の節にまとめ，なるべく高校で学んだ内容に自然につながるように勉強を進めます．(Riemann 積分論は 4.6 節で再論します．)

4.2　原始関数の計算

原始関数の計算とは，微分したら与えられた関数になるような関数を探すことでした．そして，そういうものを計算する意義はとりあえずは面積の計算に使えるということでした．原始関数の計算は，頭の中にある“導関数の表”を逆引きすればよいわけですが，あまり多くの関数を書き込んだ表をしまっておくのは記憶場所の無駄遣いなので，普通は基本的な表だけを覚えたら，後はそれに帰着させるテクニックを覚えて一般の原始関数を計算します．

この過程は計算機にも合うので，多くの数式処理のシステムが導関数の計算と合わせて原始関数の計算機能を備えています．以下，計算機にやらせるにはどうすればよいかも考えながら，不定積分のテクニックを検討しましょう．

まず，高校で学んだ導関数の表に，大学に入って新たに加わったものを忘れずに付け加えましょう．これらは，逆引きの形にして書けば

$$\int \frac{1}{1+x^2}\,dx = \operatorname{Arctan} x,$$

$$\int \frac{1}{\sqrt{1-x^2}}\,dx = \operatorname{Arcsin} x$$

ですね．これらはパラメータを入れて

$$\int \frac{1}{x^2+a^2}\,dx = \frac{1}{a}\operatorname{Arctan}\frac{x}{a}, \tag{4.6}$$

$$\int \frac{1}{\sqrt{a^2-x^2}}\,dx = \operatorname{Arcsin}\frac{x}{a} \tag{4.7}$$

の形で記憶しておくと便利です．

次に，二つの基本的な計算テクニックを思い出しましょう．

1)　置換積分法 :　$\displaystyle\int f(g(t))g'(t)dt = \int f(x)dx.$

2)　部分積分法 :　$\displaystyle\int f(x)g'(x)dx = f(x)g(x) - \int f'(x)g(x)dx.$

それぞれの代表的な適用例は

$$\int xe^{x^2}\,dx = \frac{1}{2}\int e^{x^2}\,d(x^2) = \frac{1}{2}e^{x^2},$$

$$\int x\sin x\,dx = -x\cos x + \int \cos x\,dx = -x\cos x + \sin x$$

です．置換積分は大学に入ったら，いちいち変数変換を陽[1]に書かず，このような形で計算する方がかっこいいのです．

更に，次のような公式も，上の公式の特別な場合ではありますが，よく出てきますので，補助的に覚えておくと役に立ちます．

$$\int \frac{f'(x)}{f(x)}\,dx = \log f(x), \tag{4.8}$$

$$\int \frac{f'(x)}{\sqrt{f(x)}}\,dx = 2\sqrt{f(x)}. \tag{4.9}$$

厳密にいうと，原始関数とは，積分とは無関係に，$F'(x) = f(x)$ を満たすような F すなわち微分の逆演算として定義されるものであり，他方，不定積分は

$$\int_a^x f(t)dt \tag{4.10}$$

のように，定積分の上端を変数にしたときに得られる関数のことです．両者はともに定数の加法的不定性を除いて定まり，両者の差も定数なので，普通は同一視するのですが，一部の純粋数学者は両者を区別すべきだといいます．というのは，原始関数は

$$F(x) + C$$

と書いたときの定数は何でも構わないが，不定積分の方は (4.10) で下端 a を取り換えたときに出て来る定数は f によっては任意の値とはならない，というのです．例えば

$$\int_a^x \frac{1}{1+t^2}\,dt$$

1) “よう” と読む．あからさま (explicit) の意

は a をどう取り換えても積分定数の変動の幅は π を越えることはありませんね．まあこんな哲学問答は無視しましょう．面倒なので任意定数 C も必要なとき以外は書くのをさぼりましょう．(4.8) の右辺なども高校では $\log|f(x)|$ と log の中に絶対値を付けさせられたと思いますが，これもサボりましょう．(実は後でわかるように，絶対値を付けるかどうかも積分定数の中に吸収されてしまうのです．機械的に絶対値を付けてしまう癖は後で複素関数論を学ぶとき却って障害になります．)

練習問題 4.1 次の不定積分を求めよ．

1) $\displaystyle\int x^3 \sin x\,dx$　2) $\displaystyle\int \frac{1}{x(\log x)(\log\log x)}\,dx$　3) $\displaystyle\int \mathrm{Arctan}\,x\,dx$

4) $\displaystyle\int \mathrm{Arcsin}\,x\,dx$　5) $\displaystyle\int \frac{1}{x(x+1)}\,dx$　6) $\displaystyle\int \frac{1}{x(x^2+1)}\,dx$

7) $\displaystyle\int \frac{1}{e^x-1}\,dx$　8) $\displaystyle\int \frac{2}{e^x+e^{-x}}\,dx$　9) $\displaystyle\int \frac{\sqrt{1-x}}{x}\,dx$

4.3 有理関数の原始関数

【有理関数の原始関数】 初等関数の導関数はいつでも計算できて，再び初等関数になりますが，原始関数の方は，必ずしも初等関数にはならず，新しい関数が現れることがあります．そのような例の代表は

$$\int e^{x^2}\,dx, \qquad \int \frac{1}{\log x}\,dx, \qquad \int \frac{1}{\sqrt{1-x^4}}\,dx$$

などです．

どんなときに初等関数の原始関数が再び初等関数となるかを判定すること，あるいは初等関数になることがわかっているときに，それを計算するアルゴリズムを求めることは，計算機科学の一分野である，数式処理，あるいは計算機代数における古典的な問題の一つです．

ここでは，そのうち基本的な結果である，有理関数の原始関数を求めるアルゴリズムを紹介します．その基本は，部分分数分解を行って，簡単な形のものの積分の和に帰着させるという技法です．簡単なものについては既に高校でもやっていますが，実は一般に，どんな有理関数も次の基本的な有理関数の不定積分に帰着させて最終的には原始関数を求めることができます：

$$\int \frac{dx}{(x+a)^n}, \qquad \int \frac{Ax+B}{(x^2+2bx+c)^n}\,dx \tag{4.11}$$

この二つの積分はそれぞれ次のようにして計算できます：まず一つ目のものは

$$\int \frac{dx}{(x+a)^n} = \begin{cases} -\dfrac{1}{n-1}\dfrac{1}{(x+a)^{n-1}}, & n \neq 1 \text{ のとき}, \\ \log(x+a), & n = 1 \text{ のとき} \end{cases}$$

と簡単です．二つ目の積分はまず分母の因子の微分になっている分を分子から取り去って

$$\begin{aligned} &\int \frac{Ax+B}{(x^2+2bx+c)^n}\,dx \\ &\quad = \frac{A}{2}\int \frac{2x+2b}{(x^2+2bx+c)^n}\,dx + \int \frac{B-Ab}{(x^2+2bx+c)^n}\,dx \end{aligned}$$

とした後，右辺の第 1 項は

$$\int \frac{2x+2b}{(x^2+2bx+c)^n}\,dx = \begin{cases} -\dfrac{1}{n-1}\dfrac{1}{(x^2+2bx+c)^{n-1}}, & n \neq 1 \text{ のとき}, \\ \log(x^2+2bx+c), & n = 1 \text{ のとき} \end{cases}$$

と処理します．最後に第 2 項は漸化式を使います:

$$I_n = \int \frac{1}{(x^2+2bx+c)^n}\,dx$$

と置くとき，$1 = (x+b)'$ とみなす部分積分で

$$\begin{aligned} I_n &= \frac{x+b}{(x^2+2bx+c)^n} + n\int \frac{(x+b)\cdot(2x+2b)}{(x^2+2bx+c)^{n+1}}\,dx \\ &= \frac{x+b}{(x^2+2bx+c)^n} + 2n\int \frac{x^2+2bx+c-(c-b^2)}{(x^2+2bx+c)^{n+1}}\,dx \\ &= \frac{x+b}{(x^2+2bx+c)^n} + 2nI_n - 2n(c-b^2)I_{n+1}. \end{aligned}$$

よって

$$I_{n+1} = \frac{2n-1}{2n(c-b^2)}I_n + \frac{x+b}{2n(c-b^2)(x^2+2bx+c)^n}$$

という漸化式が得られ，原理的には n が何であっても計算可能です．しかし実際には n が少し大きいとやる気にならないくらい大変な計算になります．実用計算では $n=2$ の場合の

$$\int \frac{1}{(x^2+a^2)^2}\,dx = \frac{1}{2a^2}\frac{x}{x^2+a^2} + \frac{1}{2a^3}\operatorname{Arctan}\frac{x}{a} \tag{4.12}$$

くらいを部分積分により自分で導ければ OK でしょう．

さて，次は与えられた勝手な有理関数を上の形のものの和に表す**部分分数分解**の説明です．わかり易いように実例で説明しましょう．

$$\frac{x^{10}-6x^6-8x^5-12x^4-16x^3-11x^2-7x-5}{x^7-x^5-2x^4-5x^3-4x^2-3x-2}$$

のような有理関数が与えられたとき，まず割り算によって商の多項式を取り出し，分子の次数を分母の次数よりも低くします．次に，分母の因数分解をします．Gauss が学位論文で証明した代数学の基本定理により，実数係数の多項式は，実の 1 次因子と 2 次因子の有限個の積に分解されることがわかっています[2)]．(ただし，これは理論上のことであって，5 次の多項式が与えられたりすると，Abel が証明したように，根は四則と根号を用いて具体的に書くことは一般にはできないわけです．情報代数としてはこれも面白いアルゴリズムの問題ですが，まあ微積ではそんな問題は出されないでしょう．) 上の例だと

$$x^3+x+2+\frac{x-1}{(x+1)^2(x-2)(x^2+1)^2}$$

となるわけです (実はこの式から始めて上を計算しました ^^;))．このとき

$$\frac{x-1}{(x+1)^2(x-2)(x^2+1)^2} = \frac{A}{x+1} + \frac{B}{(x+1)^2} + \frac{C}{x-2} + \frac{Dx+E}{x^2+1} + \frac{Fx+G}{(x^2+1)^2} \tag{4.13}$$

のような表示が一意的に定まることがわかり，これを部分分数分解というのです．一般に，分母に因子 $(x+a)$ が m 重で含まれていれば，分解には

[2)] 代数学の基本定理というと，普通は複素数係数の代数方程式が複素数の中で必ず根をもつ (従って**一次因子**の積に分解される) という主張のことだが，実は Gauss の原論文では，複素数にまだ懐疑的であった数学者にも認めてもらえるよう，上の形で書かれている．通常の基本定理からここに述べられた形の主張が従うことは，実係数の代数方程式の複素根が必ず共役根と対で現れることに注意すれば容易にわかる．

$$\frac{c_1}{x+a}+\frac{c_2}{(x+a)^2}+\cdots+\frac{c_m}{(x+a)^m}$$

の形の項が含まれます．項のいくつかは偶然存在しないこともありますが，最後の項は常に存在します．(これがなくなると，通分して計算したとき，分母の因子 $x+a$ の重複度が低下してしまうからです．) また，分母に因子 $(x^2+2bx+c)$ が m 重で含まれていれば，分解には

$$\frac{\lambda_1 x+\mu_1}{x^2+2bx+c}+\frac{\lambda_2 x+\mu_2}{(x^2+2bx+c)^2}+\cdots+\frac{\lambda_m x+\mu_m}{(x^2+2bx+c)^m}$$

の形の項が含まれます．上と同じ理由で，最後の項は常に存在します．

部分分数分解した方は，分母が $(x+a)^2$ でも，分子は定数とし x の 1 次式などを書いてはいけません．そんなことをすると，表現の一意性がなくなってしまいますし，それに積分が直ちには計算できなくなります．同様に，2 次の因子についても，分解した後の分子は常に x の 1 次式にとらねばなりません．

【部分分数分解の計算法】 部分分数への分解の仕方には二つの方法があります．一つは，高校生にもなじみの未定係数法を用いるものです．この方法で係数を決めるときに使われる，よく知られた技巧を一通り解説しておきます．

まず，分母を払って x の多項式としての恒等式にする．(4.13) の例だと

$$\begin{aligned} x-1 &= A(x+1)(x-2)(x^2+1)^2+B(x-2)(x^2+1)^2 \\ &\quad +C(x+1)^2(x^2+1)^2+(Dx+E)(x+1)^2(x-2)(x^2+1) \\ &\quad +(Fx+G)(x+1)^2(x-2). \end{aligned} \tag{4.14}$$

この係数を比較すれば $A \sim G$ に関する 7 元の連立一次方程式が得られます．それを直接解くのは，少なくとも手計算では大変です．普通は以下に述べるような方法を用いてなるべく要領よく係数を決定します．

a) x に特定の値を代入する．分母を 0 にするような値を入れるのが計算を簡単にするコツです．((4.14) が x の多項式として恒等式になるようにしているので，もとの式の分母が 0 になっても構わないのです．) 例えば，$x=-1$ とすれば

$$-2=-12B. \qquad \therefore\ B=\frac{1}{6}.$$

複素数を代入しても構いません．上の例だと，$x=i$ を代入すれば

$$i-1=(Fi+G)(i+1)^2(i-2)=(Fi+G)(-2-4i).$$

$$\therefore\ Fi+G=\frac{i-1}{-2-4i}=-\frac{1}{2}\frac{(i-1)(1-2i)}{5}=-\frac{1+3i}{10}.$$

b) 重複因子があれば，一度微分してから x の値を代入するのも有効です．この例では $(x+1)^2$ を因子に含む項は，この手続きでまだ 0 になりますから，実際に微分を計算しなければならない項の数はそれほど多くはありません．しかも，$x+1$ を一つ含む項は，微分の際にこの因子を微分しないと $x=-1$ の代入で 0 になりますから，微分の労力は更に減ります．

$$\begin{aligned}1 &= A\big[(x-2)(x^2+1)^2\big]\Big|_{x=-1}+B\big[(x-2)(x^2+1)^2\big]'\Big|_{x=-1}\\ &= -12A+B(4+3\cdot4\cdot2)=-12A+28B.\end{aligned}$$

$$\therefore\ A=\frac{11}{36}.$$

c) 最高次の項の係数を比較するのは意味があることもあります．この例では

$$0=A+C+D$$

という情報を与えます．

こういう計算を続ければ，すべての係数が決定できる訳で，慣れて来ると要領がよくなり，面白くなってきます (役に立つかどうかはわかりませんが).

部分分数分解のもう一つの手法は，Laurent (ローラン) 級数展開を用いるものです．Laurent 級数とは，冪級数に負冪の項が有限個つけ加わったようなものです．この方が大学生らしいので，これを紹介しましょう．よく練習問題に使われる例として

$$\frac{1}{x^3+1}=\frac{1}{(x+1)(x^2-x+1)}$$

をとりあげます．分母の因数分解はしなければなりません．その結果，実根が一つ $x=-1$ と求まります．これを中心に $1/(x^3+1)$ の近似式を作りましょう．

$$\begin{aligned}\frac{1}{x^3+1} &= \frac{1}{(x+1)(x^2-x+1)}=\frac{1}{(x+1)\{(x+1)^2-3(x+1)+3\}}\\ &= \frac{1}{x+1}\frac{1}{3}\frac{1}{1-(x+1)+\frac{1}{3}(x+1)^2}\\ &= \frac{1}{x+1}\frac{1}{3}\{1+O(x+1)\}=\frac{1}{3}\frac{1}{x+1}+O(1).\end{aligned}$$

つまり，この関数の $x=-1$ での“無限大”の主要部は $1/\{3(x+1)\}$ であることがわかります．従って，部分分数分解に現れる $(x+1)$ を分母とする項もこれでなければなりません．残りは，これを差し引けば

$$\frac{1}{x^3+1}-\frac{1}{3}\frac{1}{x+1}=\frac{3-(x^2-x+1)}{3(x+1)(x^2-x+1)}=-\frac{(x+1)(x-2)}{3(x+1)(x^2-x+1)}$$
$$=-\frac{1}{3}\frac{x-2}{x^2-x+1} \tag{4.15}$$

と決定されます．2 次式の因子が二つ以上あるときは，複素数を用いた計算が必要になりますが，実用的には，部分分数分解法と組み合わせて，1 次因子の部分の決定をするのに利用すればよいでしょう．分母が実の 1 次因子に分解されるときはこの方法で簡単に部分分数分解が計算できます．

■練習問題 4.2 次の有理関数の原始関数を求める．

1) $\dfrac{1}{x^2+6x+8}$ 2) $\dfrac{3x}{x^2-x-2}$ 3) $\dfrac{x}{x^4-1}$ 4) $\dfrac{1}{x^4+1}$ 5) $\dfrac{x}{x^3-1}$

6) $\dfrac{1}{x^2(x^2+1)}$ 7) $\dfrac{x^5}{(x^2+1)^3}$ 8) $\dfrac{1}{x^2(x^2+1)^2}$ 9) $\dfrac{1}{x^6-1}$

【有理関数の不定積分に帰着される例】 特殊な個別例を除き，あるクラスの関数の不定積分が初等関数で求められるという例は，どれも初等関数の不定積分に帰着されるものばかりです．ここでは代表的な例を挙げておきましょう．

1) 三角関数の有理式 $f(x,y)$ を 2 変数の有理関数として，$f(\cos x,\sin x)$ の形で与えられた関数のことです．これは

$$\tan\frac{x}{2}=t$$

と置くことにより t の有理関数の不定積分に帰着されることがよく知られています：まず

$$1+t^2=1+\tan^2\frac{x}{2}=\sec^2\frac{x}{2}. \qquad \therefore\ \cos^2\frac{x}{2}=\frac{1}{1+t^2}.$$

従って

$$\sin x = 2\sin\frac{x}{2}\cos\frac{x}{2}=2\tan\frac{x}{2}\cos^2\frac{x}{2}=\frac{2t}{1+t^2},$$
$$\cos x = 2\cos^2\frac{x}{2}-1=\frac{2}{1+t^2}-1=\frac{1-t^2}{1+t^2}.$$

また

$$\sec^2\frac{x}{2}\cdot\frac{1}{2}\,dx = dt. \qquad \therefore\quad dx = \frac{2\,dt}{1+t^2}.$$

よって

$$\int f(\cos x, \sin x)dx = \int f\left(\frac{1-t^2}{1+t^2}, \frac{2t}{1+t^2}\right)\frac{2}{1+t^2}\,dt.$$

2) **2 次の無理関数**　同じく $f(x,y)$ を有理関数として，

$$f(x, \sqrt{x^2+2bx+c}), \qquad \text{あるいは} \qquad f(x, \sqrt{(x-\alpha)(\beta-x)})$$

の形の関数を考えます．ただし後者では $\alpha < \beta$ としています．前者は

$$\sqrt{x^2+2bx+c} = x+t$$

と置けば，t の有理式に変換できます：

$$x^2+2bx+c = x^2+2tx+t^2. \qquad \therefore\quad x = \frac{c-t^2}{2(t-b)}.$$

後者は

$$\sqrt{\frac{\beta-x}{x-\alpha}} = t$$

と置けば有理化できます．計算の続きの詳細は自分で補ってみて下さい．

例 4.1　次の公式は $x = \tan t$ という置換積分でも導けますが，ここで述べた方法でやってみましょう．

$$\int\frac{1}{\sqrt{x^2+1}}\,dx = \log(x+\sqrt{x^2+1}). \tag{4.16}$$

$\sqrt{x^2+1} = x+t$ と置けば，上の計算から $x = (1-t^2)/2t$．従って

$$\begin{aligned}\int\frac{1}{\sqrt{x^2+1}}\,dx &= \int\frac{1}{(1-t^2)/2t+t}\Big(\frac{1-t^2}{2t}\Big)'dt \\ &= \int\frac{2t}{1+t^2}\frac{-2t^2-1+t^2}{2t^2}\,dt = -\int\frac{1}{t}\,dt = -\log t \\ &= -\log(x-\sqrt{x^2+1}) = \log(x+\sqrt{x^2+1}).\end{aligned}$$

これは実は $\mathrm{Arcsin}\,x$ の導関数の公式から類推されるように $\mathrm{Arcsinh}\,x$ と一致

します (第3章練習問題3.3参照).

例 4.2 $$\int \sqrt{x^2+1}\,dx = \frac{1}{2}\{x\sqrt{x^2+1} + \log(x+\sqrt{x^2+1})\}. \tag{4.17}$$

一見，一つ前の問題よりも簡単そうですが，事実は逆で，そのまま処方通りに有理関数に直すと分母が沢山出て大変です．普通は次のように部分積分で平方根を分母にもっていって楽をします：

$$\begin{aligned} I &= \int \sqrt{x^2+1}\,dx = x\sqrt{x^2+1} - \int \frac{x^2}{\sqrt{x^2+1}}\,dx \\ &= x\sqrt{x^2+1} - \int \frac{x^2+1}{\sqrt{x^2+1}}\,dx + \int \frac{1}{\sqrt{x^2+1}}\,dx. \\ \therefore\quad 2I &= x\sqrt{x^2+1} + \int \frac{1}{\sqrt{x^2+1}}\,dx \end{aligned}$$

となり，上の公式が得られます．このように，平方根を含んだ式の積分では，いきなり有理関数にせずに，予めなるべく簡単なものに帰着させておくのがコツです．

■ **練習問題 4.3**　ここに述べられた方法で次の不定積分を計算せよ．

1) $\displaystyle\int \frac{1}{2-\sin x}\,dx$　2) $\displaystyle\int \frac{1}{\sqrt{3-2x-x^2}}\,dx$　3) $\displaystyle\int x\sqrt{x^2+x+1}\,dx$

4) $\displaystyle\int x\sqrt{3-2x-x^2}\,dx$

4.4 数値積分

区分求積法の復習をかねて，代表的な数値積分公式を紹介しておきましょう．

【Riemann 近似和】　定積分の近似値といえば，まず第一に Riemann 式の近似和そのものです．その誤差を見るため，少し Riemann 積分について丁寧に見ておきましょう．

関数 $f(x)$ の値が有界閉区間 $[a,b]$ の上で有界，即ち，$\exists M$ により $|f(x)| \le M$ がこの区間上で成り立つとき，区間 $[a,b]$ の分割

$$a = x_0 < x_1 < x_2 < \cdots < x_N = b$$

と，各微小区間 $[x_{i-1}, x_i]$ の代表点 ξ_i に対する f の $[a,b]$ 上の Riemann 式近似和を

$$\sum_{i=1}^{N} f(\xi_i)\Delta x_i \tag{4.18}$$

で定義するのでした．ここに $\Delta x_i = x_i - x_{i-1}$．この値は底辺が Δx_i，高さが点 ξ_i における f の値の長方形の面積の和なので，全体として $[a,b]$ 上の f のグラフ下の面積を近似しているものと考えられるのでした．この分割を細かくした極限が存在するとき，

$$\int_a^b f(x)dx$$

と書き，これを f の $[a,b]$ 上の Riemann 式定積分と呼び，この値が関数 $y = f(x)$ のグラフと x 軸，それに二つの縦線 $x = a$，$x = b$ で囲まれた部分の面積を表すものと考えるのでした．

上の極限は，例えば f が連続関数ならば存在することが厳密に証明できます．しかしこの証明は 1870 年ごろに Heine が一様連続性の概念を導入して初めて完成したもので，微積分の定理の中でも高級なものの一つです．

ここではそれは信じることにし (信じたくないという人は，後で 4.6 節を読んで下さい)，f がもっとよい関数，例えば導関数が有界なときには Riemann 式近似和の誤差の大きさが実際どれくらいになるかを見るという実用的な議論をしておきましょう．

ξ，η を部分区間 $[x_{i-1}, x_i]$ の任意の二点とすれば，平均値の定理により

$$f(\xi) - f(\eta) = f'(c)(\xi - \eta)$$

従って $|f'| \leq M_1$ とすれば，ξ につき sup をまた η につき inf をとって

$$\sup_{x_{i-1}\leq x\leq x_i} f(x) - \inf_{x_{i-1}\leq x\leq x_i} f(x) \leq M_1(x_i - x_{i-1}) \leq M_1 h$$

故にこれを総和すれば

$$\sum_{i=1}^{N} \sup_{x_{i-1}\leq x\leq x_i} f(x)\Delta x_i - \sum_{i=1}^{N} \inf_{x_{i-1}\leq x\leq x_i} f(x)\Delta x_i$$
$$\leq M_1 h \sum_{i=1}^{N} \Delta x_i = M_1(b-a)h.$$

故にこの差は 0 に近づきますから，両者は一定の極限に近づきます．(極限値

があること自体をいうにはもう少し議論が必要ですが，それはここでは省略しましょう．4.6 節参照．）また，極限に行く前の状態で，極限値 $\int_a^b f(x)dx$ と勝手な代表点 ξ_i に対する Riemann 式近似和は，ともに上の sup，inf 近似和の間にはさまれていますから

$$\left|\int_a^b f(x)dx - \sum_{i=1}^{N} f(\xi_i)\Delta x_i\right| \le M_1(b-a)h$$

も成り立つ訳です．これが Riemann 和の近似誤差です．

【台形公式】 Riemann 和の誤差は非常に大きく，積分を数値的に求めるにはあまり実用的ではありません．(誤差が $O(h)$ のオーダーだということは，4 桁計算するのに $h=0.0001$，従って $N=10000$ 個の部分区間に分割する必要があるからです．これは $\log 2$ の級数と同じくらいの収束の遅さです．)

実は近似グラフをよく見ると，f のグラフのところを水平線で近似して長方形の和をとるよりは，その弦で近似して台形の和をとる方がずっと真の面積の値に近そうに見えますね．これは計算してみると実際にその通りになっています．(図 4.3 参照．90 度回転してみると台形が並んでいるように見えます．)

実用的に N 等分割を採用しましょう．一つの部分区間 $[x_{i-1}, x_i]$ とその上の点 $(x_{i-1}, f(x_{i-1}))$，$(x_i, f(x_i))$ を結ぶ弦で作られる台形の面積は

$$\frac{1}{2}\{f(x_{i-1}) + f(x_i)\}(x_i - x_{i-1})$$

ですから，これを $i = 1, 2, \cdots, N$ につき加え合わせると，両端以外での値は二回ずつ現れますから

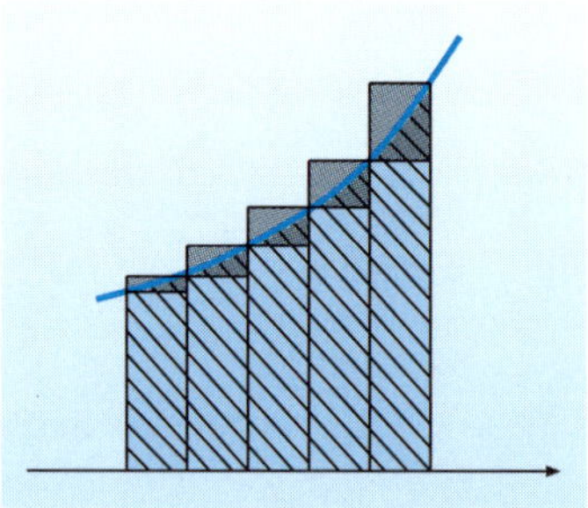

図 4.3 台形による近似

$$\left(\frac{1}{2}f(x_0)+f(x_1)+f(x_2)+\cdots+f(x_{N-1})+\frac{1}{2}f(x_N)\right)h$$

という公式が得られます．この公式の誤差を見るため，台形公式の 1 区間を $[0,h]$ に平行移動して考えましょう．(独立変数を平行移動しても積分の値は変わりませんね．) この区間に対する積分の値 $\frac{f(0)+f(h)}{2}h$ は

$$f(0)+\frac{f(h)-f(0)}{h}x$$

という 1 次関数の積分値に等しいことに注意しましょう．実際，この 1 次関数は区間の両端で f と同じ値をとっており，1 次関数に対しては台形公式は正しい積分値を与えるからです．よってこれと正しい値との差は

$$\begin{aligned} E &= \int_0^h \left\{f(x)-\left(f(0)+\frac{f(h)-f(0)}{h}x\right)\right\}dx \\ &= \int_0^h \left\{f(x)-f(0)-\frac{f(h)-f(0)}{h}x\right\}dx \\ &= \int_0^h \{f'(c_1)x-f'(c_2)x)\}\,dx \\ &= \int_0^h f''(c)(c_1-c_2)x\,dx. \end{aligned}$$

ここで c_1，c_2，c は平均値の定理から出て来る数で，いずれも区間 $[0,h]$ 内にあります．よって誤差は，$M_2=\sup|f''(x)|$ として

$$|E|\le M_2h\int_0^h x\,dx=\frac{M_2}{2}h^3$$

全体での誤差はこれの $N=(b-a)/h$ 倍で

$$\frac{M_2(b-a)}{2}h^2$$

で抑えられます．もう少し丁寧な計算をすると，1/2 の代わりに 1/12 に改良できることが知られています (章末問題 4 参照)．しかし，誤差のオーダーが $O(h^2)$ であること，それを保証するには f の 2 階導関数の評価が必要になるなどのポイントはこの大雑把な計算からもわかるでしょう．

■練習問題 4.4 次の積分公式を説明し，誤差のオーダーを答えなさい．ただし f は必要なだけ微分可能とします．(まず図を描いてどんな値を計算しているかを見，オーダーを推測してみなさい．)

$$\int_a^b f(x)dx = \sum_{i=0}^{N-1} hf(a+ih+0.5h).$$

【Simpson の公式】 上の近似式の近似のオーダーを更に上げるには，与えられた関数のグラフを折れ線でなく放物線の断片で近似します．これを進めると画像解析などでもよく使われる spline 関数の理論につながります．

3 点 (a, y_0)，(b, y_1)，(c, y_2) を通る放物線の方程式は，Lagrange 補間多項式の作り方の処方により

$$y = y_0\frac{(x-b)(x-c)}{(a-b)(a-c)} + y_1\frac{(x-a)(x-c)}{(b-a)(b-c)} + y_2\frac{(x-a)(x-b)}{(c-a)(c-b)}$$

で与えられます．実際，これは 2 次式で，かつ与えられた 3 点を通っていることは明らかだから，一意性によりこれでいいことがわかります．ここで特に $a=-h$，$b=0$，$c=h$ ととれば

$$\begin{aligned} y &= y_0\frac{x(x-h)}{-h(-2h)} + y_1\frac{(x+h)(x-h)}{h(-h)} + y_2\frac{(x+h)x}{2h\cdot h} \\ &= \frac{y_0x(x-h) - 2y_1(x^2-h^2) + y_2x(x+h)}{2h^2}. \end{aligned}$$

この 2 次式の $[-h, h]$ 上の定積分の値は，奇数次の項の積分が消えることを考慮すると簡単に計算できて，

$$\int_{-h}^h y\,dx = \frac{2y_0h^3 + 8y_1h^3 + 2y_2h^3}{6h^2} = \frac{h}{3}\{y_0 + 4y_1 + y_2\}$$

となります．今，区間 $[a, b]$ を $2N$ 等分し，それを前の方から二つずつ対にして上の計算を当てはめると，$y_i = f(a+ih)$ を分点における被積分関数の値として，面積の近似値

$$\begin{aligned} &\sum_{j=0}^{N-1}\frac{h}{3}\{y_{2j} + 4y_{2j+1} + y_{2j+2}\} \\ &\quad = \frac{h}{3}\{y_0 + y_{2N} + 2(y_2+y_4+\cdots+y_{2N-2}) + 4(y_1+y_3+\cdots+y_{2N-1})\} \end{aligned}$$

という公式が得られます．これを **Simpson**(シンプソン) **の公式**と呼びます．

この公式の誤差は h のどのくらいのオーダーになるでしょう？ここでは簡単にオーダーだけを見ておきましょう．Simpson の公式が 2 次多項式に対しては正しい値を与えることに注意すると，1 区間分 (より正確には二つの区間の一対分) の誤差は

$$E = \int_{-h}^{h} f(x)dx - \int_{-h}^{h}\left(\frac{f(-h)x(x-h)-2f(0)(x^2-h^2)+f(h)x(x+h)}{2h^2}\right)dx$$
$$= \int_{-h}^{h}\left(f(x)-f(0)-\frac{f(h)-f(-h)}{2h}x-\frac{f(h)+f(-h)-2f(0)}{h^2}\frac{x^2}{2!}\right)dx.$$

数値微分の誤差評価を思い出すと，この被積分関数の Taylor 展開は x^3 の項から始まることがわかりますが，x の奇数冪の項の積分は対称性により消えるので，結局誤差の主要部は次の x^4 の項の積分で $O(h^5)$ となります．故に全体での誤差はこの $N=(b-a)/h$ 倍で $O(h^4)$ となります．これを “Simpson 公式は 4 次の公式である” という風に表します．

数値積分公式の誤差のオーダーは計算機実験でも確かめることができます．すなわち，h の値を順に半分にしていったとき，誤差が 2^k 分の 1 で減って行けば k 次の公式であることが想像できます．(証明ではありませんよ！) 実際には十進法で

$$h = 10^{-n}, \quad n = 1, 2, \cdots$$

を用い，有効桁数がほぼ nk 倍にふえてゆくことを確かめる方が見やすいでしょう．なお，上の公式は意味がわかりやすいように h が和の中に入れてありますが，実際に計算をするときは h は最後に一回だけ掛けた方が計算スピードが抜群に速くなります．

レポート問題 4.1 `example6.p` をコンパイル・実行して台形公式と Simpson の公式の誤差のオーダーを観察しなさい．また練習問題 4.4 の公式のプログラムを追加しなさい．

4.5 広 義 積 分

【広義積分】 広義積分とは，普通の定積分を広義に拡張したという意味です．例えば

$$1)\ \int_1^{\infty} \frac{1}{x^2}\,dx, \qquad 2)\ \int_0^1 \frac{1}{\sqrt{x}}\,dx$$

など．これが何故広義なのかを理解するには，普通の Riemann 積分の定義をしっかり覚えていなければなりません．$[a,b]$ を**有界**な積分区間，$f(x)$ をその上で値が有界な関数とするとき，Riemann 積分は

$$\int_a^b f(x)dx = \lim \sum_{i=1}^{N} f(\xi_i)(x_i - x_{i-1})$$

で定義されるのでした．ここで極限は区間の分割を無限に細かくしたときのもので，代表値 $f(\xi_i)$ の選び方によらない一定の値に近づくことが要求されるのでした．上の例では，1) は積分区間が無限，2) は積分区間は有界ですが，被積分関数がそこで有界でない，ということで，いずれも普通の Riemann 積分の定義に当てはまらないので広義積分なのです．これらは何故，広義積分という別扱いにしないといけないのでしょうか？Riemann 積分の近似和が区間の有限分割の上に定義されていたことから，積分区間が無限のときは，部分区間に必ず長さ無限大のものができてしまい，そのときの係数 $f(\xi_i)$ が 0 でない限り，近似和の値が有限でなくなってしまいます．積分区間が有限でも，関数値が有界でないと，部分区間のどれか一つの上ではやはり関数値は有界でなく，そこでの $f(\xi_i)$ の値はいくらでも大きく (あるいは小さく) 選べますから，近似和に一定の極限値を期待することはできません．

ではどうやって扱えばいいのでしょうか？上の積分は高校生にそのままやらせたら，きっと何も考えずに

$$\int_1^{\infty} \frac{1}{x^2}\,dx = \Big[-\frac{1}{x}\Big]_1^{\infty} = 0 + 1 = 1,$$

$$\int_0^1 \frac{1}{\sqrt{x}}\,dx = \Big[2\sqrt{x}\Big]_0^1 = 2 - 0 = 2$$

と答えるでしょう．そうです．これでいいのです．一般に，無限区間 $[a,\infty)$ 上

の積分は，$\forall R > a$ に対して $[a, R]$ 上の積分が普通の意味で定義されているとき

$$\int_a^\infty f(x)dx = \lim_{R\to\infty}\int_a^R f(x)dx$$

で定義します．また，$f(x)$ が $x = a$ だけで値が無限大になっているとき，より正確にいえば，$\forall\varepsilon > 0$ に対し $[a+\varepsilon, b]$ では有界で，普通の意味で積分できるとき．

$$\int_a^b f(x)dx = \lim_{\varepsilon\to+0}\int_{a+\varepsilon}^b f(x)dx$$

により，広義積分を定義します．

上の具体例の計算では一見微分積分学の基本定理を普通に適用しただけのように見えますが，慎重に見るとやはり，この一般的定義と同様の極限論法を頭の中でやっていることがわかります：

$$\int_1^\infty \frac{1}{x^2}\,dx = \lim_{R\to\infty}\int_1^R \frac{1}{x^2}\,dx = \lim_{R\to\infty}\Big[-\frac{1}{x}\Big]_1^R = \lim_{R\to\infty}\Big(-\frac{1}{R}+1\Big) = 1.$$

例 2) の方は $\sqrt{x}$ が $x = 0$ で普通に値をもっているので，この極限論法が見えにくいですが，他の同様の例

$$\int_0^1 \log x\,dx = \Big[x\log x - x\Big]_0^1 = -1-0 = -1$$

を見るとそれがよりよくわかります．

【収束の判定】 広義積分は一種の極限ですから，値を求めるよりも先に収束，発散がまず問題になります．収束しさえすれば値の方は実用的には計算機を使っていくらでも求めることができますが，発散しているのに計算機に計算させると，もっともらしい値を示されて大失敗することになりかねません．

収束の判定には，よく使う比較法，あるいははさみうち法がここでも有効です．簡単のため値が負にならない関数だけを考えることにしましょう．このとき，広義積分 $\displaystyle\int_1^\infty f(x)dx$ は，有限な値になるか値が正の無限大になるかのどちらかですから，収束がわかっている $g(x)$ と比較して $f(x) \leq g(x)$ なら収束，また発散がわかっている $g(x)$ と比較して $f(x) \geq g(x)$ なら発散と判定できます．

このような判定に用いる $g(x)$ としてはなるべく沢山知っているに越したことはありませんが，最低でも次の例だけは覚えておきましょう．

例 4.3 $\displaystyle\int_1^\infty \frac{1}{x^\lambda}\,dx$ は $\lambda > 1$ のとき収束， $\lambda \leq 1$ のとき発散.

これは具体的に計算すれば明らかですね．例えば

$$\int_1^\infty \frac{1}{x^\lambda}\,dx = \left[-\frac{1}{\lambda-1}\frac{1}{x^{\lambda-1}}\right]_1^\infty = \frac{1}{\lambda-1}, \qquad \lambda > 1 \text{ のとき.}$$

この計算は，正確には上端の ∞ を R と書いておいて $R \to \infty$ の極限をとらねばなりませんが，実用上は上の計算でも十分でしょう．

$\lambda = 1$ のときの計算だけが例外で log が出て来ることに注意して下さい．

$$\int_1^\infty \frac{1}{x}\,dx = \Big[\log x\Big]_1^\infty = \infty.$$

例題 4.1 次の広義積分は収束するか？

1) $\displaystyle\int_1^\infty \frac{2+\sin e^x}{x\sqrt{x}}\,dx$ 2) $\displaystyle\int_1^\infty \frac{2+\sin e^x}{\sqrt{x}}\,dx$

解答 答は簡単ですね．分子は $1 \leq 2+\sin e^x \leq 3$ より，無視していいのですから，分母の冪 (それぞれ 3/2 と 1/2) だけ見て判定すればいいのです．従って 1) は収束，2) は発散です． □

$x = a$ での広義積分に対しても同様の比較定理が使えます．簡単のため，以下 $a = 0$ の場合を考えましょう．この場合に比較の対象としてよく使われるのはやはり冪関数です．今度は

例 4.4 $\displaystyle\int_0^1 \frac{1}{x^\lambda}\,dx$ は $\lambda < 1$ のとき収束， $\lambda \geq 1$ のとき発散

と，範囲が反対になります．どちらも $\lambda = 1$ が境目になっています．

■練習問題 4.5 次の広義積分は収束するか？

1) $\displaystyle\int_0^1 \frac{2+\sin e^{1/x}}{x\sqrt{x}}\,dx$ 2) $\displaystyle\int_0^1 \frac{2+\sin e^{1/x}}{\sqrt{x}}\,dx$

今度はどうでしょうか？

練習問題 4.6 冪関数の例にならって次の広義積分の収束・発散を λ の値により分類して調べて下さい．

1) $\displaystyle\int_2^\infty \frac{1}{x(\log x)^\lambda}\,dx$ 2) $\displaystyle\int_0^{1/2} \frac{1}{x|\log x|^\lambda}\,dx$ 3) $\displaystyle\int_{1/2}^1 \frac{1}{x|\log x|^\lambda}\,dx$

符号が一定でない関数の場合には広義積分の収束の判定はより微妙です．収束する有名な例として，

例 4.5

$$\int_0^\infty \frac{\sin x}{x}\,dx = \frac{\pi}{2} \tag{4.19}$$

などがあります．美しい公式ですね．(なお，$x \to 0$ のとき $\sin x/x \to 1$ なので，この積分は $x = 0$ では広義積分ではなく普通の積分です．従って広義積分になっているのは無限遠においてだけです．) これは，sin が正になるところと負になるところの値がちょうどうまい具合にキャンセルして有限な値

$$\lim_{R\to\infty}\int_0^R \frac{\sin x}{x}\,dx$$

が得られているのであり，これを

$$\int_0^\infty \frac{|\sin x|}{x}\,dx \tag{4.20}$$

としてしまうと無限大になってしまうことが確かめられます．このようなとき，(4.19) は**条件収束**するといいます．これに対して絶対値をとった広義積分も収束しているときは**絶対収束**するといいます．先に述べた比較定理は絶対収束する広義積分にも使えます．それは $|f(x)|$ の広義積分が収束すれば $f(x)$ の広義積分はもちろん収束するからです．この関係は級数のそれと同様です．

$$1 - \frac{1}{2} + \frac{1}{3} - + \cdots = \log 2 \qquad と \qquad 1 + \frac{1}{2} + \frac{1}{3} + \cdots = \infty$$

の関係を思い出して下さい．(4.19) が収束することは，

$$\int_0^\infty \frac{\sin x}{x}\,dx = \sum_{n=0}^\infty \int_{n\pi}^{(n+1)\pi} \frac{\sin x}{x}\,dx = \sum_{n=0}^\infty (-1)^n \int_0^\pi \frac{\sin x}{x+n\pi}\,dx$$

としたときに，$\displaystyle\int_0^\pi \frac{\sin x}{x+n\pi}\,dx$ が $n \to \infty$ とともに単調減少して 0 に近づく

ことに注意すれば，交代級数の収束判定定理を適用して直ちに示すことができます．値を出すのは第 II 巻の第 8 章までおあずけです．

先に挙げた広義積分の代表例を用いて，次のような収束判定定理が得られます：

定理 4.1 1) $f(x)$ は $\forall R > a$ について $[a, R]$ で Riemann 積分可能で，ある定数 $\lambda > 1$ と $C > 0$ について $|f(x)| \leq C/x^\lambda$ が成り立っているなら，広義積分 $\displaystyle\int_a^\infty f(x)dx$ は絶対収束する．

2) ある定数 $\lambda \leq 1$ と $C > 0$ について $f(x) \geq C/x^\lambda$ が成り立っているなら，広義積分 $\displaystyle\int_a^\infty f(x)dx$ は発散する．

定理 4.1′ 1) $f(x)$ は $\forall \varepsilon > 0$ について $[a+\varepsilon, b]$ で Riemann 積分可能で，ある定数 $\lambda < 1$ と $C > 0$ について $|f(x)| \leq C/(x-a)^\lambda$ が成り立っているなら，広義積分 $\displaystyle\int_a^b f(x)dx$ は絶対収束する．

2) ある定数 $\lambda \geq 1$ と $C > 0$ について $f(x) \geq C/(x-a)^\lambda$ が成り立っているなら，広義積分 $\displaystyle\int_a^b f(x)dx$ は発散する．

■ **練習問題 4.7** (4.20) が発散することを確かめよ．[ヒント：$\displaystyle\int_0^\pi \frac{\sin x}{x+n\pi}\,dx$ が下から $\frac{C}{n+1}$ で抑えられるような定数を見出し，$\displaystyle\sum_{n=1}^\infty \frac{1}{n} = \infty$ に帰着させよ.]

一般的にいって，無限区間 $[a, \infty)$ 上の広義積分が収束するには，被積分関数が $x \to \infty$ で 0 に近づかねばならない訳ですが，広義積分は級数と異なり，平均したものが有限になればよいので，必ずしも字義通りの $f(x) \to 0$ は収束のための必要条件ではありません．次のような意地悪な例を覚えておきましょう．

例 4.6
$$f(x) = \begin{cases} e^n, & n \leq x \leq n + e^{-2n} \text{ のとき,} \\ 0, & \text{その他のとき.} \end{cases}$$

この $f(x)$ は値がいくらでも大きくなるような x の部分列を許しますが，広義積分は絶対収束します．

レポート問題 4.2 広義積分 (4.19) の値は，条件収束級数の例と同様，収束が極めて悪いので，そのまま数値積分公式を当てはめてもなかなかよい値が得られない．工夫してこの公式が確かめられる程度の近似値を何とか求めてみよ．

有限区間に対する広義積分を数値計算するには，そのまま数値積分公式を適用するのはよくありません．被積分関数が無限大になる端点を含む部分区間で，積分値をたった一つの長方形や台形で済ますのは荒すぎるからです．普通はこの部分を，漸近展開などを用いて作った解析的な近似式を使って計算し，これを残りの部分に対する普通の数値積分公式による計算結果と合わせるか，あるいは "特異な" 変数変換や部分積分で，広義積分でない普通の定積分に帰着させて計算させます．

無限区間の場合も， e^{-x^2} の積分のように収束がものすごく速くて，途中で切って有限区間にしてしまってもよい近似が得られる場合以外は，無限遠方の尻尾の値を同様の方法で解析的に処理します．

ただし，無限区間に対する広義積分は，部分区間の数を無限にすると，近似和に級数としての意味が付き，後で述べるような応用があります．

例 4.7 $\displaystyle\int_0^1 \frac{e^x}{\sqrt{x}}\,dx$ の近似値を求めましょう．$\varepsilon > 0$ を十分小さく選んで，

$$\int_0^1 \frac{e^x}{\sqrt{x}}\,dx = \int_0^\varepsilon \frac{e^x}{\sqrt{x}}\,dx + \int_\varepsilon^1 \frac{e^x}{\sqrt{x}}\,dx.$$

ここで前者は，

$$e^x = 1 + x + \frac{x^2}{2} + \cdots + \frac{x^n}{n!} + R_n, \qquad |R_n| \le \frac{3x^{n+1}}{(n+1)!},$$

従って

$$\begin{aligned}\int_0^\varepsilon \frac{e^x}{\sqrt{x}}\,dx &= \int_0^\varepsilon \left\{\frac{1}{\sqrt{x}} + \sqrt{x} + \cdots + \frac{x^{n-1}\sqrt{x}}{n!} + \frac{1}{\sqrt{x}}R_n\right\}dx \\ &= 2\sqrt{\varepsilon} + \frac{2}{3}\sqrt{\varepsilon}^3 + \cdots + \frac{2}{(2n+1)n!}\sqrt{\varepsilon}^{2n+1} + R_n', \\ &\quad |R_n'| \le 3\frac{2}{(2n+3)(n+1)!}\sqrt{\varepsilon}^{2n+3}\end{aligned}$$

で近似計算できますから，残りの部分を普通の数値積分で求めればよろしい．

あるいは，部分積分で

$$\int_0^1 \frac{e^x}{\sqrt{x}}\,dx = \Big[2\sqrt{x}e^x\Big]_0^1 - 2\int_0^1 \sqrt{x}e^x\,dx$$

と変形して普通の数値積分法を用いてもよい．この部分積分を続けると，被積分関数は $x=0$ で次第に滑らかになってゆきます．

あるいは，$\sqrt{x}=t$ という，$x=0$ で微分可能でない変換を用いて

$$= 2\int_0^1 e^{t^2}\,dt$$

としてもいい訳です．最後の結果はひどくきれいになってしまいましたが，一般にはそんなにきれいにならなくても，ある程度滑らかなら十分です．例えば，台形公式を適用するなら，その誤差評価で必要とされる被積分関数の導関数のオーダー程度まで滑らかにすればよい．このことは部分積分法で $x=0$ における特異性を解消するときに必要な部分積分の回数についても当てはまります．

【級数への応用】　広義積分の収束・発散を利用すると，級数の収束・発散を判定する簡単な方法が得られることがあります．

例 4.8　$\sum_{n=1}^{\infty}\frac{1}{n^\lambda}$ の収束・発散はそう易しくはないのですが，広義定積分の Riemann 近似和だと思うと積分の方の収束・発散の情報が使えます．

$$\sum_{n=2}^{\infty}\frac{1}{n^\lambda} \le \int_1^\infty \frac{1}{x^\lambda}\,dx \le \sum_{n=1}^{\infty}\frac{1}{n^\lambda}.$$

よって，$\sum_{n=1}^{\infty}\frac{1}{n^\lambda}$ が収束・発散するのは，$\int_1^\infty \frac{1}{x^\lambda}\,dx$ が収束・発散するとき，か

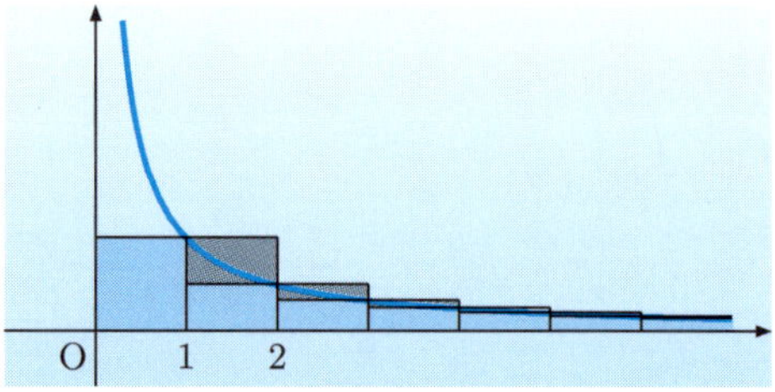

図 4.4　積分と級数の比較 ($\lambda=1$ の場合)

つそのときに限ることがわかりますから，前にやったことよりそれは $\lambda > 1$ および $\lambda \leq 1$ だと結論されます．

■練習問題 4.8　級数 $\displaystyle\sum_{n=2}^{\infty} \frac{1}{n(\log n)^{\lambda}}$ の収束・発散を論ぜよ．

4.6 Riemann 積分論の補遺

この章で述べた積分の考え方は Riemann 式積分と呼ばれるもので，それ自身で完成した理論となっています．Riemann 式積分の本質は，区間の有限分割による近似和の極限を考えるという点で，この積分論の特徴的な性質と限界がそこから出て来ます．解析を本格的にやると，より進んだ，区間の可算無限分割に基づいた Lebesgue 積分の理論が必要となるので，Riemann 積分論をあまりていねいにやる必要は無いという意見の人もいます．しかし，連続関数に関わる積分では Riemann 式にやる方が理論展開もうまく行きますし，広義積分を Lebesgue 式にやると，すっきりはしますが絶対積分可能な場合しか扱えなくなって，振動積分のように解析学でとても重要な，条件収束する広義積分が抜け落ちてしまいます．

そこでこの節では伝統的な Riemann 積分論のエッセンスだけでも述べておきましょう．Riemann 積分論で最も大切なテーマは Darboux (ダルブー) の定理と連続関数の積分可能性ですので，ここでもこの二つを中心に取り上げます．ε-δ 論法がかなり出てきますので，場合によっては第 5 章を先に読む方がいいかもしれません．

以下は広義積分ではないので，特に断らなくても，積分区間 $[a, b]$ は有限で，被積分関数 f はその上で常に値が有界だとします．

【上積分・下積分】　Riemann 式近似和のわかりにくい点の一つは，細かく分けた柱の一つ一つの高さを決める点 ξ_i の取り方に自由性があるということです．そこでこの選び方を指定してしまえば話が簡単になりますが，f の値を取る点を指定したのでは理論上一般性をもちません．そこで，一点での f の値ではなく，その部分区間での f の値の上限あるいは下限を採用することを考えます．(関数 f は連続とは限らないので，max や min は不都合です．) 区間 $[a, b]$

上の有界な関数 f が与えられたとき，$[a,b]$ の分割

$$\Delta = \{a = x_0 < x_1 < \cdots < x_N = b\} \tag{4.21}$$

に対して，f の**上限近似和**

$$\overline{\Sigma}_\Delta(f) := \sum_{i=1}^{N} \sup_{x_{i-1} \leq x \leq x_i} f(x) \Delta x_i$$

と，**下限近似和**

$$\underline{\Sigma}_\Delta(f) := \sum_{i=1}^{N} \inf_{x_{i-1} \leq x \leq x_i} f(x) \Delta x_i$$

が定義されます．ここに $\Delta x_i = x_i - x_{i-1}$ でした．これらの値は分割 Δ だけで決まり，一般の Riemann 近似和のように代表点の選択に気を使う必要はありません．分割 Δ を細かくしたとき，これらは次の意味でそれぞれ単調減少，および単調増加です：Δ' が Δ の細分，すなわち，分点を付け加えていくつかの区間をさらに再分割したもの，となっていれば

$$\overline{\Sigma}_{\Delta'}(f) \leq \overline{\Sigma}_\Delta(f), \qquad \underline{\Sigma}_{\Delta'}(f) \geq \underline{\Sigma}_\Delta(f).$$

この単調性は細分により sup の方は減り inf の方は増えることから従います．図 4.5 を見れば明らかですね．(図には分点が一つだけ加わった場合が描かれていますが，いくつ加わっても同じことです．) 第 1 章で，有界な単調数列は収束するというのを学びましたが，上の $\overline{\Sigma}_\Delta(f)$ や $\underline{\Sigma}_\Delta(f)$ も，添え字が自然数ではありませんが，それと全く同じ理由で，それぞれある値 $\overline{S}(f)$ あるいは $\underline{S}(f)$ に収束します．これらをそれぞれ f の区間 $[a,b]$ 上の**上積分**，**下積分**と呼びます．添字が自然数でないので，この収束の意味は次のように解釈されます．今，区間 $[a,b]$ の二つの分割 Δ，Δ' が，後者が前者の細分という関係になっているとき $\Delta \prec \Delta'$ あるいは逆に $\Delta' \succ \Delta$ という記号で表すと，

$$\forall \varepsilon > 0 \ \ \exists \Delta_\varepsilon \quad \text{s.t.} \quad \Delta \succ \Delta_\varepsilon \implies |\overline{S}(f) - \overline{\Sigma}_\Delta(f)| < \varepsilon. \tag{4.22}$$

下積分についても同様です．実は単調数列の場合と同様に，極限値 $\overline{S}(f)$ は実際には，あらゆる分割を考えたときの上限近似和の値の下限

$$\inf_\Delta \overline{\Sigma}_\Delta(f) \tag{4.23}$$

と一致するので，このような拡張された添え字に関する極限の定義は無くても済ませられるのですが，定積分の定義の本質を理解するには，この極限の概念を表に出した方がかえってわかりやすいのです．[3]

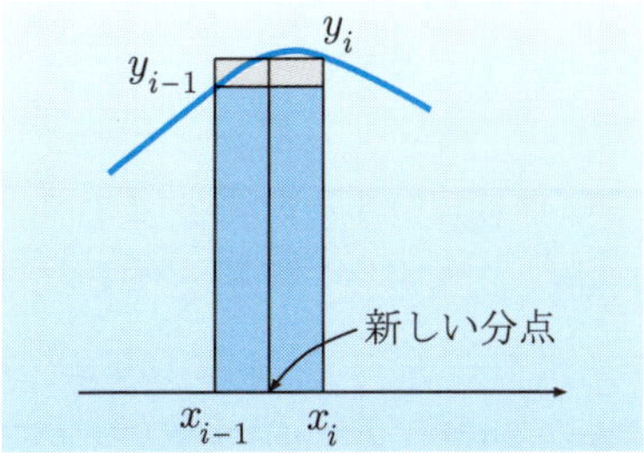

図 4.5 下限近似和の単調増加性の説明図

練習問題 4.9 $\overline{\Sigma}_\Delta(f)$ の (4.22) の意味での極限が (4.23) となることを証明してみよ．

上積分と下積分が一致するとき，f は区間 $[a,b]$ で **Riemann 積分可能**といい，その共通の値 $S(f)$ を f の $[a,b]$ 上での **Riemann 積分**と呼びます．これは，分割 Δ に関する f の**変動和**

$$V_\Delta(f)=\sum_{i=1}^{N}\left\{\sup_{x_{i-1}\le x\le x_i} f(x)-\inf_{x_{i-1}\le x\le x_i} f(x)\right\}\Delta x_i \tag{4.24}$$

が，分割を細かくしたとき 0 に近づくことと同値です．この条件はとてもすっきりしていますが，実は前に紹介した普通の Riemann 積分可能の定義である，Riemann 式近似和

$$\Sigma_{\Delta,\Xi}(f)=\sum_{i=1}^{N} f(\xi_i)(x_i-x_{i-1})$$

が，分割を細かくしたとき代表点の取り方に依らず一定の極限 $S(f)$ に近づく

[3] このような収束を考える場合の数列の拡張概念において添え字の集合となり得るための条件は，“任意の二つの添え字 Δ, Δ' に対して，そのいずれよりも大きい元が存在する”という性質をもった順序集合であることで，このような集合を有向集合 (directed set) と呼ぶ．自然数のように全順序である必要はない．更に進んだ解析学では，この収束概念は有向点集合の収束として一般化されている．

こと:

$$\forall\varepsilon>0\ \ \exists\Delta_\varepsilon\quad \text{s.t.}\quad \Delta\succ\Delta_\varepsilon\quad\Longrightarrow\quad\forall\Xi\ \ |S(f)-\Sigma_{\Delta,\Xi}(f)|<\varepsilon \tag{4.25}$$

とも同値です．この同値性の証明は，上限・下限の概念を理解する訓練にとてもよいので，練習問題にしておきます．

以上の準備の下で，この章の始めに注意した定積分の主要な性質である，線形性 (4.1)，単調性 (4.2)，区間に関する加法性 (4.3) などが，Riemann 近似和の対応する性質からの極限として厳密に証明されます．

■ **練習問題 4.10** $\overline{S}(f)=\underline{S}(f)=S(f)$ と (4.25) が同値なことを証明してみよ．

■ **練習問題 4.11** 1) f，g が $[a,b]$ で Riemann 積分可能ならば，$\lambda f+\mu g$ もそこで Riemann 積分可能となり (4.1) が成り立つことを示せ．

2) (4.2) を証明せよ．

3) f が $[a,b]$ で Riemann 積分可能なら，f はその任意の部分区間でも Riemann 積分可能，また逆に f が $[a,c]$，$[c,b]$ で Riemann 積分可能なら，それらを繋げた区間 $[a,b]$ でも Riemann 積分可能で，いずれにしても (4.3) が成り立つことを示せ．

【Darboux の定理】 区間 $[a,b]$ の分割を勝手に二つもって来たときは，分点がずれているとこれらに対する上限あるいは下限近似和の値の大小は直接は比較できません．従って，部分区間の最大長 (メッシュサイズ) が小さいからといって本当に部分和が極限に近いのかどうか，上の定義では不明です．Darboux の定理は，実はそれでよいといっているのです：

定理 4.2 **(Darboux の定理)** 区間 $[a,b]$ の分割 (4.21) に加法的に依存する量

$$\Sigma_\Delta=\sum_{i=1}^{N}\sigma_{[x_{i-1},x_i]},\qquad |\sigma_{[x_{i-1},x_i]}|\le M(x_i-x_{i-1})$$

が (4.22) の意味で S に収束していれば，$\forall\varepsilon>0$ に対して $\exists\delta>0$ を十分小さく選ぶとき，部分区間の最大長が δ 以下であるようなどんな分割 Δ に対しても

$$|S-\Sigma_\Delta|<\varepsilon$$

となる．

証明 まず仮定により，分割 Δ_ε で

$$\Delta \succ \Delta_\varepsilon \quad \Longrightarrow \quad |S - \Sigma_\Delta| < \frac{\varepsilon}{2}$$

となるものを選びます．今

$$\Delta_\varepsilon = \{a = x_0 < x_1 < \cdots < x_N = b\}$$

をその分点の集合としましょう．$\delta > 0$ を Δ_ε のメッシュサイズより小さく選び，メッシュサイズ δ 以下の任意の分割 Δ を考えます．Δ の部分区間で Δ_ε の分点をその内部に含むものは高々 $(N-1)$ 個しかありませんから，Δ' を Δ_ε と Δ の共通の細分，すなわち，両者の分点を合併して得られる $[a, b]$ の分割とすれば，

$$|\Sigma_\Delta - \Sigma_{\Delta'}| \leq 2M(N-1)\delta$$

従って更に $\delta < \varepsilon/4M(N-1)$ に選んでおけば，この差は $\varepsilon/2$ より小さくなりますから

$$|\Sigma_\Delta - S| \leq |\Sigma_{\Delta'} - S| + |\Sigma_\Delta - \Sigma_{\Delta'}| < \frac{\varepsilon}{2} + \frac{\varepsilon}{2} = \varepsilon. \qquad \square$$

実用上は分割を細かくするとは，メッシュサイズを小さくすることだと理解されていますから，Darboux の定理は実用上も有りがたいわけです．(もっとも，実際には与えられたメッシュサイズに対して，誤差がどのくらい小さいかを見なければなりませんから，実用的にはむしろ 4.4 節で述べた "f' が有界" な場合くらいで十分だということになるのでしょう．)

【連続関数の積分可能性】 上の議論から，Riemann 積分が可能なためには，(4.24) で定義された変動和 V_Δ が分割を細かくしたとき 0 に近づけばよい訳です．このための f に対する具体的な十分条件はいろいろ知られていますが，まず最も簡単なのは次の結果です．

定理 4.3 区間 $[a, b]$ で有界かつ単調な関数 f は Riemann 積分可能である．

この証明は，今までに出て来た言葉の定義さえ理解できれば簡単にできるので，問題としておきます．

練習問題 4.12 上の定理を証明せよ．

次の補題も簡単ですが応用範囲は広いです．

補題 4.4 関数 f が区間 $[a,b]$ 及び区間 $[b,c]$ のそれぞれで Riemann 積分可能なら，f はそれらの合併 $[a,c]$ の上でも Riemann 積分可能で，かつ積分値の加法性が成り立つ．

この証明も簡単で，区間 $[a,c]$ の分割として，繋ぎ目の点 b を分点に含むものだけを考えても一般性を失わないことに注意するだけです．もっとも，区間の分割を等分割だけに限ってしまうと，こういう主張も簡単には証明できませんね．上の定理と併せると，

系 4.5 増加と減少を有限回しか繰り返さないような有界関数は Riemann 積分可能である．

が得られます．実用上の判定は多分この結果くらいで十分でしょうね．

最後に理論上はすこぶる重要で，証明も少々高級な十分条件を示しましょう．

定理 4.6 連続関数は有界閉区間上 Riemann 積分可能である．

これを証明するには，区間 $[a,b]$ の分割でメッシュサイズ δ が十分小さいものを取ると，各部分区間における f の値の変動 $\sup_{x_{i-1}\leq x\leq x_i} f(x) - \inf_{x_{i-1}\leq x\leq x_i} f(x)$ が予め指定された ε よりも小さくなることを用います．f は連続なので，部分区間の一方の端が固定されていれば，δ を小さくしてゆくとこうできることは連続性の定義からわかりますが，このとき隣の区間の端点は動いてしまうので，どうしても $x, y \in [a,b]$ の位置に依らずに $|x-y| < \delta$ だけから $|f(x)-f(y)| < \varepsilon$ がいえないと証明になりません．この主張は連続性よりも強く，f が区間 $[a,b]$ で**一様連続**であると呼ばれます．実は，連続関数は有界閉区間では自動的に一様連続になることがいえ (この証明は第 5 章で与えます)，これで定理の証明が完結します．□

連続関数が Riemann 積分可能なことの証明にメッシュサイズの小さな区間分割を用いましたが，だからといってここで Darboux の定理が使われた訳

ではありません．ときどきこのように勘違いしている人がいますが，論理的には，f が積分可能なことを示すには，f の変動和が与えられた $\varepsilon > 0$ よりも小さくなるような分割を何でもいいから一つ見つければよく，それがたまたまメッシュの小さな等分割で与えられたというだけであって，この証明は Darboux の定理とは独立です．

連続関数が積分可能なことがわかると，有限個の不連続点しかもたないような有界関数も Riemann 積分可能なことがわかります．これをきちんというため，次のような形の補題にしておきましょう．

補題 4.7 区間 $[a,b]$ の部分集合 E は次の性質をもつとする：$\forall\varepsilon > 0$ に対し，E を長さの総和が ε 以下の $[a,b]$ の部分区間 $I_1, \cdots, I_N$ で覆うことができ，$E_\varepsilon := \bigcup_{j=1}^{N} I_j$ の外では f は Riemann 積分可能である[4]．このとき f は $[a,b]$ 全体で Riemann 積分可能である．

これは，$\forall\varepsilon > 0$ に対し，$[a,b]$ をまず $[a,b] \setminus E_\varepsilon$[5] と E_ε とに分け，$[a,b]$ の分割もこれに応じた分点をもつものだけに限ると，後者の上の変動和は，分割が何であっても高々 $M\varepsilon$ で，前者の上の変動和は，分割を十分細かくすれば仮定により ε 以下となるので，合わせても 2ε 以下となる，という風に証明されます．□

この特別な場合として次が得られます．

系 4.8 区間 $[a,b]$ 上の有界な関数 f が，この区間内の有限個の点を除いて連続なら，f は $[a,b]$ 上 Riemann 積分可能である．

例えば，

$$f(x) = \begin{cases} \sin\dfrac{1}{x}, & x \neq 0 \text{ のとき}, \\ 0, & x = 0 \text{ のとき} \end{cases}$$

は区間 $[-1,1]$ 上で Riemann 積分可能なことが，この系から直ちにわかります．

---

[4] このことを単に "f は Jordan（ジョルダン）式の長さが 0 の除外集合 E を除いて Riemann 積分可能" と略称することがある．

[5] $A \setminus B := \{x \in A; x \notin B\}$ は**集合差**の記号である．

以上で実用的には与えられた関数が Riemann 積分できないかも知れないという心配はまず無用です．しかし，こういう議論の必要性を示すため，最後に Riemann 積分可能でない有界関数の例を一つだけ挙げておきましょう．

例 4.9 **Dirichlet の関数**と呼ばれる例です：

$$f(x) = \begin{cases} 1, & x \text{ が有理数のとき}, \\ 0, & x \text{ が無理数のとき}. \end{cases}$$

この関数に対しては，上限近似和は常に 1 で，下限近似和は常に 0 であることが，どんな部分区間にも有理数と無理数が必ず含まれることからわかります．よって極限に行ってもこの二つは差が開いたままです．しかし，第 5 章で論じられるように，実は有理数の方が無理数よりも圧倒的に少ないので，この節の最初に述べたように，可算無限個の部分区間を用いる Lebesgue 式の積分を考えると，この関数は 0 と同一視されてしまい，積分値 0 が確定します．微積で必要な，関数列の極限を考えると，このような例もわりと自然に出てきてしまうので，そうした考え方の自然さも理解できるでしょう．興味をもった読者は Lebesgue 積分の参考書を見てください．

4.7 付録．常微分方程式の求積法 (^^)

常微分方程式とは，未知関数とその導関数を含んだ方程式のことです．普通の代数方程式が，単に数としての未知数を求めるのに対して，未知の関数を求めるので，関数方程式と呼ばれるものの一種ですが，むしろその代表例ともいえます．ここでは未知関数の 1 階微分までを含む 1 階常微分方程式の中で解が積分により簡単に求まるもの，いわゆる**求積法**で解けるもの，の基本的なクラスを紹介しておきましょう．この内容は一時は高校でも教えられていたのですが，最近は無くなってしまったようで，それにも拘わらず大学の先生は学生が知ってるものと思って物理などでいきなり出て来て学生を困惑させることも多いようです．そこで編集者の要請も有ったことだし，薄めの微積の教科書としてはやや異例ですが，積分計算の練習として簡単に取り扱うことにしました．実は筆者も数学での最初の感動の一つが，坂井英太郎先生の古い演習書で微分方程式を解いたときでした．

1 階の常微分方程式が与えられたとき，その任意定数 C を一つ含んだ解 (い

わゆる一般解) を具体的に求めることを “積分する”，あるいは “求積する” といいます．これは

$$\frac{dy}{dx} = f(x) \quad \Longrightarrow \quad y = \int f(x)dx + C$$

という不定積分操作の一般化で，これが一番簡単な微分方程式の解法ともみなせます[6)]．

微分方程式は上の式の右辺にも未知関数の y が入って来るので，一般にはそう簡単に解けませんが，特別な場合として**変数分離形**の方程式

$$\frac{dy}{dx} = f(x)g(y)$$

は，変数を左右に分離し 次の公式で一般解を求めることができます：

$$\int \frac{dy}{g(y)} = \int f(x)dx + C.$$

■**練習問題 4.13**　次の微分方程式を解け．

1) $\dfrac{dy}{dx} = xy$　　2) $\dfrac{dy}{dx} = e^{x-y}$　　3) $\dfrac{dy}{dx} = \tan x \cos y$

次に，幾何の問題を解くときによく出てくるのが，

$$\frac{dy}{dx} = f\left(\frac{y}{x}\right)$$

の形をした方程式で，**同次形**と呼ばれます．これは，$z = y/x$ という置換により未知関数を z に変換すると変数分離形に帰着されます: $y = xz$ より $y' = z + xz'$．よって

$$x\frac{dz}{dx} + z = f(z), \qquad \therefore \quad \int \frac{dz}{f(z) - z} = \int \frac{dx}{x}.$$

■**練習問題 4.14**　次の微分方程式を解け．

1) $\dfrac{dy}{dx} = \dfrac{x + 2y}{2x - y}$　　2) $\dfrac{dy}{dx} = \dfrac{xy}{x^2 + y^2}$　　3) $x\dfrac{dy}{dx} = y + xe^{y/x}$

---

6) ただし，この簡単な場合でも既に注意したように不定積分は既知の初等関数で表されるとは限らないので，求積法では，このように積分記号を含んだままの公式でも解けたものとする．

1 階常微分方程式の中で恐らく最も重要なのが，1 階線形常微分方程式

$$\frac{dy}{dx} + a(x)y = f(x)$$

です．いろんな解法が知られていますが，一番覚えやすいものを一つだけ紹介しておきましょう．$a(x)$ の原始関数 $A(x)$ を一つ求めて方程式の両辺に $e^{A(x)}$ を掛けると，簡単な計算で

$$\frac{d}{dx}\left(e^{A(x)}y\right) = f(x)e^{A(x)}$$

の形に変形されることがわかります．これは

$$e^{A(x)}y = \int f(x)e^{A(x)}dx + C.$$

$$\therefore \quad y = e^{-A(x)}\int f(x)e^{A(x)}dx + Ce^{-A(x)}$$

と積分されます．

練習問題 4.15 次の微分方程式を解け．

1) $\dfrac{dy}{dx} - 2xy = x$　　2) $\dfrac{dy}{dx} - y = e^x$　　3) $x\dfrac{dy}{dx} - y = x^2 \sin x$

例題 4.2 いやがる犬を散歩に連れ出したとき，飼い主に引き摺られて動いた犬の軌跡はどんな曲線になるでしょう．犬の初期位置が x 軸上の点 $(a,0)$，飼い主が原点から出発して y 軸上を正の方向に進み，鎖の長さは a で常にピンと張られているときが有名な追跡線 (tractrix) です．

解答 求める曲線を $y = f(x)$ とします．この曲線上の点 (x,y) における接線の方程式は，接線上の動座標を (X,Y) で表すとき，

$$Y - y = f'(x)(X - x).$$

これの y 切片は，$X = 0$ と置いて $Y = y - xf'(x)$．よって題意は

$$\{-xf'(x)\}^2 + x^2 = a^2$$

と定式化されます．題意から $0 < x \leq a$ で $f'(x) \leq 0$ とみて開平すれば

$$-xf'(x) = \sqrt{a^2 - x^2}.$$

これは微分方程式というほどのこともない簡単な方程式で

$$\begin{aligned} f(x) &= -\int \frac{\sqrt{a^2-x^2}}{x}\,dx + C = -\int \frac{\sqrt{a^2-x^2}}{x^2}\frac{1}{2}d(x^2) + C \\ &= \int \frac{t}{a^2-t^2}t\,dt + C \qquad (t=\sqrt{a^2-x^2}\ \text{と置いた}) \\ &= \int \left(-1+\frac{a^2}{a^2-t^2}\right)dt + C = -t + \frac{a}{2}\log\frac{a+t}{a-t} + C \\ &= -\sqrt{a^2-x^2} + \frac{a}{2}\log\frac{a+\sqrt{a^2-x^2}}{a-\sqrt{a^2-x^2}} + C \end{aligned}$$

と積分できます．$x=a$，$y=0$ となるように犬の初期位置を合わせると，任意定数が $C=0$ と定まり，最終的に

$$y = a\log\frac{a+\sqrt{a^2-x^2}}{x} - \sqrt{a^2-x^2}$$

という方程式が得られます．□

この例題のように，微分方程式を使って応用問題を解く場合は，まず一般解を求め，次に初期条件などの付加条件を用いて任意定数を決定し，求める解を特定します．

微分方程式に関するより進んだ内容は，本ライブラリの対応する巻で解説されることになっています．

章　末　問　題

問題 1 ☺ 次の不定積分を求めよ．ただし n は非負整数とする．

1) $\displaystyle\int \frac{1}{x(\log x)(\log\log x)^{\alpha}}\,dx$　　2) $\displaystyle\int x^n \log x\,dx$

3) $\displaystyle\int (\log x)^n\,dx$　　4) $\displaystyle\int x^n \sin x\,dx$

問題 2 ☺ 次の有理関数を部分分数に分解し，原始関数を計算せよ．

1) $\displaystyle\frac{1}{(x+1)^3(x-2)(x^2+1)^2}$　　2) $\displaystyle\frac{1}{(x^2+1)^2(x^2+2)^2}$

3) $\displaystyle\frac{1}{x^3(x+1)^2(x^2+1)^2}$　　4) $\displaystyle\frac{1}{(x^2+1)^2(x^2+2)^2(x^2+3)^2}$

問題 3 ☺ 第 2 章の章末問題 1 に出てきた Chebyshev 多項式 $T_n(x)$ について，$m \neq n$ のとき，

$$\int_{-1}^{1} \frac{T_n(x)T_m(x)}{\sqrt{1-x^2}}\,dx = 0$$

を示せ．また，$m = n$ のときの値を計算せよ．

問題 4 ☺ 台形公式の最良誤差評価を次の方針で導け：

i)

$$\begin{aligned} E &= \int_0^h \left\{ f(x) - \left(f(0) + \frac{f(h)-f(0)}{h}x \right) \right\} dx \\ &= \int_0^h x\,dx \int_0^1 \{f'(tx) - f'(th)\}dt \end{aligned}$$

と変形して平均値定理を用いることにより，

$$|E| \leq \frac{M_2}{12}h^3,$$

従って区間全体では

$$\frac{M_2h^3}{12} \times \frac{b-a}{h} = \frac{M_2(b-a)h^2}{12}$$

となることを示す．

ii) $f(x) = x^2$ のとき，上の評価で等式が成り立つことを見る．

問題 5 ☺ 第 2 章の章末問題 7，8 の関数が区間 $[0,1]$ 上で Riemann 積分可能かどうかを判定し，可能なら積分値を計算せよ．

問題 6 ☺ 1) 定積分

$$I_n := \int_0^{\pi/2} \sin^n x\,dx$$

の値を求めよ．

2) 上の結果を利用して次の等式を証明せよ．

$$\prod_{n=1}^{\infty} \left(1 - \frac{1}{4n^2}\right) = \frac{2}{\pi}.$$

問題 7 ☺ **(定積分の第一平均値定理)** $f(x)$ が $[a,b]$ 上の連続関数なら，$a < c < b$ なるある点 c において

$$\int_a^b f(x)dx = f(c)(b-a)$$

となることを示せ．

問題 8 ⊙ 次の広義積分の収束・発散を論ぜよ．収束するものについては絶対収束するかどうかも明らかにせよ．

1) $\displaystyle\int_0^{\infty} e^{-x}x^{s-1}\,dx$　　2) $\displaystyle\int_0^{\infty} \frac{\sin x}{x\sqrt{x}}\,dx$　　3) $\displaystyle\int_0^{\infty} \frac{\sin \pi x \log x}{x}\,dx$

問題 9 ⌒ O を原点とし，曲線 $y = f(x)$ 上の点 P における曲線の接線が y 軸と交わる点を T とする．

1) 常に OP = OT となるような曲線が満たす微分方程式を求めよ．

2) 上の方程式を解いて曲線を決定せよ．

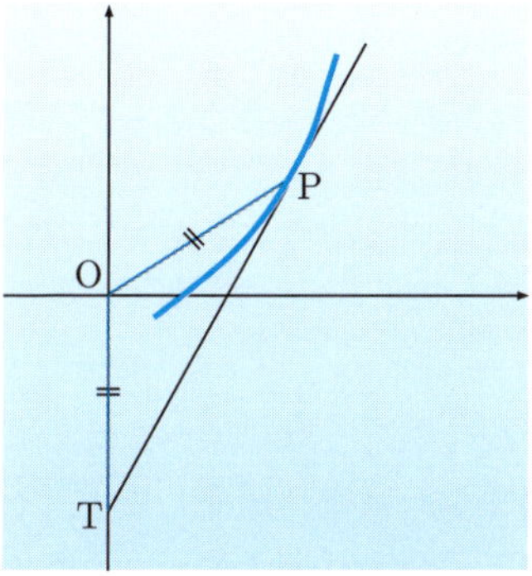

図 4.6 問題 9 の説明図

問題 10 ⌒ 接線と x 軸 および y 軸で作られる三角形の面積が一定値 A であるような曲線を求めよ．[ヒント：

$$y - xp = F(p), \qquad \text{ここに} \qquad p = \frac{dy}{dx}$$

という形の微分方程式[7]を導く．これは，両辺を微分することにより，

$$p - p - xp' = F'(p)p'. \qquad \therefore \quad p' = 0 \quad \text{または} \quad -x = F'(p)$$

として解く．$p' = 0$ からは $p = C$ 従って $y - Cx = F(C)$ という一般解を得るが，今の場合これはつまらない解となる．面白い解は後者と元の方程式から p を消去して得られる．任意定数を含まないので特異解と呼ばれる．第 II 巻の第 6 章で出てくる包絡線の一種である．]

[7] この形の微分方程式は Clairaut(クレロー) 型と呼ばれ，接線にからんだ問題でよく現れる．

第5章

実数の連続性再論

微積分の論理的基礎付けになくてはならない ε-δ 論法の練習をし，今まで先送りして来た理論的な結果に証明を与えます．この章は数学科以外の学生が省略できるように後ろにまとめてあるのですが，解析系の純粋数学の基礎をなすこの論法を理解し，愛すべき孤独な数学者たちと話が通じるようになるために，数学科以外の学生諸君も是非ざっと目を通してみて下さい．

この章では，今まで直観に訴えて取り扱って来た実数や連続関数に関する議論，特に無限級数の理論を少し厳密に紹介します．そのため，まず始めに第 1 章や第 2 章で証明を省略した実数に関するいろんな性質をもう少し厳密に論じ直します．

5.1 ε - δ 論 法 (^^)

第 1 章で実数列の収束に対する厳密な定義を導入しましたが，これは計算機で極限を求める場合の収束の速さという現実的な問題に対応しているとはいうものの，それだけでは今一つ，そこまで形式的に議論する動機付けとして弱いものがありました．このような定義が本当に必要となるのは，解析学で微妙な問題の真偽を判定する場合です．ここではまず始めに，今まで省略して来た収束にからんだ証明のいくつかを補い，それと平行してこのような論法，いわゆる ε-δ 論法[1]が真に必要となるような証明問題の例としていくつかの典型的な例題を取り上げ，将来こういう推論を必要とする人のための訓練とします．これらが理解できれば収束の定義は身に付いたといえるでしょう．

[1]数列の収束なのでまだ δ は出て来ず，代わりに n_ε が使われているが，普通ひっくるめてこのように呼んでいる．

例題 5.1 数列 a_n が常に $a_n \leq M$ を満たすとする．もし a_n が a に収束すれば，$a \leq M$ であることを示せ．

これはもうさんざん使って来た性質です．極限で急に M を乗り越えるということは不可能ですから，この主張は当り前といえば当り前ですね．でも厳密に証明するには，収束の定義が必要です．もう一つのポイントとして，こういう“当り前だがすなおに説明できない”ことを証明するには背理法が便利で，その使い方の練習でもあります．

解答 結論を否定して，もし $a > M$ とすると，a に近づく a_n があるところから M を越えてしまい，矛盾が生ずるはずです．実際，収束の定義にある ε を $\varepsilon < a - M$ にとると，この ε に対してある番号 n_ε が有り，$n \geq n_\varepsilon$ で

$$|a_n - a| < \varepsilon < a - M$$

従って

$$a - a_n < a - M. \qquad \therefore \quad a_n > M$$

となり，不合理です．□

注意しておきますが，極限に行く前に $a_n < M$ を満たしているからといって，極限も $a < M$ を満たすとは限りません．いえるのは $a \leq M$ だけです．自分で例を探して確認して下さい．

例題 5.2 数列 a_n が a に収束していれば，

$$\frac{a_1 + a_2 + \cdots + a_n}{n} \to a \tag{5.1}$$

も a に収束することを示せ．

n をどんどん大きくしてゆくと a に近い数がどんどん増えてくるので，平均をとれば a に近くなるのは当然ですね．(このくらいの説明でやめておいた方がわかり易いという声もあります．(^^;) これをきちんと示すのに，次のように二つに分ける論法が用いられます．

解答 $\varepsilon > 0$ が任意に与えられたとき $\exists n_\varepsilon$ を適当に取ると，$n \geq n_\varepsilon$ では $|a_n - a| < \varepsilon$ が成り立つので，

$$\begin{aligned} A_n &= \frac{a_1 + a_2 + \cdots + a_n}{n} \\ &= \frac{a_1 + a_2 + \cdots + a_{n_\varepsilon - 1}}{n} + \frac{a_{n_\varepsilon} + \cdots + a_n}{n} \\ &= \frac{a_1 + a_2 + \cdots + a_{n_\varepsilon - 1}}{n} + \frac{a + \cdots + a}{n} + \frac{(a_{n_\varepsilon} - a) + \cdots + (a_n - a)}{n} \\ &= A_n^{(1)} + A_n^{(2)} + A_n^{(3)} \quad \text{と置く} \end{aligned}$$

ここで，第1項は分子が n に依らないので $n \to \infty$ のとき0に近付きます．厳密にいうと，$\exists n'_\varepsilon$ をとれば，$n \geq n'_\varepsilon$ のとき $|A_n^{(1)}| < \varepsilon$．第2項は分子が $(n - n_\varepsilon + 1)a$ ですから，これは $n \to \infty$ のとき a に近付きます．すなわち，$\exists n''_\varepsilon$ をとれば，$n \geq n''_\varepsilon$ のとき $|A_n^{(2)} - a| < \varepsilon$．最後に第3項は

$$|A_n^{(3)}| \leq \frac{(n - n_\varepsilon + 1)\varepsilon}{n} \leq \varepsilon.$$

よって以上を総合すると，$n \geq \max\{n_\varepsilon, n'_\varepsilon, n''_\varepsilon\}$ のとき

$$|A_n - a| < \varepsilon + \varepsilon + \varepsilon = 3\varepsilon$$

となり，収束の厳密な定義により (5.1) がいえました．収束の定義ではこの最後の式が 3ε でなく ε になっていなければいけないのでは？という人がいるかもしれませんが，$\varepsilon > 0$ は任意なのでこれでいいのです．実際，ε の代わりに $\varepsilon/3$ を取れば，$n \geq \max\{n_{\varepsilon/3}, n'_{\varepsilon/3}, n''_{\varepsilon/3}\}$ のとき $|a_n - a_m| < \varepsilon$ となるからです．□

潔癖な数学者の中には，最後の結論のところがきれいに ε となるように，最初から n_ε 等を $n \geq n_\varepsilon \Longrightarrow |a_n - a| < \varepsilon/3$ 等々となるよう，選び方に工夫を凝らす人がいますが，美的な問題を除けば，そんな工夫は全然必要ないことが今の説明でわかりますね．

【定理 2.2 の証明】 本節の最後で本物の ε-δ 論法の例を二つやっておきましょう．一つ目は，第2章2.2節で証明を保留してあった次の定理の証明です．これは今となっては易しいでしょう:

定理 2.2 (再掲) $\lim_{x \to a} f(x) = A$
$\Longleftrightarrow \quad \forall\{x_n\} \ \ x_n \to a \ \Rightarrow f(x_n) \to A.$

証明 $\Longrightarrow$ の向きの証明はもう実質的に終わっています．$\Longleftarrow$ の向きを示すため，背理法で，連続変数の意味での収束が成立していないとすると，ε-δ

論法による収束の定義の否定命題を作って

$$\exists\varepsilon > 0 \quad \forall\delta > 0 \quad \exists x \quad \text{s.t.} \quad |x - a| < \delta \ \text{かつ} \ |f(x) - A| \geq \varepsilon.$$

そこで δ として $1/n$, $n = 1, 2, \cdots$ を取り，各 n に対して

$$|x_n - a| < \frac{1}{n} \qquad \text{かつ} \qquad |f(x_n) - A| \geq \varepsilon$$

なる点 x_n を選ぶと，$x_n \to a$ なのに $f(x_n)$ は A に収束しません．これは不合理です．□

【定理 3.5 の証明】 次は第 3 章で証明を保留した，$\frac{\infty}{\infty}$ 型の不定型の極限値に対する de l'Hospital の公式 (定理 3.5) の証明です．これは ε-δ 論法の δ に相当する量がどんどん大きくなる場合の例です．

仮定から，$\forall\varepsilon > 0$ に対し，a を十分大きく取れば，$\xi \geq a$ のとき

$$\left| \frac{f'(\xi)}{g'(\xi)} - A \right| < \varepsilon.$$

従って，平均値の定理の一般化により，$x \geq a$ なら

$$\left| \frac{f(x) - f(a)}{g(x) - g(a)} - A \right| < \varepsilon$$

となるのでした．この左辺を変形すると

$$\left| \frac{f(x) - f(a)}{g(x) - g(a)} - A \right| = \left| \frac{f(x)}{g(x)} \cdot \frac{1 - f(a)/f(x)}{1 - g(a)/g(x)} - A \right|.$$

仮定により $x \to \infty$ のとき $f(x) \to \infty$, $g(x) \to \infty$ ですから，a' を十分大きくとれば，$x \geq a'$ のとき

$$1 - \varepsilon < c(x) := \frac{1 - f(a)/f(x)}{1 - g(a)/g(x)} < 1 + \varepsilon$$

とできます．よって $x \geq \max\{a, a'\}$ なら，上の不等式から

$$\begin{aligned} \left| \frac{f(x)}{g(x)} - A \right| &\leq \left| \frac{f(x)}{g(x)} - \frac{A}{c(x)} \right| + A \left| \frac{1}{c(x)} - 1 \right| \leq \frac{\varepsilon}{c(x)} + A \frac{|1 - c(x)|}{c(x)} \\ &< \frac{\varepsilon}{1 - \varepsilon} + \frac{A\varepsilon}{1 - \varepsilon} = \frac{1 + A}{1 - \varepsilon}\varepsilon. \end{aligned}$$

これで (3.17) の左辺が A に近づくことがわかります．□

こういう計算は慣れないと何をやってるのかわからないでしょうが，要は小さくなる量で差を抑えることだけで，何が小さくなるかを見失わなければ計算自身は至って初等的です．

なお，この定理の証明は 5.3 節で後述する上極限・下極限の概念を使うと第 3 章で述べた筋書きがほぼそのまま正当化できます．

5.2　連続性公理の言い換え

我々は第 1 章で実数を定義するときに “有界単調列の収束定理” を公理として仮定することにしました．これさえ仮定すれば後はすべてこれから厳密に導き出せるといいましたが，ここで，やり残した証明等も含めて，このことを数学を論理的に使う学生にとって必要最小限な程度はやっておきましょう．

以下有界単調列の収束定理を，単に実数の連続性公理として引用します．我々はこれを次の形に変形して良く利用します：

定理 5.1 (区間縮小法)　実数の区間の縮小列

$$[a_1, b_1] \supset [a_2, b_2] \supset \cdots \supset [a_n, b_n] \supset \cdots$$

で，その長さ $b_n - a_n$ が $n \to \infty$ のとき 0 に近づくものが有れば，すべての区間に含まれる点 c がただ一つ存在し，区間全体が次の意味でこの点に収束する：$\forall \varepsilon > 0$ に対し n_ε を十分大きく選べば，$n \geq n_\varepsilon$ のとき $[a_n, b_n] \subset (c - \varepsilon, c + \varepsilon)$ となる．

証明　証明は連続性公理から容易に導かれます．実際，a_n，b_n は有界単調列となり，それぞれ $a_n \nearrow a$，および $b_n \searrow b$ と収束しますが，

$$a_n \leq a \leq b \leq b_n$$

ですから，$0 \leq b - a \leq b_n - a_n \to 0$．従って $a = b$．この値を c とすれば $c \in [a_n, b_n]$ は明らかで，また収束の定義により，最後の主張も明らかです．□

この論法は第 2 章でやった二分法と同じですね．

【上限の存在証明】　第 2 章の定理 2.7 で，上に有界な実数の集合 E には (最大元は必ずしも存在しないが) 上限 μ は常に存在するという主張を紹介しま

した．μ は

> i) $\forall x \in E \quad x \leq \mu$;
> ii) $\forall \varepsilon > 0 \; \exists x \in E \quad x > \mu - \varepsilon$

の二つを満たすような数のことでした．$\mu \in E$ なら μ は E の最大元となりますが，一般には $\mu \in E$ とは限らないのでした．このような μ の存在は区間縮小法を用いて次のようにして導かれます：仮定により E は上に有界ですから，i) だけを満たすような M_1 は存在します．そこで $x_1 \in E$ を勝手に取ります．次に区間 $[x_1, M_1]$ を半分に分けます．もし右半分 $[(x_1 + M)/2, M_1]$ が E の点を含めば $x_2 = (x_1 + M)/2$ と取り，$M_2 = M_1$ と置きます．また，含まない場合は $x_2 = x_1$ と取り，$M_2 = (x_1 + M)/2$ と置きます．次は区間 $[x_2, M_2]$ を半分にして同じ操作を繰り返します．こうして，E の上界の単調減少列 M_n と，E の点を必ず含む区間の減少列 $[x_n, M_n]$ が得られました．よって区間縮小法によりこれらはある極限 μ に収束します．

さて，この μ が集合 E の上限となっていることは，性質 i)，ii) を順に確かめることによってわかります．

i) $\forall x \in E$ に対し，$x \leq M_n$ がすべての n について成り立っているから，極限に行っても $x \leq \mu$.

ii) $\forall \varepsilon > 0$ に対し，収束の定義から n を十分大きく選べば $x_n > \mu - \varepsilon$ となる．区間 $[x_n, M_n]$ は E の点 x を含むから，$x > \mu - \varepsilon$ を満たす E の点が見付かった．

下限についても全く同様の議論ができますが，集合 E の下限を μ とすると，$-\mu$ が集合 $-E$，すなわち E の元の符号をすべて変えて得られる集合，の上限となることを使えば，改めて議論する必要もありません．

【Cauchy 列と収束列の同値性の証明】 まず，第 1 章では “明らか” で済ませてしまった “収束列は Cauchy 列である” の厳密な証明をしてみましょう．$a_n \to a$ を厳密に書けば，

$$\forall \varepsilon > 0 \quad \exists n_\varepsilon > 0 \quad \text{s.t.} \quad n \geq n_\varepsilon \implies |a_n - a| < \varepsilon$$

です．これから，同じ n_ε を用いて三角不等式により

$$\forall\varepsilon > 0 \ \ \exists n_\varepsilon > 0 \quad \text{s.t.}$$
$$n, m \geq n_\varepsilon \implies |a_n - a_m| \leq |a_n - a| + |a_m - a| < \varepsilon + \varepsilon = 2\varepsilon$$

がいえます．これで a_n が Cauchy 列であることがわかりました．

Cauchy 列の定義は最後が 2ε でなく $\varepsilon > 0$ でなければいけないのでは？という人がいるかもしれませんが，例題 5.2 でも注意したように $\varepsilon > 0$ は任意なのでこれでよいのです．

さて，問題の核心は，Cauchy 列が収束することを示すことで，これには

$$b_n = \inf\{a_n, a_{n+1}, \cdots\}, \qquad c_n = \sup\{a_n, a_{n+1}, \cdots\}$$

という二つの数列を補助に用います．明らかに b_n は単調増加，c_n は単調減少で，$b_n \leq c_n$ です．更に，Cauchy 列の定義から $\forall\varepsilon > 0$ に対し $\exists n_\varepsilon > 0$ を適当にとれば，$n, m \geq n_\varepsilon$ なら $|a_n - a_m| < \varepsilon$．他方 sup, inf の定義により

$$\exists n \geq n_\varepsilon \ \ \text{s.t.} \ \ a_n < b_{n_\varepsilon} + \varepsilon, \qquad \exists m \geq n_\varepsilon \ \ \text{s.t.} \ \ a_m > c_{n_\varepsilon} - \varepsilon.$$
$$\therefore \ \ c_{n_\varepsilon} - b_{n_\varepsilon} < a_m - a_n + 2\varepsilon < 3\varepsilon.$$

従って $[b_n, c_n]$ は区間の縮小列となり，区間縮小法により，全体がある極限 c に収束します．従ってその中に含まれる a_n も同じ値 c に収束します．

【部分列】 数列 a_n の部分列とは，a_n から一部を抜きだして作った数列のことです．無限個抜き出さなければいけません．数学的に厳密に書けば，狭義単調増加する自然数の列 n_k，$k = 1, 2, \cdots$ が有って，$b_k = a_{n_k}$ となっているような数列 $\{b_k\}_{k=1}^{\infty}$ のことです．

部分列に関して特に重要な主張は次の定理です：

定理 5.2 **(Bolzano-Weierstrass の定理)** 実数の有界列 a_n は必ず収束部分列を含む．

証明 $\forall a_n \in [A_1, B_1]$ としましょう．この区間を半分に割ると，そのどちらかは a_n を無限個含みます[2)]．それを $[A_2, B_2]$ としましょう．以下同様に

2) ここでちょっと注意が必要なのは，点集合ではなく数列を考えているので，たとい a_n がすべて同じ値であっても，番号が無限に繰り返されれば無限個とみなされるということである．

して，区間を半分に割りながら，a_n の点を無限に含む方を残してゆくと，またまた区間の縮小列が得られます．これの収束先を c としましょう．各 $[A_k, B_k]$ は a_n の点を無限に含んでいますから，そこから a_{n_k} を，既に選ばれたものよりは大きな番号をもつように，帰納的に順に選ぶことができます．こうして c に収束する部分列 a_{n_k} が見付かりました．

例題 5.3　数列 a_n は，それからどのように部分列を抜き出しても，その部分列は a に収束する部分列を必ず含む，という．このとき実は a_n 自身が a に収束していることを示せ．

この例題はかなり難解な主張です．わざと作ったような主張に見えるかも知れませんが，純粋数学ではしばしば極限の存在がこの形で初めて証明できることがあるのです．微積の教師として駆け出しの頃，この例題を演習でちゃんと証明したのに期末試験に出したら 100 人中 3 人しか正解が無かったことがありました．まだ大学生がよく勉強していたころの話です．できなかった人は全員，答案用紙の一角を真っ黒に塗りつぶすまで，収束を直接証明しようと実験をしていたようです．しかしこの直接的なアプローチでは，確からしいことにますます確信がもてるだけで，なかなか証明として記述できるに到れません．そういうときは背理法を使えばよいのです．

解答　もし a_n が a に収束していなければ，収束の定義の主張が成り立たない．従って，その否定命題が真となります．否定命題は

$$\exists \varepsilon > 0 \quad \text{s.t.} \quad \forall k \;\; \exists n \geq k \quad |a_n - a| \geq \varepsilon$$

となります．$\forall$ と $\exists$ は否定命題を作るとひっくり返ることに注意して下さい．これから，ε をこのように固定したとき，正無限大に向かう数列 n_k，$k = 1, 2, \cdots$ があり，a_{n_k} はすべて

$$|a_{n_k} - a| \geq \varepsilon$$

を満たすことがわかります．$\{a_{n_k}\}$ はもとの数列の一つの部分列ですが，そこから更に部分列をどのように選んでも a に近づくものはとれません．つまり定理の仮定に反しました．よって証明完了です．□

上の証明でわかるように，この種の論法で最も難解なところは，限定子 $\forall$ や $\exists$ を含んだ命題の取り扱い，特に，否定命題を作る操作です．そこで少し練習問題を出しておきましょう．

練習問題 5.1 次の論理式は真か偽か？ただし現れる変数の値は実数に限られるものとする．

1) $\forall x \quad x(x+1) > 0$ 2) $\exists x \quad x(x+1) > 0$

3) $\forall x\ \exists y \quad y > x^2$ 4) $\exists y\ \forall x \quad y > -x^2$

練習問題 5.2 次の命題の否定命題を作れ．それぞれできた命題は正しいか？

1) $\forall x\ \exists y \quad y > x^2$ 2) $\exists y\ \forall x \quad y > x^2$

【実数の連続性公理の同値性】 今まで実数の連続性を表現する命題をいくつか紹介してきました．ここで，第 1 章で名前だけ紹介した最後の一つを紹介しましょう．実数直線をどんなに鋭利な包丁で切っても必ず点にぶつかってしまうという主張の数学的定式化です．

次の条件を満たす実数の部分集合の対 (A, B) を**実数の切断**といいます．

i) $A \cap B = \emptyset$, ii) $A \cup B = \boldsymbol{R}$, iii) $\forall x \in A, \quad \forall y \in B \quad x < y$.

A をこの切断の**下組**，B を**上組**と呼びます．このとき

定理 5.3 **(Dedekind の切断)** 実数の切断があるとき，下組に最大限が存在するか，上組に最小元が存在するかのいずれかが必ず成り立つ．

さて，以上に出てきた実数の連続性に関連した諸命題

a) 有界単調列の収束 (上に有界な単調増加数列は収束する).
b) 区間縮小法 (長さが 0 に近づく区間の減少列はただ一点を共有する).
c) 上限の存在 (上に有界な実数の集合には上限が存在する).
d) 完備性 (Cauchy 列は収束する).
e) Bolzano-Weierstrass の定理 (有界列は収束部分列を含む).
f) Dedekind の切断 (実数の切断は境目の数を確定する).

は実はすべて同値です．従ってこのうちのどれを連続性公理として採用しても

同じ実数論を (従って微分積分学を) 展開することができます．我々は第 1 章で a) を公理として採用して議論を進めてきました．そしてこの章で既に a) $\Rightarrow$ b) を導き，b) を用いて c)，d)，e) を証明しました．これらすべての同値性をいうには，順番に一つ手前のものから次のものを証明して最後に元に戻るのが効率的ですが，ここでは一番わかり易いと思われる区間縮小法を足場として使いました．Dedekind の切断定理も区間縮小法から簡単に証明できます (章末問題 9 参照)．論理の訓練としては，上の諸命題から任意に二つを取り出して，一方から他方を証明してみるのがいいでしょうが，みなさんもそんなに暇ではないでしょうから，ここでは f) から a) に戻れることだけを問題としておきます (章末問題 10)．

さて，第 1 章と第 4 章で Archimedes の性質というのを紹介しました．これは次の主張 1) のことでしたが，以下のように言い換えられます．

補題 5.4 **(Archimedes の性質)** 次の諸命題は同値である．

1) 任意の実数に対してそれより大きな自然数が存在する．
2) 数列 $\frac{1}{n}$ は 0 に収束する．
3) 有理数は実数の中で稠密に存在する．

証明 実際，$\frac{1}{n} \to 0$ とは，任意の実数 $\varepsilon > 0$ に対して n を十分大きくすれば

$$\frac{1}{n} < \varepsilon,$$

すなわち

$$n > \frac{1}{\varepsilon}$$

となることですから，1) と 2) の同値性がわかります．

1) $\Rightarrow$ 3) は第 1 章 1.2 節で実数の小数表現を作るときに詳しく論じました．

3) $\Rightarrow$ 1) も，もしすべての自然数より大きな実数 a が存在したら，a より大きな有理数は存在しなくなってしまい，従って $a+1$ の近所には有理数が一つも無くなってしまうことから容易にわかります． □

この一見当たり前な主張を今，わざわざ思い出した理由は，実は上でみんな

同値だといった実数の連続性を表す諸命題の中に，その表現方法によっては，この Archimedes の性質と一緒にしないと，他のものと同値にならないものがあるからです．ちょっとマニアックですが，b) と d) がそれです．b) の区間縮小法については，仮定の中の“区間の長さが 0 に近づく”というところを，“区間の長さが順に手前のものの半分以下になる”と表現しておけば，Archimedes の性質を含むようになります．実は上の議論ではすべてその形で使ったので，Archimedes の性質を仮定してしまっていたのでした．(一般の区間縮小列に対する主張の方が，長さが半分以下になるような特別な区間縮小列に対する主張よりも強そうに見えるのに，逆になるところが面白いですね．)

この意味で Archimedes の性質は Archimedes の公理と呼ばれることもあります．章末問題の 11 に，Archimedes の公理を満たさないが，第 1 章で述べた実数の公理のうちの連続性公理を除いたすべてのものと，上の命題 d) (完備性) とを満たす集合の例を与えておきます[3)]．

【有理数と無理数の多さ比べ】 第 1 章の始めの方で，“有理数の集合も，代数的無理数の集合も，自然数と同じ程度の量しかなく，実数のほとんどは超越数であって，それは自然数の集合よりも真に多い”ということを述べました．正の有理数の集合が自然数と一対一に対応付けられることは，自然数を

$$\frac{1}{1},\ \frac{1}{2},\ \frac{2}{1},\ \frac{1}{3},\ \frac{3}{1},\ \frac{1}{4},\ \frac{2}{3},\ \cdots$$

のように，“分子 + 分母”の値が小さい方から順に，(この値が同じものの中では，分子が小さい方から順に)，ただし，約分できて既に出て来たものと一致するものは省いて，並べてゆき，前の方から順に番号を振ることができることからわかります．代数的無理数，すなわち，整数係数の多項式の根となるような数も，係数の絶対値の和と次数で同様に並べることができます．このように，自然数と一対一対応が付く集合は無限集合といってもそう大きなものではなく，**可算無限**，あるいは**可付番** (denumerable) と呼ばれます．

これに対して，実数は本質的にこれより沢山あります．このことを最初に示し

[3)] 僕が初めて微積の講義をしたとき，解析概論に従って上の諸命題の同値性をすべて証明し終わったときに，学生の一人から，“Archimedes の公理が無いと同値でないものがある”と指摘されて立ち往生してしまいました．この例はそのとき必死に考え付いたものです．昔の大学生はすごかったですね．なお d) についても Cauchy 列の定義に出てくる ε を有理数，あるいは更に 10^{-N} に制限すれば Archimedes の公理を含むようになります．

たのは Cantor (カントル) です．こんなことばかり考えていたためという訳でもないでしょうが，彼は晩年を精神病院で過しました．$[0,1)$ 区間内の実数が自然数よりも真に沢山あることを彼は次のような論理で示しました：今，もし実数が自然数と同じだけしか無いとするとそれは一列に並べられる：$a_1, a_2, \cdots, a_n, \cdots$. そこで，各 a_n の小数表示 (ただし途中から 9 だけが並ぶ変則小数は用いない) を考えると

$$
\begin{aligned}
a_1 &= 0.a_{11}a_{12}\ldots a_{1n}\ldots \\
a_2 &= 0.a_{21}a_{22}\ldots a_{2n}\ldots \\
&\cdots\cdots\cdots \\
a_n &= 0.a_{n1}a_{n2}\ldots a_{nn}\ldots \\
&\cdots\cdots\cdots
\end{aligned}
$$

ここで，各 n について $b_n \neq a_{nn}$ なる b_n を (ただし途中からすべてが 9 となることはないように) 選んで

$$b = 0.b_1b_2\ldots b_n\ldots$$

という実数を考えると，これは確かに $[0,1)$ 内の実数ですが，上の表に洩れています．だって，もしこれが a_n と等しいとすると小数表示の n 桁目が異なっているからです．これは矛盾ですね．これを **Cantor の対角線論法**といいます．科学者が人類に遺産として残してくれたものはいろいろありますが，このように新しい論法というのも遺産の一つです．対角線論法はここで用いたよりも建設的に解析学の基礎で使われています．

練習問題 5.3　有理数の全部に番号を振る方法を説明しましたが，この番号付けは有理数本来の大小関係とは無縁です．では，$[0,1]$ 区間の有理数全部に，有理数の大小関係と整合するように番号を振ることができるでしょうか？

5.3　級数の収束判定再論 (^^)

この節では級数の収束に関する理論的な話題を補っておきます．

【絶対収束と条件収束】　まず，第 1 章で定義だけ紹介した絶対収束と条件収束の違いを再吟味しましょう．

定理 5.5　1) 無限級数 $S = \sum_{n=1}^{\infty} a_n$ が絶対収束するための必要かつ十分な条件は，正の項だけを集めた級数 $S_+ = \sum_{a_n>0}^{\infty} a_n$，負の項だけを (符号を変えて) 集めた級数 $S_- = \sum_{a_n<0}^{\infty} (-a_n)$ がそれぞれ独立に収束することである．このとき，

$$S = S_+ - S_-, \qquad \sum_{n=1}^{\infty} |a_n| = S_+ + S_-$$

が成り立つ．また元の級数の和の値は項の順序をどのように入れ替えても不変である．
2) 無限級数 $S = \sum_{n=1}^{\infty} a_n$ が条件収束していれば，正の項だけを集めた級数，負の項だけを集めた級数はともに無限大に発散する．また級数の項の順序を適当に入れ替えることにより，和の値が予め指定された任意の実数になるようにできる．

証明　正の項だけを集めた級数，負の項だけを (符号を変えて) 集めた級数の項に番号を振り直したものをそれぞれ $b_n > 0$，$c_n > 0$ と置きます．級数が絶対収束していれば，二つの正項級数

$$\sum_{n=1}^{\infty} b_n \leq \sum_{n=1}^{\infty} |a_n|, \qquad \sum_{n=1}^{\infty} c_n \leq \sum_{n=1}^{\infty} |a_n|$$

がそれぞれ収束することは明らかです．このとき，$\forall\varepsilon > 0$ に対し，$n_\varepsilon > 0$ を

$$n \geq n_\varepsilon \quad \Longrightarrow \quad \left| S_+ - \sum_{k=1}^{n} b_k \right| < \varepsilon, \quad \left| S_- - \sum_{k=1}^{n} c_k \right| < \varepsilon$$

となるように選んでおけば，どのように並べ替えられた級数 $\sum_{n=1}^{\infty} a'_n$ に対しても，n'_ε を十分大きく選んで，この番号までに $b_1, \cdots, b_{n_\varepsilon}$，$c_1, \cdots, c_{n_\varepsilon}$ がすべて現れるようにすれば，$n \geq n'_\varepsilon$ のとき

$$\left| S_+ - S_- - \sum_{k=1}^{n} a'_k \right| \leq \left| S_+ - \sum_{k=1}^{n_\varepsilon} b_k \right| + \left| S_- - \sum_{k=1}^{n_\varepsilon} c_k \right| + \sum_{k>n_\varepsilon} (b_k + c_k) \leq 4\varepsilon$$

となり，部分和が常に一定値 $S_+ - S_-$ に収束することがわかります．絶対値を付けた方についても同様です．そのことから，逆の主張も得られます．

2) とにかく級数は収束しているので，収束の必要条件 $a_n \to 0$ は成り立っています．しかし絶対収束しないのだから，1) により正の項の和，負の項の和のどちらかは発散しています．しかし，片方だけが有限だと，上の論法から容易にわかるように，元の級数自身が発散する方に引きずられて $+\infty$ あるいは $-\infty$ になってしまいます．よって，ともに発散しています．今，勝手に与えられた実数 s に対し，まず正の項を和が s より大きくなるまで加え，初めて s を越えたところで止めます．例えば

$$b_1 + \cdots + b_{n_1 - 1} \le s, \qquad b_1 + \cdots + b_{n_1} > s$$

とします．次にここから，負の項を引いてゆき，それまでの総和が最初に s より小さくなったところで止めます．例えば

$$b_1 + \cdots + b_{n_1} - c_1 - \cdots - c_{n_2 - 1} \ge s, \quad b_1 + \cdots + b_n - c_1 - \cdots - c_{n_2} < s.$$

次はまた正の項を加えてゆき，初めて s を越えたところで再び引き算に変えます．この操作を繰り返して，

$$b_1 + \cdots - c_1 - \cdots + b_{n_{2k-1}-1} \le s < b_1 + \cdots - c_1 - \cdots + b_{n_{2k-1}},$$
$$b_1 + \cdots - c_1 - \cdots - c_{n_{2k}-1} \ge s > b_1 + \cdots - c_1 - \cdots - c_{n_{2k}}$$

という条件で添え字の列 n_k を定め，この順でもとの級数の対応する項を加えると，まず，項の順番は変わりますが，元の級数の項を全部使いきっていることがわかります．それは，正の項だけ，及び負の項だけの和が発散しているので，各操作が有限項で必ず停止するため，加えっ放しになったり，引きっ放しになったりする恐れが無いからです．このようにして得られた級数は s に収束します．実際，上の式から，$c_{n_{2k-2}}$ を引き終わった後から $b_{n_{2k-1}}$ を加え終わるまでの級数の部分和 s_n は $s - c_{n_{2k-2}} < s_n < s + b_{n_{2k-1}}$ を満たしており，同様に，$b_{n_{2k-1}}$ を加え終わった後から $c_{n_{2k}}$ を引き終わるまでの級数の部分和 s_n は $s - c_{n_{2k}} < s_n < s + b_{n_{2k-1}}$ を満たしていることがわかるので，$b_n \to 0$, $c_n \to 0$ より部分和の s への収束が結論されます．□

級数に関する理論的な練習問題を二三挙げておきましょう．

■練習問題 5.4　級数 $\sum_{n=1}^{\infty} a_n$ が収束しているとき，次の級数は収束するか？

1) $\displaystyle\sum_{n=1}^{\infty} a_n^2$　　2) $\displaystyle\sum_{n=1}^{\infty} a_n^3$　　3) $\displaystyle\sum_{n=1}^{\infty} a_n^n$

■練習問題 5.5　級数 $\sum_{n=1}^{\infty} a_n$ が収束しているとき，正無限大に発散する数列 b_n で $\sum_{n=1}^{\infty} a_n b_n$ がまだ収束するようなものが必ず存在することを示せ．

【D'Alembert の判定法】 話を少し具体的な問題に戻しましょう．級数の収束判定法は理論的にも実用的にも非常に重要なので，次にその主なものを補っておきます．ただし，注意しておかなければならないのは，高級な判定法を丸覚えにして，いつのまにか記憶が狂ってしまい，逆の判定を出してしまうということの無いように，基本を忘れないことです．例えば，級数が収束するためには加える項 a_n は次第に小さくなることが是非とも必要なのに，後述の D'Alembert (ダランベール) の判定法の分母と分子を取り違えて，それと矛盾する結果を答えて平気でいたり，

$$\sqrt{17} = \sqrt{1+16} = 1 + \frac{1}{2}\cdot 16 - \frac{1}{2}\cdot\frac{1}{2}\cdot 16^2 + \cdots$$

という“近似式”を平気で書いたり，ということの無いようにしたいものです．;_;

さて，収束判定の基本は，収束がわかっている級数との比較です．比較に用いる実例は多ければ多いほどよいに越したことはありませんが，等比級数くらいは忘れてはいけません．高校生でも知っているように，等比級数

$$\sum_{n=0}^{\infty} r^n$$

は $0 \le r < 1$ のとき収束します．各項を一定の定数 C 倍しても同じです．また，有限個の項を変更しても収束・発散には影響しません．よって $\exists C > 0$ と $0 \le \exists r < 1$ についてある番号から先のすべての n について $|a_n| \le Cr^n$ を満たすような一般項をもつ級数

$$\sum_{n=1}^{\infty} a_n \tag{5.2}$$

は絶対収束します．逆に $\exists C > 0$ と $\exists r \geq 1$ について $|a_n| \geq Cr^n$ が無限に多くの番号 n について成り立つようなら，一般項が 0 に近づくという必要条件が満たされないので，等比級数をもち出すまでもなく，上の級数は発散します．

この単純な比較から，級数の収束判定に関する有名な二つの定理が得られます．まず最初は

定理 5.6　**(D'Alembert の判定法)**　$0 \leq \exists r < 1$ により，ある番号から先のすべての n について $\left|\frac{a_{n+1}}{a_n}\right| \leq r$ となるなら，級数 (5.2) は絶対収束する．逆に，$\exists r \geq 1$ に対し，ある番号から先のすべての n について $\left|\frac{a_{n+1}}{a_n}\right| \geq r$ となるなら，級数 (5.2) は発散する．

証明　有限個の項は問題にならないので，$|a_{n+1}/a_n| \leq r$ がすべての n について成り立っているとしても構いません．このとき

$$a_{n+1} = \frac{a_{n+1}}{a_n} \cdot \frac{a_n}{a_{n-1}} \cdots \frac{a_2}{a_1} \cdot a_1 \tag{5.3}$$

ですから

$$|a_{n+1}| \leq r \cdot r \cdots r \cdot |a_1| = r^n |a_1|.$$

よって上の考察により級数 (5.2) は収束します．逆の方もすべての n について $|a_{n+1}/a_n| \geq r$ となっているものとすれば，(5.3) を使って同様に

$$|a_{n+1}| \geq r \cdot r \cdots r \cdot |a_1| = r^n |a_1|$$

だから発散します．□

普通は D'Alembert の定理は次のような，よりわかりやすい形で使います (結果はやや一般性を失います)．

系 5.7　$\displaystyle\lim_{n\to\infty}\left|\frac{a_{n+1}}{a_n}\right| < 1$ なら，級数 (5.2) は絶対収束する．逆に，$\displaystyle\lim_{n\to\infty}\left|\frac{a_{n+1}}{a_n}\right| > 1$ なら，級数 (5.2) は発散する．

$\displaystyle\lim_{n\to\infty}\left|\frac{a_{n+1}}{a_n}\right| = 1$ のときは何ともいえません．例えば，$\displaystyle\sum_{n=1}^{\infty} \frac{1}{n^2}$ は収束で，$\displaystyle\sum_{n=1}^{\infty} \frac{1}{n}$

は発散ですが，どちらも $\lim_{n\to\infty}\left|\frac{a_{n+1}}{a_n}\right|=1$ です．これらの例については元の定理の方も無力です．実はこれらの例は級数の一般論にとってはかなり微妙なものなのです．

D'Alembert の判定法はすべての a_n が規則正しく n に依存している場合を想定しているので，二つの数列が混ざったような場合は苦手です．例えば

$$n \text{ が偶数のとき } a_n=\frac{1}{2^n}, \qquad n \text{ が奇数のとき } a_n=\frac{1}{3^n} \tag{5.4}$$

という一般項をもつ級数は，収束する二つの級数が混ざっただけなので明らかに収束しますが，$\frac{a_{n+1}}{a_n}$ は n が偶数のとき 0 に近づき，n が奇数のときはいくらでも大きくなります．このようなものはそのまま扱うのではなく，適当に分解して判定すればよいのです．丸覚えはいけません．

【上極限と Cauchy の判定法】 次はもう少し微妙な結果で，上極限という新しい概念を使うので，まずその勉強から始めましょう．

一般に数列 $\{c_n\}$ が与えられたとき，記号

$$\overline{\lim_{n\to\infty}}\, c_n, \qquad \text{あるいは} \qquad \limsup_{n\to\infty} c_n$$

は数列 $\{c_n\}$ の**上極限**と呼ばれるもので，

- 数列 $\{c_n\}$ が収束していれば，その極限を
- 数列 $\{c_n\}$ が収束していなければ，その部分列で極限が確定するようなものの極限値のうちの最大のものを

表します．例えば，

$$\overline{\lim_{n\to\infty}}\,(-1)^n=1, \qquad \overline{\lim_{n\to\infty}}\left\{(-1)^n+\frac{1}{n}\right\}=1.$$

ただし，数列が上に有界でないときは，上極限を $+\infty$ と定めます．例えば

$$\overline{\lim_{n\to\infty}}\,(-1)^n n=+\infty$$

$+\infty$ は数列の極限値とか収束値には入れませんので，$+\infty$ のときには上の表現は厳密には少し修正しなければなりません．これは $\lim_{n\to\infty} c_n=+\infty$ を収束ではなく“正無限大に発散する”と呼んだことを思い出せば適当な書き換えが可能でしょうから，ここでは詳しくは述べません．数学的にはもう一つ，数列全

体が $-\infty$ に発散している場合というのがあり，このときの上極限は $-\infty$ です．

もっと微妙な例として $c_n = \sin n$ という数列を考えましょう．π が無理数ということから $n \bmod 2\pi$ は区間 $[0, 2\pi]$ のどんな値 x に対しても，そのいくらでも近くに何度も戻ってくることが示せます．(これは厳密に証明するのは大変ですが，直観的には納得できるでしょう．) 従って，$\sin n$ の値は $\forall x \in [-1, 1]$ と $\forall \varepsilon > 0$ に対しても，x の ε-近傍，すなわち開区間 $(x-\varepsilon, x+\varepsilon)$ の中に何度でも戻ってきます．このことから $\varlimsup_{n\to\infty} \sin n = 1$ であることがわかります．厳密にいうには，順に大きくなってゆく数列 n_k を

$$1 - \frac{1}{2^k} < \sin n_k < 1$$

となるように選び，部分列 $\{\sin n_k\}_{k=1}^{\infty}$ を取れば 1 に収束するものが得られます．(このような列 n_k の存在については第 2 章の練習問題 2.7 3) を参照して下さい．)

上に述べた上極限の定義はわかり易いのですが，厳密な議論に使うには次のような言い換えの方が便利です．

補題 5.8 $\mu = \varlimsup_{n\to\infty} c_n$ は，次の二条件で定まる数である：

i) $\forall \varepsilon > 0$ に対し $c_n > \mu + \varepsilon$ なる番号は高々有限個しかない．

ii) $\forall \varepsilon > 0$ に対し $c_n > \mu - \varepsilon$ なる番号は無限個存在する．

ただし，上極限が $+\infty$ のときは，i) と ii) は

ii′) $\forall R$ に対し $c_n > R$ なる番号が無限個存在する．

という一つの条件になります．また，上極限が $-\infty$ のときは

ii″) $\forall R$ に対し $c_n > R$ なる番号は高々有限個しか存在しない．

となります．始めに述べた意味での上極限 μ がこれらの性質をもつことは次のようにしてわかります．すなわち，もし i) が成り立たなければ，$\exists \varepsilon > 0$ について $c_n > \mu + \varepsilon$ なる番号が無限に存在することになりますが，このときそれらから適当に部分列を引き抜けば，収束するか，あるいは $+\infty$ に発散するものが作れます．このときの収束先は $\mu + \varepsilon$ より小さくはなりませんから，これは μ が部分列の収束先のうちで最大のものであったことに反します．同様に，もし

ii) が成り立たなければ，$\exists\varepsilon > 0$ について $c_n > \mu - \varepsilon$ なる番号が高々有限個になってしまいますが，それでは無限数列が作れませんから，μ に収束する部分列など無かったことになり矛盾です．逆に，上の i) と ii) を満たす μ が見つかったら，それは最初に述べた意味での上極限になっていることも容易に示せます．□

補題に述べたような数 μ の存在証明は区間縮小法で容易に示せます．$\pm\infty$ のときは易しいので別にして，$\exists L_1, M_1$ s.t. $a_n > L_1$ なる番号は無限に存在し，また $a_n > M_1$ なる番号は高々有限個である，と仮定しましょう．中点 $m = (L_1 + M_1)/2$ を考え，もし $a_n > m$ なる番号が無限に存在すれば，$L_2 = m$，$M_2 = M_1$ と置きます．逆に $a_n > m$ なる番号が高々有限個しか無ければ，$L_2 = L_1$，$M_2 = m$ と置きます．こうして区間の縮小列 $[L_k, M_k]$ が得られましたが，これらの共通点として定まる μ は明らかに補題の条件を満たします．

上極限は最初の定義の方が直観的にはわかりやすいかもしれませんが，収束部分列の極限のうちで最大のものといっても，最大元はいつでも存在するとは限らないので，この主張も自明ではありません．

以上の準備の下に次の定理が得られます．

定理 5.9 **(Cauchy の判定法)** $r = \varlimsup_{n\to\infty} \sqrt[n]{|a_n|} < 1$ なら，級数 (5.2) は絶対収束する．逆に，$r > 1$ なら，級数 (5.2) は発散する．

証明　上極限の性質の i) により，$\forall\varepsilon > 0$ に対し，番号 $n_\varepsilon > 0$ を有限個の例外がはずれるように十分大きく選べば，$n \geq n_\varepsilon$ について $\sqrt[n]{|a_n|} \leq r + \varepsilon$ となる．$r + \varepsilon < 1$ がまだ成り立つように $\varepsilon > 0$ を十分小さく選んでおけば，これから $|a_n| \leq (r + \varepsilon)^n$ と先の方の一般項が収束する等比級数のそれで抑えられることがわかり，従って級数は収束する．逆の方は，上極限の性質の ii) により，$\forall\varepsilon > 0$ に対して $\sqrt[n]{|a_n|} \geq r - \varepsilon$ となる番号が無数に存在する．よって $\varepsilon > 0$ を十分小さく選んで $r - \varepsilon \geq 1$ としておけば，$|a_n| \geq (r - \varepsilon)^n \geq 1$ なる番号が無数に存在することとなり，この級数の一般項は 0 に収束しないので，級数は発散する．□

この定理は先に挙げた例 (5.4) もカバーしています．(だから使えと勧めているわけではありません．実用的にはやはり二つに分けて考察するのが最良です．) しかし $\sum_{n=1}^{\infty} \frac{1}{n^2}$ と $\sum_{n=1}^{\infty} \frac{1}{n}$ の例にはやはり無力です．これらの収束・発散を判定できるよう，上記諸定理を改良した結果もいくつか知られていますが，実用的には，第 4 章の広義積分のところで述べたように，級数よりも評価のし易い，広義積分と比較する方が得策です．

上極限の概念は連続変数に関する極限にも拡張されます．次の補題でそれが特徴づけられます:

補題 5.10 連続変数 x の関数 $f(x)$ に関連して定まる次の量は一致する:

1) $x_n \to a$ なる列に対応する数列 $f(x_n)$ の極限となり得る数のうちで最大のもの μ.

2) 次の二条件を満たす数 μ:

i) $\forall\varepsilon > 0\ \exists\delta > 0 \quad \text{s.t.}\ \ 0 < |x - a| < \delta \Longrightarrow f(x) \leq \mu + \varepsilon$.

ii) $\forall\varepsilon > 0\ \forall\delta > 0\ \exists x \quad \text{s.t.}\ \ 0 < |x - a| < \delta$ かつ $f(x) > \mu - \varepsilon$.

2) の ii) ではこのような x が無限個とはいっていませんが，$0 < |x - a| < \delta$ という条件が付いているので，結局は無限個存在することになります．

下極限というものも同様に定義できます．記号は，数列の場合で書けば

$$\varliminf_{n\to\infty} c_n, \qquad \text{あるいは} \qquad \liminf_{n\to\infty} c_n$$

です．下極限についても，下限と同様，符号を変えて上極限の議論にもち込むことができます：

$$\varliminf_{n\to\infty} c_n = -\varlimsup_{n\to\infty}(-c_n) \tag{5.5}$$

次の主張は現れる諸量の定義をきちんと書いてみれば殆んど明らかです．

補題 5.11 数列が収束するためには，上極限と下極限が (有限な値で) 一致することが必要かつ十分である．

■練習問題 5.6 上極限の定義にならって下極限の定義を作り，補題 5.8 と同様の言い換えを与えよ．また補題 5.11 を証明せよ．

下極限の概念も連続変数に対して定義されます．補題 5.10 に相当することも成り立ちます．これらの概念は上手に使うと厳密な推論の労力を省くのに大変便利です．例えば，5.1 節で ε-δ 論法を使って厳密な証明を与えた定理 3.5 の証明を振り返ってみましょう．第 3 章における論法では，極限の存在が予めわかっていない状態で (3.19) から (3.20) を書くことはできなかったのでしたが，極限記号の代わりに上極限・下極限を使えば，それぞれ (3.20) に相当する不等式を満たすことがわかりますから，$\varepsilon > 0$ が任意なことから両者が一致し，従って極限も存在することが結論されます．

■練習問題 5.7 上極限に関する次の主張の中で正しいものはどれか？ただし，数列 a_n，b_n はともに有界とする．

1) $\overline{\lim_{n\to\infty}}(a_n + b_n) = \overline{\lim_{n\to\infty}}\, a_n + \overline{\lim_{n\to\infty}}\, b_n$.
2) $\overline{\lim_{n\to\infty}}\, a_n b_n = \overline{\lim_{n\to\infty}}\, a_n\, \overline{\lim_{n\to\infty}}\, b_n$.
3) a_n が収束するとき $\overline{\lim_{n\to\infty}}\, a_n b_n = \lim_{n\to\infty} a_n\, \overline{\lim_{n\to\infty}}\, b_n$.

【Abel の級数変形法】 これは部分積分の離散版に相当する級数の計算法です．高校で階差数列というのを習いましたが，今それに

$$\Delta a_n = a_{n+1} - a_n$$

という記号を当てはめましょう．すると

$$\sum_{n=1}^{N} \Delta a_n \cdot b_n = a_{N+1}b_N - a_1 b_1 - \sum_{n=2}^{N} a_n \Delta b_{n-1}. \tag{5.6}$$

実際，

$$\begin{aligned}
\text{左辺} &= \sum_{n=1}^{N}(a_{n+1} - a_n)\cdot b_n \\
&= \sum_{n=1}^{N} a_{n+1}\cdot b_n - \sum_{n=1}^{N} a_n \cdot b_n \\
&= a_{N+1}b_N + \sum_{n=2}^{N} a_n \cdot b_{n-1} - \sum_{n=1}^{N} a_n \cdot b_n
\end{aligned}$$

$$= a_{N+1}b_N - a_1b_1 - \sum_{n=2}^{N} a_n \cdot (b_n - b_{n-1})$$
$$= \text{右辺}.$$

(5.6) を公式として覚えようなどと思わないで下さい．この変形法自身を記憶しておくのです．

例題 5.4 級数 $\sum_{n=1}^{\infty} a_n$ は部分和が有界列となるようなものとし，また $b_n \searrow 0$ とする．このとき，級数 $\sum_{n=1}^{\infty} a_n b_n$ は収束することを示せ (Dirichlet の判定法)．

解答 今度は部分和 $s_n = \sum_{k=1}^{n} a_k$ の記号を用いて Abel の級数変形法を使ってみましょう．$s_0 = 0$ と規約して

$$\sum_{n=1}^{N} a_n b_n = \sum_{n=1}^{N}(s_n - s_{n-1})b_n = \sum_{n=1}^{N} s_n b_n - \sum_{n=1}^{N} s_{n-1}b_n$$
$$= \sum_{n=1}^{N} s_n b_n - \sum_{n=1}^{N-1} s_n b_{n+1} = s_N b_N + \sum_{n=1}^{N-1} s_n(b_n - b_{n+1}).$$

ここで，仮定により定数 $M > 0$ が存在して $|s_n| \leq M$，よって最終辺の第 1 項は b_n に対する仮定により 0 に収束します．また最後の級数は収束していることが Cauchy の判定法からわかります:

$$\left|\sum_{k=N}^{N+p} s_n(b_n - b_{n+1})\right| \leq M \sum_{k=N}^{N+p}(b_n - b_{n+1}) = M(b_N - b_{N+p}) \to 0 \qquad (N \to \infty).$$

ここで b_n の単調性から来る性質 $b_n - b_{n+1} \geq 0$ が有効に使われていることに注意しましょう．□

■練習問題 5.8 次の無限級数の収束・発散を判定せよ．収束するものについては絶対収束するかどうかも述べよ．

1) $\displaystyle\sum_{n=1}^{\infty} \frac{(-1)^{n-1}}{\sqrt{n}}$ 2) $\displaystyle\sum_{n=1}^{\infty} \log\left(1 + \frac{1}{n}\right)$ 3) $\displaystyle\sum_{n=1}^{\infty} \frac{1}{n^{1+1/n}}$

4) $\displaystyle\sum_{n=2}^{\infty} \frac{1}{(\log n)^{\log n}}$ 5) $\displaystyle\sum_{n=1}^{\infty} \left(1 - \frac{1}{n}\right)^{n^2}$ 6) $\displaystyle\sum_{n=1}^{\infty} \frac{\sin n}{n}$

5.4 連続関数の性質再論 (^^)

この章の最後は，今まで証明を延ばして来た連続関数の深い性質に対する厳密な議論を補います．特に，一様連続性を詳しく取り上げます．

【一様連続性】 関数 $f(x)$ がある定義域 D の上で**一様連続**であるとは，$\forall\varepsilon > 0$ に対し，$\delta > 0$ を適当に選ぶと，$x, y \in D$ が何であっても $|x-y| < \delta$ でありさえすれば $|f(x) - f(y)| < \varepsilon$ とできる，というものです．記号で一息に書くと

$$\forall\varepsilon > 0 \;\; \exists\delta > 0 \quad \text{s.t.} \quad \forall x, y \in D \;\; |x-y| < \delta \implies |f(x) - f(y)| < \varepsilon. \tag{5.7}$$

これに対して，関数 $f(x)$ が定義域 D の各点 x で連続というのを同じように記号で一息に書くと

$$\forall x \in D \, \forall\varepsilon > 0 \;\; \exists\delta > 0 \quad \text{s.t.} \quad \forall y \in D \;\; |x-y| < \delta \implies |f(x) - f(y)| < \varepsilon. \tag{5.8}$$

この二つの違いは何でしょうか？後の方では，x を止めて議論すればいいので，δ は x に依存しても構いません．与えられた ε に対して δ をどのくらいにとれば最後の結論

$$|f(x) - f(y)| < \varepsilon$$

を成り立たせることができるか，が f の連続性の度合を表すのですから，上の方の δ が x に依らずに取れるという主張は，すなわちこの度合が考える点 x に依らないことを意味します．一様連続という名前はここから来ているのです．

こういう一様性がどういうときに必要になるかといえば，誤差を定義域に渡って加え合わせたものがやっぱり小さい，というような場合で，連続関数に対する Riemann 近似和の収束はまさにその典型的な使い途です．(それしか無いという意見もありますが．(^^;)

上の二つ (5.7)–(5.8) は限定詞の付いた句の場所を移動すると全体の意味が変わってしまうような例の一つとなっていますね．論理のきらいな人は，こういうのを見ただけで逃げ出したくなるでしょうが，実は次の定理により，有界閉区間で考える限り，この二種類の連続性を区別する必要が無いのです：

定理 5.12　有界閉区間の上で連続な関数は，そこで一様連続である．

証明　$D = [a, b]$ を有界閉区間としましょう．今，与えられたある $\varepsilon > 0$ に対しては，$\delta > 0$ をどんなに小さく選んでも (5.7) が成り立たないと仮定すると，特に $\delta = 1/n$，$n = 1, 2, \cdots$ に対して

$$|x_n - y_n| < \frac{1}{n} \quad \text{であるにも拘らず} \quad |f(x_n) - f(y_n)| \geq \varepsilon$$

なる点対の列 $x_n, y_n \in D$ が取れます．Bolzano(ボルツァーノ)-Weierstrass (ワイヤストラス) の定理により，$\{x_n\}$ は収束部分列をもちますが，話を簡単にするため，それ自身が収束するとしても一般性を失わないでしょう．D は閉区間なので，収束先 a は D の点ですが，このとき選び方から明らかに $\{y_n\}$ も a に収束します．f は a でも連続ですから，δ をこの点での f の連続性の度合に応じて十分小さく選べば，

$$\forall x \in D \quad |x - a| < \delta \implies |f(x) - f(a)| < \frac{\varepsilon}{2}$$

とできます．(右辺を ε でなく $\varepsilon/2$ とした理由はすぐ後でわかります．) n が十分大きければ x_n，y_n ともに区間 $|x - a| < \delta$ の中に入ってしまうので，そのような番号に対しては

$$\begin{aligned} |f(x_n) - f(y_n)| &\leq |f(x_n) - f(a)| + |f(y_n) - f(a)| \\ &< \frac{\varepsilon}{2} + \frac{\varepsilon}{2} \\ &= \varepsilon \end{aligned}$$

となり，x_n, y_n の選び方に矛盾します．□

【連続性による延長】　一様連続性の概念は，連続関数を延長する (定義域を拡張する) のにも使われます．第 2 章の最後の節で，a^x の定義を x が有理数のときの定義から，一般の実数 x に拡張しました．このような拡張は普通単に “連続性による延長” といっていますが，厳密には関数 f が有理数の上で連続なだけでは実数全体まで拡張できません．第 2 章では a^x の単調性を用いてこれを処理しましたが，一般的には次の定理が厳密な答です：

定理 5.13　実数の区間 D 内の稠密な部分集合 E の上で定義された関数 f は E の上で一様連続とする．すなわち

$$\forall\varepsilon>0\ \exists\delta>0\ \text{ s.t. }\ x,y\in E,\ |x-y|<\delta\ \Longrightarrow\ |f(x)-f(y)|<\varepsilon. \tag{5.9}$$

このとき f は D 上の一様連続関数まで一意的に拡張できる．

上の一様連続性の定義が前と異なっている点は，取り敢えずは x，y を D からではなく E からしか取れないという点だけです．稠密という言葉は第 1 章で有理数が実数全体の中に沢山あることを表現するのに使いましたが，一般には D の任意の点が E の点より成る列の極限となるとき，E は D 内で**稠密**というのです．すると，$x\in D\setminus E$ に対して $f(x)$ の値を定義するには，$x_n\in E$ を $x_n\to x$ となるように選んで，

$$f(x)=\lim_{n\to\infty}f(x_n)$$

とするしか無いわけですが，次に示す補題により $\{f(x_n)\}$ が Cauchy 数列となることがわかるので，必ず収束し，この定義がうまくゆくのです．確認しなくてはいけないのは $f(x)$ の値が近似列 x_n の選び方に依らないことですが，それは x に二つの近似列があったら，それらを交互に混ぜ合わせたものも x の近似列で，それに対する f の値も一定の値に収束することから直ちにわかります．最後に，こうして拡張された f も一様連続であることは $\forall x,y\in D$ を条件 (5.9) に出て来る δ を用いて $|x-y|<\delta/2$ くらいにとっておけば，E の点による x，y の近似列 x_n，y_n をとったとき，十分大きな番号 n,m について

$$|x_n-y_n|\le|x-y|+|x-x_n|+|y-y_n|<\delta.$$

従って仮定により

$$|f(x_n)-f(y_n)|<\varepsilon$$

が成り立つので，極限に行って

$$|f(x)-f(y)|\le\varepsilon.$$

最後のところに等号が付いてしまうのはやむをえませんが，$\varepsilon>0$ は任意なので，これで一様連続性はいえています．(気になる人は，条件 (5.9) の結論が $\varepsilon/2$ で成り立つような δ に対して上の議論を実行すれば，最後の結論が $|f(x)-f(y)|\le\varepsilon/2<\varepsilon$ とできますね．) □

補題 5.14　実数の部分集合 E 上で定義された関数 f がそこで一様連続なら，f は E の任意の Cauchy 列を Cauchy 列に写す．E が有界集合なら逆も成り立つ．

一様連続の条件 (5.9) から，x_n が Cauchy 列のとき $f(x_n)$ も Cauchy 列となることが次のようにしてわかります：$\forall\varepsilon > 0$ に対し，まず f の一様連続性を用いて $\delta > 0$ を (5.9) が成り立つように選びます．次に，x_n が Cauchy 列であることを用いて，この δ に対して番号 n_δ を十分大きく選んで $n, m \geq n_\delta$ なら $|x_n - x_m| < \delta$ となるようにします．このとき $n, m \geq n_\delta$ なら

$$|f(x_n) - f(x_m)| < \varepsilon$$

が成り立つことは明らかです．n_δ は添え字が δ ですが，結局は ε から決まっていることに注意しましょう．

逆に f が任意の Cauchy 列を Cauchy 列に写すとき一様連続となることをいうには，背理法を使います．もし f が一様連続でないと，一様連続の条件 (5.9) の否定命題が成り立つので，ある $\varepsilon > 0$ に対しては E の点列 x_n，y_n で $|x_n - y_n| \to 0$ となるにも拘ず $|f(x_n) - f(y_n)| \geq \varepsilon$ となるものが存在することになります．E が有界だと Bolzano-Weierstrass の定理により x_n は収束部分列をもちます．今簡単のため x_n 自身が収束するとしましょう．(ただし今は極限が E に属するかどうかは不明です．) このとき y_n も x_n と 同じ極限に収束し，従って二つを混ぜたものは E の Cauchy 列となりますから，仮定により f によるその像も Cauchy 列で，特に $f(x_n) - f(y_n) \to 0$ でなければなりません．これは矛盾です．□

逆の方は E が有界でないと必ずしも成立しません．例えば，$\boldsymbol{R}$ 全体で定義された関数 $f(x) = x^2$ は Cauchy 列を Cauchy 列に写しますが，$\boldsymbol{R}$ 全体では一様連続になりません．実際，

$$x_n = n + \frac{1}{n}, \qquad y_n = n$$

という数列のペアを考えると，$x_n - y_n \to 0$ であるにも拘ず $f(x_n) - f(y_n) \geq 2$ ですね．

■**練習問題 5.9**　有理数の上で定義された連続関数で，必ずしも実数全体まで連続関数として拡張できないものの例を挙げよ．

章 末 問 題

問題 1 $a_n \to 0$，$b_n \nearrow 0$ とする．

1) もし $\lim_{n\to\infty} \frac{a_{n+1}-a_n}{b_{n+1}-b_n}$ が存在すれば，$\lim_{n\to\infty} \frac{a_n}{b_n}$ も存在し，両者は等しいことを示せ．

2) 逆に $\lim_{n\to\infty} \frac{a_n}{b_n}$ が存在しても $\lim_{n\to\infty} \frac{a_{n+1}-a_n}{b_{n+1}-b_n}$ は存在すると限らないことを反例により示せ．

問題 2 数列 $\{a_n\}$ が $a_n \geq 0$ かつ $a_{n+2} \leq \frac{a_n+a_{n+1}}{2}$ を満たすときは，収束することを示せ．[ヒント：$b_n = \max\{a_n, a_{n+1}\}$ が単調減少列となることを示し，その極限を利用せよ.]

問題 3 α は負の整数ではないとするとき，正定数 $c, C > 0$ が存在して

$$cn^\alpha \leq \frac{|(\alpha+1)(\alpha+2)\cdots(\alpha+n)|}{n!} \leq Cn^\alpha$$

という不等式が成り立つことを示せ．

問題 4 $a_n > 0$ とし，$s_n = a_1 + \cdots + a_n$ と置くとき，級数 $\sum_{n=1}^{\infty} \frac{a_n}{s_n^2}$ は常に収束することを示せ．

問題 5 1) $0 \leq x < 1$ に対し，これを正則な二進小数 (即ち，あるところから 1 だけが無限に続くようなものは採用せず，一つ上の桁に 1 で繰り上げたものを採用する) に展開し，1 の並びの数を a_1，a_2，$\cdots$ とする．例えば，

$$0.1011101101111001110001101110\cdots$$

には

$$1, 3, 2, 4, 0, 3, 0, 0, 2, 3, \cdots$$

を対応させる．(0 が並んでいるところは，その間に 1 が 0 個並んでいるものとみなす．) この対応は $0 \leq x < 1$ なる実数の集合と 0 以上の整数よりなる数列の全体との間の一対一対応を与えることを示せ．

2) 上の対応を利用して，平面の正方形 $\{(x,y); 0 \leq x < 1, 0 \leq y < 1\}$ 内の点と数直線上の線分 $\{x; 0 \leq x < 1\}$ 内の点とが一対一に対応づけられることを示せ．[ヒント：二つの数列 $\{a_k\}$，$\{b_k\}$ から，混合数列 $a_1, b_1, a_2, b_2, \cdots$ を作れ.]

この問題は，2 次元の正方形と 1 次元の区間が “同じ個数の” 点からなっていることを示唆するものです．

問題 6 区間 $[0,1]$ 上のすべての連続関数の成す集合は，実数の集合よりもずっと巨大に思えるであろうが，実は一対一対応が付いてしまう．なぜか？ (具体的に一対一対応を定義するのは大変なので，実数の集合より多くはないことを示すだけでよい．)

問題 7 ◯ 実軸全体で定義された関数 f が $\forall x, y$ に対して $f(x+y)=f(x)+f(y)$ という関数等式を満たしているとする．

1) f が連続と仮定すれば，ある実数 c が存在して $f(x)=cx$ となることを示せ．

2) 連続の仮定をしないと，上の形の関数以外に無限に解が存在することを示せ．ただし，実数の集合 $\boldsymbol{R}$ を有理数体 $\boldsymbol{Q}$ 上の線形空間とみなしたときの基底 $\{\boldsymbol{e}_\lambda\}_{\lambda\in\Lambda}$ (いわゆる Hamel 基底)[4] の存在を仮定してよい．

問題 8 ◯ 1) 関数 $f(x)$ は上に有界で $x<y$ なる任意の x, y に対し $f(\frac{x+y}{2}) \le \frac{f(x)+f(y)}{2}$ を満たすとする．このとき f は $0<\lambda<1$ なる任意の λ に対し $f((1-\lambda)x+\lambda y) \le (1-\lambda)f(x)+\lambda f(y)$ を満たすことを示せ．

2) 上に有界という仮定を置かないと上の結論は必ずしも成り立たないことを反例により示せ．

問題 9 ◯ 区間縮小法 (と Archimedes の性質) を用いて Dedekind の切断定理を証明せよ．

問題 10 ◯ Dedekind の切断定理から有界単調列の収束定理を導け．

問題 11 ◯ 実数を係数とする形式的 Laurent 級数

$$\sum_{k=m}^{\infty} a_k x^k, \qquad m \in \boldsymbol{Z}, \quad a_k \in \boldsymbol{R}$$

の全体を $\boldsymbol{R}((x))$ と置く．(形式的とは，収束するかどうかにお構いなく，形式的な記号として取り扱うという意味である．) これらに，四則演算を自然に定義する．また，このような元が >0 とは，0 でない最初の (最小冪の) 係数 >0 と定義する[5]．このとき $\boldsymbol{R}((x))$ は実数の公理群 I，II を満たし (すなわち，順序体を成し)，完備性をもつ集合となるが Archimedes の公理は満たされないことを確かめよ．

---

[4] すなわち，実数の部分集合であって，その任意の有限個 $\boldsymbol{e}_{\lambda_1}, \cdots, \boldsymbol{e}_{\lambda_n}$ は $\boldsymbol{Q}$ 上一次独立，かつ，任意の実数はこれらの中の適当な有限個により $\boldsymbol{Q}$ 上の一次結合として表される，というようなもののこと．

[5] x は "無限小" と思うとわかり易い．ノンスタンダードアナリシスと呼ばれる分野は，これよりももっと大きな実数の拡大を考え，あらゆる極限操作を Leibniz のような無限小や無限大の代数的計算のレベルで正当化しようというもので，その流儀に沿った微積の教科書も出ている．

付　録

Pascalによるプログラム例

ここにソースを掲げたものを含むプログラム例が本書のサポートページに置かれていますので，ご利用ください．

ソースファイル example1.p を例にコンパイル操作を説明します．大学の計算機センターや PC-UNIX で使える GNU の gpc なら

```
gpc example1.p
```

で実行可能ファイル a.out (Windows95 上の Cygnus なら a.exe) ができます．コンパイラが pc という名前になっているところも多い．Pascal から C への翻訳ツール p2c しか無い場合は

```
p2c example1.p
gcc example1.c -lp2c
```

のように，C 言語に直した後，ライブラリ libp2c.a をリンクしてコンパイルします．(以下，プログラム中の (* と *) で挟まれた部分は Pascal のコメント行です．処理系によっては漢字コードを誤解するものがあるので，コンパイル時に原因不明のエラーが出たら注釈部分を削除してみてください．)

例 1　**無限級数の計算** (第 1 章 1.4 節) 数学では

$$S = a_1 + a_2 + \cdots + a_n$$

と書けますが，計算機では，不特定多数の値 a_k を用意するのは大変なので，一般項を表す変数を用意し，その値を a_1，a_2，$\cdots$ と次々に変化させながら和を表す変数に足し込んでゆくのです．

```
program example1;  (* ソースファイル example1.p *)
var i,N: integer;  (* 整数型変数の宣言 *)
var s,sgn:  double;  (* 倍精度実変数の宣言 *)
begin
    writeln('Calculation of the series');  (* メッセージの出力 *)
    writeln('1-1/2+1/3-+...');
```

```
    write('Up to which N? ');
    readln(N);    (* 加える項の総数を入力 *)
    s:=0;       (* 和を表す変数 s の初期化 *)
    sgn:=1;     (* 一般項の符号の初期化 *)
    for i:=1 to N do    (* 和を求める主ループ *)
    begin
        s:=s+sgn/i;       (* 第 i 項を加える *)
        sgn:=-sgn;        (* 次の項の符号を変える *)
    end;
    writeln('Result :  ',s:18:15);    (* 結果の出力 *)
    writeln('Theoretical value :  ',ln(2.0):18:15); (* 計算機がも
つ比較値 *)
end.
```

例 2　**連分数の計算** (第 1 章 1.4 節) 連分数は級数と異なり，頭から順に計算して適当なところで止めるというわけにはゆかないので，最初から打ち切る長さを指定し，尻尾の方から計算して頭まで戻って来ます[1]．

```
program example2;  (* example2.p *)
var i,N: integer;
var s,sgn:  double;
begin
    writeln('Calculation of the continued fraction');
    writeln('    1   1   1          1   1   1 ');
    writeln('2 + -   -   -   ...    -   --- - ...');
    writeln('    1 + 2 + 1 +      + 1 + 2N+ 1 ');
    write('Up to which N? ');
    readln(N);    (* 連分数を計算する長さを入力 *)
    s:=0;     (* 答の変数の初期化 *)
    for i:=N downto 1 do
    begin
        s:=2*i+1/(1+s);     (* 尻尾から先頭への反復計算 *)
        s:=1/(1+1/s);       (* この例では規則性を 2 行で表現 *)
    end;
```

[1] 第 1 章章末問題 8 の方法を使えば連分数も頭の方から計算してゆける．

```
    writeln('Result :  ',2+s:18:15);   (* 結果の出力 *)
    writeln('Theoretical value :  ', exp(1.0):18:15);
end.
```

例 3　**sin x のグラフ** (第 2 章 2.3 節) ワークステーションのウインドウでグラフィックをやるには，本題に入る前に描画ウインドウの準備など，数学とは無関係なことがたくさん必要となります．また描画指令についても C 言語のライブラリとして提供されているものを使わねばなりません．ここではそれらを xgrp.c というサブルーチンにまとめて Pascal 言語から手軽に呼び出せるようにしたものを使うようにしていますので，ソース example3.p と一緒に xgrp.c もダウンロードしたら，次の手順でそれを使って下さい．

1) gcc -c xgrp.c を実行してグラフィックライブラリのオブジェクトモジュール xgrp.o を作っておく．

2) コンパイル時にライブラリを指定した

```
gpc example3.p xgrp.o -lX11 -lm
```

を実行して，グラフィック機能を組み込んだ実行可能ファイル a.out を作る．

成功すれば ./a.out を実行するとウインドウが開こうとしますので，マウスで位置を定めれば描画が始まります．もとのウインドウで CR キーを押せばウインドウを閉じて終了します．X ウインドウの描画ライブラリを使いますので，環境によってはこれらに必要なインクルードファイルとライブラリを見つけるために，上のコンパイル指令の行に

```
-I/usr/X11R6/include -L/usr/X11R6/lib
```

などといったオプションを追加する必要があります．

以下のプログラムで使われている描画指令は非常にローカルなものですが，高校でやる BASIC の指令に似せてあるので，そう違和感はないでしょう．同種の他のライブラリへの読み替えも容易だと思います．

```
program example3; (* example3.p *)
(* 描画サイズを表す諸定数の定義 *)
const IXMIN=0;
const IXMAX=800;
const IYMIN=0;
const IYMAX=600;
const XMAX=6.283;
const XMIN=-XMAX;
const YMAX=XMAX/IXMAX*IYMAX;
```

```
const YMIN=-YMAX;
(* C で書かれたグラフィックライブラリの型宣言 *)
(* これらは xgrp.c で提供されている *)
procedure init(IX:integer;IY:integer;IX2:integer;IY2:integ er);
      extern;
procedure cls; extern;
procedure lcolor(IC:integer); extern;
procedure line(IX:integer;IY:integer;IX2:integer;IY2:integer);
      extern;
procedure moveto(IX:integer; IY:integer); extern;
procedure lineto(IX:integer; IY:integer); extern;
procedure closex; extern;
(* ユーザー座標とスクリーン座標の変換関数 *)
function IGX(X:real):integer;
      begin
          IGX:=trunc(IXMIN+(X-XMIN)/(XMAX-XMIN)*(IXMAX-IXMIN));
      end;
function IGY(Y:real):integer;
      begin
          IGY:=trunc(IYMIN+(Y-YMIN)/(YMAX-YMIN)*(IYMAX-IYMIN));
      end;
(* プログラムの主部 *)
var i,N: integer;
var x,y,h:  real;
begin
    N:=100;
    h:=(XMAX-XMIN)/N;
    init(IXMIN,IYMIN,IXMAX,IYMAX); (* 描画ウインドウの準備 *)
    cls;   (* 画面消去 *)
    lcolor(15);    (* 線の色を 15 (白) に設定 *)
    line(IGX(XMIN),IGY(0.0),IGX(XMAX),IGY(0.0));(* x-軸を描画 *)
    line(IGX(0.0),IGY(YMIN),IGX(0.0),IGY(YMAX));(* y-軸を描画 *)
    lcolor(9);    (* 線の色を 9 (緑) に設定 *)
    x:=XMIN;
    y:=sin(x);
```

```
    moveto(IGX(x),IGY(y));    (* 描画参照点を開始点に移動 *)
    for i:=1 to N do
    begin
        x:=x+h;
        y:=sin(x);        lineto(IGX(x),IGY(y));    (* 現参照点か
ら次の点まで線分を描画 *)
    end;
    write('Input 1 in this Window and hit CR key to finish.');
    readln(N);  (* X の画面をキープするためのポーズ *)
    closex;
end.
```

例 4　二分法 (第 2 章 2.4 節) $[1,2]$ 内に存在する関数 x^2-2 の零点を二分法で求めることにより，$\sqrt{2}$ の近似値を計算します．

```
program example4;  (* ソースファイル example4.p *)
function f(x:double):double; (* 零点を計算する関数 *)
    begin
        f:=x*x-2  (* この行を取り替えると別の方程式が解ける *)
    end;
(* プログラムの主部 *)
var i,N: integer;  (* 整数型変数の宣言 *)
var a, b, m, epsilon:  double;  (* 倍精度実変数の宣言 *)
begin
    writeln('Calculation of the square root of 2');
    writeln('by Bisection Method.');
    epsilon:=0.5e-15;
    a:=1;
    b:=2;
    while b-a>=epsilon do
    begin
        m:=(a+b)/2;            (* 区間の中点 *)
        if f(a)*f(m)<0 then    (* 符号変化を見て半分を捨てる *)
            b:=m
        else
```

```
            a:=m;
        writeln(a:18:15,b:18:15)  (* 途中経過の出力 *)
    end;
    writeln('Result :  ',a:18:15);
    writeln('Theoretical value :  ',sqrt(2.0):18:15);
end.
```

例 5　**Newton 法** (第 3 章章末問題 17) [1, 2] 内に存在する関数 $x^2 - 2$ の零点を Newton 法で求めることにより，$\sqrt{2}$ の近似値を計算します．

```
program example5;  (* ソースファイル example5.p *)
function f(x:double):double; (* 零点を計算する関数 *)
    begin
        f:=x*x-2  (* この行を取り替えると別の方程式が解ける *)
    end;
function df(x:double):double;  (* 同上の導関数 *)
    begin
        df:=x*2
    end;
(* プログラムの主部 *)
var i,N: integer;  (* 整数型変数の宣言 *)
var a, b, epsilon:  double;  (* 倍精度実変数の宣言 *)
begin
    writeln('Calculation of the square root of 2');
    writeln('by the Newton Method.');
    epsilon:=0.5e-15;
    a:=2;
    repeat
      b:=f(a)/df(a);                (* 次の増分 *)
      a:=a-b;
      writeln(a:18:15)
    until abs(b)<epsilon;
    writeln('Result :  ',a:18:15);
    writeln('Theoretical value :  ',sqrt(2.0):18:15);
end.
```

例 6 **数値積分** (第4章4.4節)

```
program example6; (* ソースファイル example6.p *)
function f(x:double):double; (* 被積分関数 *)
    begin
        f:=1/(x+1);
    end;
(* 台形公式 *)
function trapezoidal(a,b:double;N:integer):double;
    var x,s,h:  double;
    var i:  integer;
    begin
        h:=(b-a)/N;  (* メッシュの計算 *)
        x:=a;
        s:=(f(a)+f(b))/2;
        for i:=1 to N-1 do
        begin
            x:=x+h;
            s:=s+f(x);
        end;
        trapezoidal:=s*h;
    end;
(* Simpson 公式 *)
function simpson(a,b:double;N:integer):double;
    var x,s,h:  double;
    var i:  integer;
    begin
        h:=(b-a)/N;  (* メッシュの計算 *)
        s:=f(a)+f(b);
        x:=a+h;
        for i:=1 to N div 2 do
        begin
            s:=s+f(x)*4;
            x:=x+h+h;
        end;
```

```
        x:=a+h*2;
        for i:=1 to N div 2-1 do
        begin
            s:=s+f(x)*2;
            x:=x+h+h;
        end;
        simpson:=s*h/3;
    end;
(* プログラムの主部 *)
var N: integer;
var a, b:  double;
begin
    a:=0; b:=1;
    writeln('Calculation of the integral of 1/(x+1)');
    writeln('over the interval [0,1].');
    write('Division number N (even integer) :  ');
    readln(N);
    writeln('Trapezoidal rule :  ',trapezoidal(a,b,N):18:15);
    writeln('Simpson rule :  ',simpson(a,b,N):18:15);
    writeln('Theoretical value :  ',ln(2.0):18:15);
end.
```

小生のウエッブサイトには第 II 巻で使われる曲面の描画などのプログラムも置いてあります．またそれぞれの C 言語版も置いてあります．C 言語用のグラフィックライブラリは `xgrc.c` と `xgrc.h` です．gpc 互換でない市販の Pascal コンパイラには `xgrp.c` を手直ししないとうまくリンクできないものがありますが，そういう場合は大抵グラフィックライブラリも用意されているので，そちらを利用するのが簡単です．

問 題 の 解 答

第 1 章

練 習 問 題

1.1 1) $0.\dot{0}43478260869565217391\dot{3}$ (22 桁)
2) $0.\dot{0}32258064516129032258064516l2\dot{9}$ (30 桁)
3) $0.\dot{0}16949152542372881355932203389830508474576271186440677966\dot{1}$ (58 桁)
6 桁目の余り 9 が 5 桁目の余り 54 の 1/6 であることを利用せよ．

1.2 1) $\frac{1}{10} = 0.1$　2) $\frac{1}{110} = 0.0\dot{0}\dot{1}$　3) $\frac{1}{111} = 0.\dot{0}0\dot{1}$ この問題は $1/7 = 2^{-3}(1-2^{-3})^{-1}$ と見て等比級数展開するのが速い．

1.3 $\frac{1}{3} = \frac{1}{12} \times 4$ なので 0.4.

1.4 $\boldsymbol{C}$ の場合，もし $i > 0$ とすると，公理 II の 2) により $-1 = i^2 > 0$. しかし例題 1.2 の証明にあるように $1 > 0$ が今も成り立つので矛盾．$i < 0$ とすると $-i > 0$ で同じことになる．F_2 の場合は $1 > 0$ とすると，公理 II の 1) により $0 = 1+1 > 0+1 = 1$ で矛盾．$1 < 0$ としても $0 = 1+1 < 0+1 = 1$ で矛盾．

1.5 $|x| = \max\{-x, x\}$ と定義すると，明らかに $x \leq |x|$，$-x \leq |x|$ となるから，$x + y \leq |x| + |y|$，$-x - y \leq |x| + |y|$．従って

$$|x+y| = \max\{-x-y, x+y\} \leq |x| + |y|.$$

1.6 $0 < a_1 < 1$ とすると，$0 < a_n < 1$ が帰納法で証明できる：n の場合を仮定すれば，$a_{n+1} = 2a_n - a_n^2 = 1 - (a_n - 1)^2 > 0$ だから，明らかに $0 < a_{n+1} < 1$ となる．次に，今示されたことと $a_{n+1} - a_n = a_n(1 - a_n) > 0$ より，この数列は単調増加である．よって極限をもつから，漸化式において $n \to \infty$ とすれば a_n も a_{n+1} も同じ値 a に近づき，$a = 2a - a^2$．よって $a = 0$ または 1．しかるに $a > a_1 > 0$ だから $a = 1$ と結論される．

1.7 ヒントに述べた通り．

1.8 1) n^3 で分母分子を割るとわかり易い．答 1.
2) ${}_n\mathrm{C}_r = n!/r!\,(n-r)!$ だから

$$\frac{{}_n\mathrm{C}_r}{n^r} = \frac{1}{r!}\frac{(n-r+1)\cdots n}{n^r} = \frac{1}{r!}\frac{n-r+1}{n}\cdots\frac{n}{n} \to \frac{1}{r!}.$$

3) $\lim_{n\to\infty} \sqrt[n]{n^2} = \lim_{n\to\infty} \sqrt[n]{n}\,\sqrt[n]{n} = 1.$

1.9 1) $\dfrac{1}{2n+1} \geq \dfrac{1}{2n+2} \geq 2 \times \dfrac{1}{n+1}$ に注意すれば，(1.10) の発散に帰着する．

2) ヒントにあるように，

$$\prod_{p:\,素数}\left(1-\frac{1}{p}\right)=0$$

従って，$0 \leq x \leq 1/2$ のとき $\log(1-x) \geq -(2\log 2)x$ に注意すると

$$-\infty = \sum_{p:\,素数}\log\left(1-\frac{1}{p}\right) \geq -(2\log 2)\sum_{p:\,素数}\frac{1}{p}$$

これから所与の無限和が正無限大に発散することがわかる．

1.10 各 p に対して $s>1$ のとき等比級数

$$\left(1-\frac{1}{p^s}\right)^{-1} = 1+\frac{1}{p^s}+\frac{1}{p^{2s}}+\cdots$$

は収束する．これらを p について掛け合わせ，右辺を展開すると，

$$\frac{1}{(p_{i_1}^{e_1}\cdots p_{i_k}^{e_k})^s}$$

の形の項の和となり，この分母の素因数分解の形は同じものがそれぞれただ一度だけ現れる．よって正整数の素因数分解の一意性により，これらを並べ替えたものは $1/n^s$ の総和と一致する．$s \to 1$ とすると，問題の式の右辺は $\forall N>0$ に対して $\sum_{n=1}^{N}\frac{1}{n}$ よりも大きくなることは明らかなので，(1.10) が発散することからこれも正無限大に発散する．よって

$$\lim_{s\to 1}\prod_{p:\,素数}\left(1-\frac{1}{p^s}\right)=0.$$

しかるに，$\forall s>1$ について

$$\prod_{p:\,素数}\left(1-\frac{1}{p^s}\right) \geq \prod_{p:\,素数}\left(1-\frac{1}{p}\right) \geq 0$$

は明らかだから，これから $\prod_{p:\,素数}\left(1-\frac{1}{p}\right)=0$ でなければならないことがわかる．

1.11 1) $x=\sqrt{5}=2+(\sqrt{5}-2)=2+\dfrac{1}{\sqrt{5}+2}=2+\dfrac{1}{4+(\sqrt{5}-2)}=2+\dfrac{1}{4+\frac{1}{4+\cdots}}.$

2) $x=\sqrt{7}=2+(\sqrt{7}-2)=2+\dfrac{1}{(\sqrt{7}+2)/3}$

$$= 2 + \cfrac{1}{1 + (\sqrt{7} - 1)/3} = 2 + \cfrac{1}{1 + \cfrac{1}{(\sqrt{7}+1)/2}}$$
$$= 2 + \cfrac{1}{1 + \cfrac{1}{1+(\sqrt{7}-1)/2}} = 2 + \cfrac{1}{1 + \cfrac{1}{1+\cfrac{1}{(\sqrt{7}+1)/3}}} = 2 + \cfrac{1}{1 + \cfrac{1}{1+\cfrac{1}{1+(\sqrt{7}-2)/3}}}$$
$$= 2 + \cfrac{1}{1 + \cfrac{1}{1+\cfrac{1}{1+\cfrac{1}{\sqrt{7}+2}}}} = 2 + \cfrac{1}{1 + \cfrac{1}{1+\cfrac{1}{1+\cfrac{1}{4+(\sqrt{7}-2)}}}} = 2 + \cfrac{1}{1 + \cfrac{1}{1+\cfrac{1}{1+\cfrac{1}{4+\cdots}}}}$$

で，循環節は $[1, 1, 1, 4]$

1.12 整数項の循環連分数があると，途中で自分自身と同じパターンが現れるので

$$x = a_0 + \cfrac{b_1}{a_1 + \cfrac{b_2}{a_2 + \ddots + a_{N-1} + \cfrac{b_N}{x}}}$$

の形の式が得られ，この右辺を計算すると，適当な整数 A, B, C, D に対して $x = \frac{Ax+B}{Cx+D}$ の形となり x が 2 次方程式を満たすことが分かる．最初の方が規則に合っていない場合も，全体の値 z は上で求めた循環部分 x により適当な整数 a, b, c, d を用いて $z = \frac{ax+b}{cx+d}$ の形に表されることは分かるから，これを x につき解いてその 2 次方程式に代入すれば，z も整数係数の 2 次方程式を満たすことが容易に分かる．

逆に x が整数係数の 2 次方程式を満たすとき，必要ならそれに逆数をとる操作と平行移動を適当に施して x は $Ax^2 + Bx - C = 0$ (A, B, C は正整数) の形の 2 次方程式の正根だとしてよいから，

$$x = \frac{C}{B + Ax} = \cfrac{C}{B + \cfrac{AC}{B + \cfrac{AC}{B + \ddots}}}$$

という整数項の周期的連分数展開を得る．2 次方程式の正根は整数項の周期的正則連分数に展開できることも知られているが，やや深い整数論的な考察を必要とするので，ここでは省略する．興味のある読者は，高木貞治『初等整数論講義』(共立出版) などを見られよ．

章 末 問 題

問題 1 1) 少年 Gauss の方法でやる

```
          0.006134969325
        --------------------------
163)1.000
      978
      ----
       220
       163
       ----
        570
         ...  (途中略す) ...

                  ----
                   840
                   815
                   ----
                    250
```

ここから先の計算では最初の答の 250/1000 = 1/4 に対応する数字の列が現れるはずだから，6134969325$\cdots$ を 4 で割った結果を続きに記入して行くと，

$$0.\dot{0}0613496932515337423312883435582822085889570552147239263803$$
$$680981595092024539877\dot{3}$$

と循環節が求まる．長さは 162/2 = 81 桁．このくらいの計算になるとすぐ計算違いを犯すので，risa や bc，Mathematica などで確認しながらやるとよい．

2) も同様に $0.\dot{0}09708737864077669902912621359223\dot{3}$　循環節の長さは 34 = (103 − 1)/3．なかなか “良い”余りが現れないので苦労するが，半分くらい行ったところで余り 3 が現れ，これが 2 回目の余り 9 の 1/3 なので，後は 3 で割ってゆけば循環節が求まる．

計算機でやると正しい答が出ないという質問をする人がときどきいるが，本文でも注意したように，普通の計算機言語で扱う数の有効桁数は限られているので，このような計算を自前でやるには，いくつかの変数を繋げた “多倍長演算” というものを用いなければならない．Mathematica や Risa はこういう機能を提供してくれるが，有効数字をこの計算がカバーできる程度に長めに設定するくらいの手間は必要である．

問題 2　1) 二進法で 17 = 10001 なので

```
            0.00001111
          --------------------------
10001)1.00000
        10001
        -----
         11110
         10001
         -----
          11010
          10001
          -----
           10010
           10001
           -----
               1
```

と正攻法で計算しても容易に答 $0.\dot{0}000111\dot{1}$ が得られる．

別解として，

$$\frac{1}{17}=\frac{1}{16+1}=\frac{1}{2^4}\frac{1}{1+2^{-4}}=\frac{1}{2^4}\left(1-\frac{1}{2^4}+\frac{1}{2^8}-+\cdots\right)$$

から二進小数の定義に基いて算出してもよい．

2) $23=16+4+2+1$ だから 23 は二進法で 10111．よって割り算を“普通に”計算して同様に $0.\dot{0}000101100\dot{1}$ を得る．循環節の長さは $22\div 2=11$．別解として，23 を八進法で表し $1\div 27_O$ を計算すると，少年 Gauss の方法が使える：

```
      0.0262
    ----------
 27)1.00000
      56
    -----
      220
      212
      ----
        60
        56
        ---
         20
```

ここで剰余が最初の被除数の 1/4 になっているので，既に得た答を 4 で割って $0.\dot{0}262054413\dot{1}$ という八進法による循環節の長さ 11 の小数展開を得る．この各桁を 3 桁の二進数に直すと，求める二進法による循環節の三つ分が得られる．八進法の九九は $2\times 7=14_D=8+6=16_O$ 等となることに注意．ただし添え字の O は八進表記を，D は十進表記を表す．

いうまでもないことだが，二進法の小数というのは数字に 0 と 1 しか使わない．いつの間にか数字の 9 が出てきたりしないように．;_; ちなみに計算機が二進法を使っているのは，計算機ができた頃の技術ではアナログ状態を確実に区別するのが二通りくらいしかできなかったからで，電圧の高低，電荷の有無，磁化の方向などが 0 と 1 に対応している．今計算機を初めて作ったとしたら最低でも三進法くらいにはなっており，そうしたらデータ長がもっと短くて済んだという説がある．

問題 3 1) 増えているのだからほとんど明らかだが，きちんと述べるのは記述力の訓練になる．例えば

$$(n-1)\sqrt{1+n}<(n-1)\sqrt{1+n\sqrt{1+(n+1)}}$$

は明らかであり，a_n と a_{n+1} は以後，この大小関係を保存するような同一の演算 (正の数による和と積，及び開平) を繰り返すことにより得られるので，$a_n<a_{n+1}$ が結論される．この過程を厳密に言うのは，遡ってゆく操作に関する帰納法になるが，これを n に関する帰納法と勘違いする人がときどきいるので注意．$a_{n-1}<a_n$ を仮定し

ても $a_n < a_{n+1}$ の証明の足しにはほとんどならない．

2) a_n と b_n をしっぽの方から比較すると

$$
\begin{aligned}
c_n &:= \sqrt{1+n(n+2)} - \sqrt{1+n} = \frac{n(n+1)}{\sqrt{1+n(n+2)}+\sqrt{1+n}} \le \frac{n(n+1)}{n+n^{1/2}}, \\
c_{n-1} &:= \sqrt{1+(n-1)\sqrt{1+n(n+2)}} - \sqrt{1+(n-1)\sqrt{1+n}} \\
&= \frac{(n-1)c_n}{\sqrt{1+(n-1)\sqrt{1+n(n+2)}} + \sqrt{1+(n-1)\sqrt{1+n}}} \\
&\le \frac{(n-1)c_n}{n-1+(n-1)^{3/4}}, \\
&\quad \cdots\cdots\cdots\cdots \\
c_{n-k} &:= \sqrt{1+(n-k)\sqrt{\cdots}} - \sqrt{1+(n-k)\sqrt{\cdots}} \le \frac{(n-k)c_{n-k+1}}{n-k+(n-k)^{1-1/2^k}}, \\
c_2 &:= b_n - a_n
\end{aligned}
$$

となっているので，$(n-k)^{1-1/2^k} \ge (n-k)/2$ となる k をまず選ぶ．これには $(n-k)^{1/2^k} \le 2$ とすればよいが，$\sqrt[n]{n} \to 1$ だから $k = n/2$ くらいで十分である．よって $n-k \le n/2$ においては，上の式の分母を $3(n-k)/2$ で置き換え，$n-k > n/2$ では分母を単に $n-k$ で置き換えれば，

$$
b_n - a_n = c_2 \le \frac{1}{(3/2)^{n/2}} \frac{2\cdot 3\cdots n\cdot(n+1)}{2\cdot 3\cdots n} = \left(\frac{2}{3}\right)^{n/2}(n+1)
$$

と評価できるので，これは $n\to\infty$ のとき 0 に近づく．

この小問にきちんと解答するのは数学科の学生でもかなりの訓練を必要とするので，数学科以外の学生はあまり気にしなくてもよいが，“分母の方が大きいから 0 に近づく”などというのはいけません．

3)
$$
\begin{aligned}
1+(n-1)\sqrt{1+n(n+2)} &= 1+(n-1)(n+1) = n^2, \\
1+(n-2)\sqrt{n^2} &= 1+(n-2)n = (n-1)^2,
\end{aligned}
$$

以下順に同じ計算が繰り返され，最後は

$$
\sqrt{1+2\sqrt{4^2}} = \sqrt{9} = 3
$$

となる．よって答は 3.

4) 2), 3) より 3 を表すと考えられる．

問題 4 1) 2 を n 個取ったところで切ったものを a_n と置けば，明らかに単調増加な数列が得られる．上に有界かどうかはそう自明ではないが，帰納法を使えば証

明できる．すなわち，a_n が満たす漸化式 $a_{n+1}=\sqrt{2+a_n}$ に注意すれば，$a_n<2$ から $a_{n+1}<\sqrt{2+2}=2$．よって a_n は収束する．上の漸化式から極限に行って $x=\sqrt{2+x}$．よって $x^2-x-2=0$．題意から $x=2$ が求める極限値である．よって与えられた表現は 2 を表すものと考えられる．

なお，この種の問題の答はどうせ尻尾の方の影響が無視できると考えると，a_n の最後の 2 を 4 で置き換えれば，次々根号がはずれて値 2 が得られる．

2) 今度は常に $a_n<\sqrt{2}$ であることはすぐわかるが，単調増加でないところがやや高級．しかし $(2n-1)$ 番目の 2 すなわち $+\sqrt{2}$ で止めたものを a_{2n-1}，$2n$ 番目の 2 すなわち $-\sqrt{2}$ で止めたものを a_{2n} とすれば，明らかに $\cdots<a_{2n-2}<a_{2n}<a_{2n-1}<a_{2n+1}<\cdots$．よって偶数番目 a_{2n}，奇数番目 a_{2n-1} はそれぞれ単調増加となり，収束する．明らかに $a_{2n}=\sqrt{2-\sqrt{2+a_{2n-2}}}$ であり，奇数番目の数列 a_{2n-1} も同じ漸化式を満たす．故にこれらの極限を x と置けば，

$$x=\sqrt{2-\sqrt{2+x}}.$$

この形の方程式は昔，高校で無理方程式という名前で教えていた．2 乗して根号を順に取り去ってゆけば

$$x^4-4x^2-x+2=0$$

という代数方程式に帰着できるが，2 乗したときにもとの方程式を満たさない，いわゆる無縁根がつけ加わるので，題意に適した根を選び出すことに注意を払う必要がある．この方程式は $x=2,-1$ という整数根をもつので，これらに対応する 1 次因子で割ると

$$x^2+x-1=0. \qquad \therefore\ x=\frac{\sqrt{5}-1}{2}\fallingdotseq 0.6180\cdots$$

という値が得られる．

この問題も解く前にまず計算機で当ってみるとよい．$a_{n+1}=\sqrt{2-(-1)^n a_n}$ という間違った漸化式から極限に行って，“n が偶数のとき 1，奇数のとき -1(あるいは 2)”などと答える人がときどきいるが，極限に n などが含まれるはずは無い．

3) 同じく $a_n=\left.\sqrt{2}^{\sqrt{2}^{\cdot^{\cdot^{\cdot^{\sqrt{2}}}}}}\right\}n$ と置く (すなわち，$\sqrt{2}$ が n 回現れるものとする．) すると，意味を考えて $a_{n+1}=\sqrt{2}^{a_n}$ であるから，与えられた表現はこの極限と解釈すればよい．これも単調増加で，また常に $a_n<2$ であることが帰納法で簡単に証明できるから，a_n は極限 a をもつ．上の漸化式において $n\to\infty$ とすれば $a=\sqrt{2}^a$ が得られるから，グラフを描いて交点を求めると (二つあることは理論的に確かで，後は目分量で) $a=2$ または $a=4$．後者は題意に合わないから，$a=2$ と結論できる．これも，尻尾の方が影響しないと看破すると，途中で切ったものの最後の $\sqrt{2}$ を 2 で置き換えると，次々に平方根が取れて最後に 2 を得る．ただし，こちらの正当化の方

が自明でない．現に最後を 4 で置き換えると，同じ手順で 4 が得られてしまう．

問題 5　π の方は本文に書かれた結果をもう一項続ければよい．近似値としては $\pi = 3.14159265358979\cdots$ くらいを用意しておけば済む．

$$\pi = 3 + 0.14159265358979\cdots = 3 + \cfrac{1}{7.062513305931\cdots}$$
$$= 3 + \cfrac{1}{7 + \cfrac{1}{15 + 0.9965944066\cdots}}$$
$$= 3 + \cfrac{1}{7 + \cfrac{1}{15 + \cfrac{1}{1 + 0.00341723105499\cdots}}} = 3 + \cfrac{1}{7 + \cfrac{1}{15 + \cfrac{1}{1 + \frac{1}{292 + 0.6345\cdots}}}}$$
$$= 3 + \cfrac{1}{7 + \cfrac{1}{15 + \cfrac{1}{1 + \frac{1}{292 + \frac{1}{1 + 0.5758\cdots}}}}}$$

よって展開項は $a_0 = 3$，$a_1 = 7$，$a_2 = 15$，$a_3 = 1$，$a_4 = 292$, $a_5 = 1$．以上の計算は Risa か Mathematica でやれば確実だが，10 桁の精度の電卓でもここまでは合う．ちなみにこれで定まる近似分数は，

$$\pi \doteqdot 3 + \cfrac{1}{7 + \cfrac{1}{15 + \cfrac{1}{1 + \frac{1}{292 + \frac{1}{1}}}}} = \frac{104348}{33215} = 3.1415926539214\cdots$$

で，小数点以下 9 桁合っている．(逆にいえば，正しい連分数を出すにも，元の近似値をそのくらいの精度で用意する必要がある．π の近似値にもっと低い精度の値を用いると，答の後ろの方の桁が違って来てしまう．上の数値と違った人は自分が用いた π の近似値を検討せよ．)

e の方も同様に $e = 2.718281828459$ くらいを用いて計算すると，$a_0 = 2$，$a_1 = 1$，$a_2 = 2$，$a_3 = 1$，$a_4 = 1$，$a_5 = 4$．こちらは

$$e \doteqdot 2 + \cfrac{1}{1 + \cfrac{1}{2 + \cfrac{1}{1 + \frac{1}{1 + \frac{1}{4}}}}} = \frac{87}{32} = 2.71875000\cdots$$

で，小数点以下 3 桁しか合っていない．項がすべて小さかったためと考えられる．(ちなみに a_9 まで計算してやっとまともな近似分数 $1457/536 = 2.718283582\cdots$ が得られる．)

なお，正則連分数展開の一意性により，e の展開項は，実は本文に紹介されているもの

$$1, 2, 1, 1, 4, 1, 1, 6, 1, \cdots, 1, 2n, 1, \cdots$$

と一致する．従って項を更に増やすと急激に正確な値を示すようになる．

$\sqrt[3]{2}$ も同様に，近似値 $\sqrt[3]{2} = 1.25992104989\cdots$ くらいの値を使うと

$$\sqrt[3]{2} = 1 + 0.25992104989\cdots = 1 + \frac{1}{3.8473221019\cdots} = 1 + \frac{1}{3 + \frac{1}{1.180188735\cdots}}$$

$$= 1 + \frac{1}{3 + \frac{1}{1 + \frac{1}{5.5497365\cdots}}} = \cdots = 1 + \frac{1}{3 + \frac{1}{1 + \frac{1}{5 + \frac{1}{1 + \frac{1}{1.2209\cdots}}}}}$$

よって展開項は $a_0 = 1$，$a_1 = 3$，$a_2 = 1$，$a_3 = 5$，$a_4 = 1$, $a_5 = 1$.

問題 6　1) 1.0001 はとにかく 1 よりも大きく，また n^{1000} はいくら次数が大きくてもたかだか多項式なのだから，分母・分子の力比べは最初から勝負は明らか．従って

$$\lim_{n \to \infty} \frac{n^{1000}}{1.0001^n} = 0.$$

そうはいっても大概の n に対しては分子の方が大きいよと言われそうだが，では実際に分母の方が大きくなり始めるのはどのあたりからか，是非考えてみよ．

対数をとって

$$\log \frac{n^{1000}}{1.0001^n} = 1000 \log n - n \log 1.0001 \to -\infty$$

の方がわかりやすいか？これから分母の方が大きくなる n の値が概算できる．

学生の解答には，l'Hospital の定理を使ったものがあった．(本当は微分するときは整数変数の n を実数変数の x に置き換えてからの方が正確だが，もともと実変数の関数に代入されてできた数列なので，そう深刻な欠陥ではないだろう．)

$$\lim_{n \to \infty} \frac{n^{1000}}{1.0001^n} = \lim_{n \to \infty} \frac{1000 n^{999}}{1.0001^n \log 1.0001}.$$

これを後 999 回繰り返すと，分子は定数になってしまうのに，分母にはいつまでも因子 1.0001^n が残るのだから，極限 0 がわかるというのである．

2) これは指数関数と階乗の力比べで，本文にもあるように階乗の方が圧倒的に強いので，答は 0.

e^{1000} の展開の一般項なので 0 に近づくと答える人もときどきいる．微積の論理からすれば本末転倒だが，数学の一ユーザーとしてはそういう記憶法もよいかもしれない．

3) これは $\log n$ と n^k の力比べで，log の方が圧倒的に弱いので，答は ∞. l'Hospital を使って n で微分してみる人もよくいる．ちょっと迂遠だが，

$$与式 = \lim_{n\to\infty} \frac{\sqrt{n}}{2000(\log n)^{999}}$$

となるので，あと 999 回繰り返せば分母がなくなってめでたし．これも整数変数 n の記号のままで微分の計算をするのは少し抵抗がある．

4) $\left(1+\dfrac{1}{n}\right)^n \to e$ なので，その一部分であるこの数列も同じ値 e に近づく．

問題 7 まず，発見的考察で，$a_n \to \alpha$ とすると，極限値 α は

$$\alpha = \frac{1}{2}\alpha(3 - x\alpha^2), \quad 従って \quad x\alpha^3 = \alpha$$

を満たす．よって $\alpha = 0$ または $\alpha = \pm 1/\sqrt{x}$ である．このどれが極限値になりうるかをまず見よう．初期値 a_1 は明らかに $0 < a_1 < 3/\sqrt{x}$ を満たすから，$a_2 > 0$ は明らかで，更に

$$\frac{1}{\sqrt{x}} - a_2 = \frac{1}{\sqrt{x}} - \frac{3}{2} + \frac{x}{2} = \frac{(\sqrt{x}-1)^2(\sqrt{x}+2)}{2\sqrt{x}} \geq 0$$

がわかる．実は，一度 $0 < a_n \leq 1/\sqrt{x}$ がいえると

$$\begin{aligned}\frac{1}{\sqrt{x}} - a_{n+1} &= \frac{1}{\sqrt{x}} - \frac{a_n}{2}(3 - xa_n^2) = \left(\frac{1}{\sqrt{x}} - a_n\right)\left\{1 - \frac{xa_n}{2}\left(\frac{1}{\sqrt{x}} + a_n\right)\right\} \\ &\geq \left(\frac{1}{\sqrt{x}} - a_n\right)\left(1 - \frac{\sqrt{x}}{2}\cdot\frac{2}{\sqrt{x}}\right) \geq 0\end{aligned}$$

となり (最後の不等式は a_n を $1/\sqrt{x}$ で置き換えると全体が小さくなることを用いた)，以後ずっと数列は 0 と $1/\sqrt{x}$ の間に留まることがわかる．よって $-1/\sqrt{x}$ は候補からはずれる．

最後に，$0 < a_n \leq 1/\sqrt{x}$ とすると，

$$a_{n+1} - a_n = \frac{a_n}{2}(3 - xa_n^2) - a_n = \frac{x}{2}a_n\left(\frac{1}{x} - a_n^2\right) \geq 0$$

がわかるから，単調増加列となる．故に a_n は収束し，しかも極限は $1/\sqrt{x}$ の方でなければならない．

以上の推論はひどく高級に見えるかもしれないが，漸化式をグラフに書いてみると下図のようになり，以上に述べたことは図 A.1 を見れば一目で明らか (この図は概念図であり，3 次関数のグラフは正確ではない)．このくらいの推論は大学入試のときならできたはず．

なお，この事実は計算機で $\sqrt{x}$ を近似計算するときに使われる．

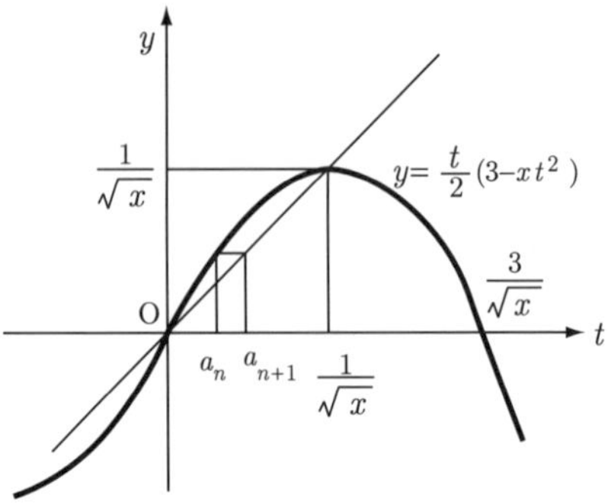

図 **A.1** 問題 7 の図

問題 8 1) n に関する帰納法による．$n=0$ のときは $s_0=a_0=B_0/A_0$ で成立している．$n-1$ まで成立しているとすると，s_n は s_{n-1} の定義において a_{n-1} を $a_{n-1}+b_n/a_n$ に変えたものと思えるので，帰納法の仮定により

$$A'_{n-1}:=\left(a_{n-1}+\frac{b_n}{a_n}\right)A_{n-2}+b_{n-1}A_{n-3}=A_{n-1}+\frac{b_n}{a_n}A_{n-2},$$
$$B'_{n-1}:=\left(a_{n-1}+\frac{b_n}{a_n}\right)B_{n-2}+b_{n-1}B_{n-3}=B_{n-1}+\frac{b_n}{a_n}B_{n-2}$$

に対し，$s_n=B'_{n-1}/A'_{n-1}$ が成り立つ．すなわち

$$s_n=\frac{B_{n-1}+\frac{b_n}{a_n}B_{n-2}}{A_{n-1}+\frac{b_n}{a_n}A_{n-2}}=\frac{a_nB_{n-1}+b_nB_{n-2}}{a_nA_{n-1}+b_nA_{n-2}}=\frac{B_n}{A_n}.$$

2) これも帰納法による．$n=1$ のとき $s_1-s_0=\dfrac{b_1}{a_1}=\dfrac{b_1}{A_0A_1}$ は明らか．$n-1$ まで成り立つとすると，

$$\begin{aligned}
s_n-s_{n-1}&=\frac{a_nB_{n-1}+b_nB_{n-2}}{a_nA_{n-1}+b_nA_{n-2}}-\frac{B_{n-1}}{A_{n-1}}\\
&=\frac{a_nA_{n-1}B_{n-1}+b_nA_{n-1}B_{n-2}-a_nA_{n-1}B_{n-1}-b_nA_{n-2}B_{n-1}}{(a_nA_{n-1}+b_nA_{n-2})A_{n-1}}\\
&=-\frac{b_nA_{n-2}}{A_n}\left(\frac{B_{n-1}}{A_{n-1}}-\frac{B_{n-2}}{A_{n-2}}\right)=-\frac{b_nA_{n-2}}{A_n}\cdot(-1)^{n-2}\frac{b_1\cdots b_{n-1}}{A_{n-2}A_{n-1}}\\
&=(-1)^{n-1}\frac{b_1\cdots b_n}{A_{n-1}A_n}.
\end{aligned}$$

よって $s_n=s_0+\sum_{k=1}^{n}(s_k-s_{k-1})$ は所与のような級数で表される．

3) この場合の漸化式 $A_n=a_nA_{n-1}+A_{n-2}$ の両辺に A_{n-1} を掛けて変形すれば

$$A_nA_{n-1} - A_{n-1}A_{n-2} = a_nA_{n-1}^2 > 0.$$

よって (1.14) の一般項の絶対値を取ったものが単調減少なので，交代級数の収束定理 1.4 により $1/A_{n-1}A_n \to 0$ ならこの級数は収束する．また一般論によりこれは収束の必要条件でもある．(ここまでは本文中の直感的考察でも代用可．) 以上により $A_{n-1}A_n \to \infty$ が収束のための必要十分条件である．これが

$$\sum_{n=1}^{\infty} a_n = \infty \tag{A.1}$$

と同値なことを示す．まず，最初の漸化式より一般に $A_n \geq A_{n-2}$．従って $A_{2n} \geq A_0 = 1$，$A_{2n-1} \geq A_1 = a_1$ だから，$A_{2n} \geq a_{2n}a_1 + A_{2n-2}$．これを n につき総和して

$$A_{2n} \geq (a_{2n} + a_{2n-2} + \cdots + a_2)a_1 + 1.$$

同様に $A_{2n-1} \geq a_{2n-1} + A_{2n-3}$ より

$$A_{2n-1} \geq a_{2n-1} + a_{2n-3} + \cdots + a_1.$$

$$\therefore \quad A_{2n-1}A_{2n} \geq \min\{1, a_1^2\} \sum_{k=1}^{2n} a_k.$$

よって (A.1) なら $A_{2n-1}A_{2n} \to \infty$ となる．逆を示すには $A_n \leq \prod_{k=1}^{n}(1+a_k)$ を使う．この式も n に関する帰納法で示される: $A_1 = a_1 \leq (1+a_1)$，$A_2 = a_2a_1 + 1 \leq (1+a_1)(1+a_2)$ は明らかなので，$n-1$ まで正しいとすると，漸化式より

$$A_n \leq a_n \prod_{k=1}^{n-1}(1+a_k) + \prod_{k=1}^{n-2}(1+a_k) = \{a_n(1+a_{n-1})+1\} \prod_{k=1}^{n-2}(1+a_k) \leq \prod_{k=1}^{n}(1+a_k).$$

よって

$$A_{n-1}A_n \leq \prod_{k=1}^{n-1}(1+a_k) \prod_{k=1}^{n}(1+a_k) \leq \left\{ \prod_{k=1}^{n}(1+a_k) \right\}^2$$

だから，$A_{n-1}A_n \to \infty$ なら $\prod_{n=1}^{\infty}(1+a_n) = \infty$．無限乗積のところで述べたように，これは (A.1) と同値である．

問題 9 1) 相加相乗平均の不等式より常に $a_n \geq b_n$．また，帰納法により $a_n \leq a_{n-1}$，$b_n \geq b_{n-1}$ がわかるから，a_n，b_n はともに有界単調列となり，それぞれ収束する．しかるに

$$\begin{aligned} a_n - b_n &= \frac{a_{n-1} + b_{n-1}}{2} - \sqrt{a_{n-1}b_{n-1}} = \frac{(\sqrt{a_{n-1}} - \sqrt{b_{n-1}})^2}{2} \\ &= \frac{(a_{n-1} - b_{n-1})^2}{2(\sqrt{a_{n-1}} + \sqrt{b_{n-1}})^2} \leq \frac{(a_{n-1} - b_{n-1})^2}{2(2\sqrt{b})^2} = \frac{(a_{n-1} - b_{n-1})^2}{8b} \end{aligned}$$

よって $a_n - b_n \to 0$ となり，二つの極限は一致する．またこの式から収束が 2 次であることもわかる．

2) $\frac{a_n}{b} = \frac{a_{n-1}/b+b_{n-1}/b}{2}$，$\frac{b_n}{b} = \sqrt{(a_{n-1}/b)(b_{n-1}/b)}$ だから，a_n/b，b_n/b は $\mathrm{AGM}(a/b,1)$ に収束する．よって $\mathrm{AGM}(a,b)/b = \mathrm{AGM}(a/b,1)$．もう一つの式も同様．

第 2 章

練習問題

2.1 1)，2) 図 A.2 を見れば明らか．

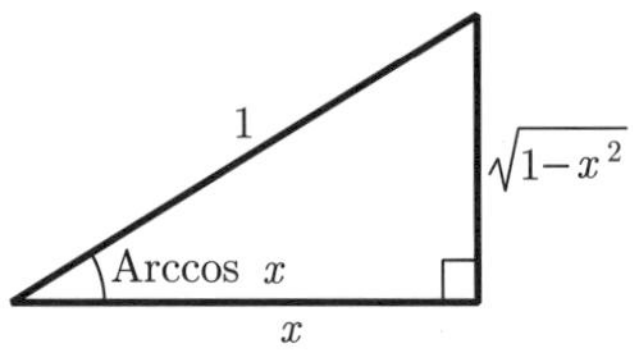

図 **A.2** 練習問題 2.1 の図

3) $x > 0$ のときは上図から明らか．$x < 0$ のときは x を $|x|$ で置き換えたものに全体として $-$ を付ければよい．

2.2 n を整数として $2n\pi - \pi/2 \le x \le 2n\pi + \pi/2$ のとき $x - 2n\pi$，$2n\pi + \pi/2 \le x \le 2n\pi + 3\pi/2$ のとき $\pi - (x - 2n\pi)$．

2.3 $x = \sinh y = \frac{e^y - e^{-y}}{2}$ から，e^y の 2 次方程式 $e^{2y} - 2xe^y - 1 = 0$ を得，これを解いて $e^y = x \pm \sqrt{x^2+1}$．負の符号は右辺を常に負とするので，ここは正の符号のみ適．従って $\operatorname{arcsinh} x = \log(x + \sqrt{x^2+1})$ で，一価である．

同様に，$x = \cosh y = \frac{e^y + e^{-y}}{2}$ から，e^y の 2 次方程式 $e^{2y} - 2xe^y + 1 = 0$ を得，これを解いて $e^y = x \pm \sqrt{x^2-1}$．従って $\operatorname{arccosh} x = \log(x \pm \sqrt{x^2-1}) = \pm\log(x + \sqrt{x^2-1})$ である．$\cosh x$ のグラフから明らかなように，逆関数の分枝は二つ．

2.4 1)–5) $x > 0$ と $x < 0$ の場合に分けて両辺の値を比較すれば定義により明らか．

6) $x < a$，$a < x < b$，$x > b$ のとき両辺はともにそれぞれ値 0，1，0 を取ることが直ちにわかる．

2.5 $\forall\varepsilon > 0 \ \ \exists\delta > 0 \quad \text{s.t.} \ \ a - \delta < x < a \implies |f(x) - b| < \varepsilon.$

2.6 1) $x \ne 0$ のときは，等比級数を計算して

$$f(x) = \sum_{n=0}^{\infty} \frac{x^2}{(1+x^2)^n} = \left(1 - \frac{x^2}{1+x^2}\right)^{-1} = 1 + x^2.$$

また $x = 0$ のときは直接代入して $f(x) = 0$. よって明らかに $f(x)$ は $x = 0$ で不連続で，その他の点では連続.

2) 心配なのは $x = 0$ で繋がっているかどうかだけだが，グラフを描いてみるまでもなくここは大丈夫で，従って至るところで連続. (ちなみに $x = 0$ では微分はできない.)

3) この関数は $x \neq 0$ では (連続関数の組合せで書かれているから) 連続なことは明らかなので，$x \to 0$ のとき $f(x)$ の値が 0 に近づくかどうかだけを見ればよいが，sin の絶対値は常に 1 以下なので，それは明らかに成立する.

2.7 1) 最大元 (= 上限) 2，下限 -1; 最小元無し. 2) 最大元 (= 上限) 1，下限 0; 最小元無し. 3) 上限 1，下限 -1; 最大元，最小元ともに無し ($\sin x$ が ± 1 となるのは x が π の整数倍のときであるが，π は無理数なので n が π の整数倍となることは無い). なお，$\sin n$ が 1 または -1 にいくらでも近い値を取ることは，π の正則連分数展開の存在からわかる. すなわち，$|\pi - q_n/p_n| < 1/p_n^2$ という有理数の列が作れるので，$|\sin q_n - \sin p_n\pi| = |\sin q_n - (\pm 1)| \to 0$ となる.

2.8 1) 最大値 (= 上限) 1 ($x = 0$ でとられる)，最小値 (= 下限) 0 ($x = 1$ でとられる). 2) 上限 $\pi/2$ ($x \to \infty$ のとき)，下限 $-\pi/2$ ($x \to -\infty$ のとき); 最大値，最小値はともに無し. 3) 最小値 (= 下限) 4 ($x = 1/2$ でとられる); 最大値も上限も無し. 4) 上限 3 (sin の値を -1 にする $x_n = 1/2 + \sqrt{1/4 - 1/(2n - 1/2)\pi}$ という部分列の極限として)，下限 0 ($x \to 0$ のとき); 最大値，最小値はともに無し.

2.9 $e^x = \cosh x + \sinh x$，この第 1，2 項がそれぞれ偶，奇の部分.

2.10 1) $((1-\lambda)x + \lambda y)^2 = (1-\lambda)^2 x^2 + \lambda^2 y^2 + 2\lambda(1-\lambda)xy.$

ここで $x \neq y$ のとき $2xy < x^2 + y^2$ を使うと，上は

$$< \{(1-\lambda)^2 + \lambda(1-\lambda)\}x^2 + \{\lambda^2 + \lambda(1-\lambda)\}y^2 = (1-\lambda)x^2 + \lambda y^2.$$

2) 凸性の定義 $-\log((1-\lambda)x + \lambda y) < -(1-\lambda)\log x - \lambda \log y$ は log の単調性により $x^{1-\lambda}y^{\lambda} < (1-\lambda)x + \lambda y$ と同値である. ここで $p = 1/(1-\lambda)$，$q = 1/\lambda$，$a = x^{1-\lambda}$, $b = y^{\lambda}$ と置けば，最後の不等式は Hölder の不等式 (2.5) に帰着する.

章 末 問 題

問題 1 1) まず $|x| \leq 1$ での計算を示す. $T_0 = 1$ は明らか. 次に，定義により

$$T_1(x) = \cos(\operatorname{Arccos} x) = x.$$

これがわかれば，後は倍角公式を使って

$$T_2(x) = \cos(2\,\mathrm{Arccos}\,x) = 2\cos^2 \mathrm{Arccos}\,x - 1 = 2x^2 - 1,$$
$$T_3(x) = \cos(3\,\mathrm{Arccos}\,x) = 4\cos^3 \mathrm{Arccos}\,x - 3\cos \mathrm{Arccos}\,x = 4x^3 - 3x,$$
$$\begin{aligned} T_4(x) &= \cos(4\,\mathrm{Arccos}\,x) = 2\cos^2(2\,\mathrm{Arccos}\,x) - 1 = 2(2\cos^2 \mathrm{Arccos}\,x - 1)^2 - 1 \\ &= 8x^4 - 8x^2 + 1. \end{aligned}$$

$|x| \geq 1$ でも同様．T_0，T_1 は明らか．その先は $\cosh x$ に対する倍角公式が必要だが，それは加法定理

$$\begin{aligned} \cosh(x+y) &= \frac{e^{x+y} + e^{-x-y}}{2} = \frac{e^x + e^{-x}}{2}\frac{e^y + e^{-y}}{2} + \frac{e^x - e^{-x}}{2}\frac{e^y - e^{-y}}{2} \\ &= \cosh x \cosh y + \sinh x \sinh y, \\ \sinh(x+y) &= \frac{e^{x+y} - e^{-x-y}}{2} = \frac{e^x - e^{-x}}{2}\frac{e^y + e^{-y}}{2} + \frac{e^x + e^{-x}}{2}\frac{e^y - e^{-y}}{2} \\ &= \sinh x \cosh y + \cosh x \sinh y. \end{aligned}$$

と $\cosh^2 x - \sinh^2 x = 1$ を用いて出る：

$$\begin{aligned} \cosh 2x &= \cosh^2 x + \sinh^2 x = 2\cosh^2 x - 1, \\ \sinh 2x &= 2\sinh x \cosh x, \\ \cosh 3x &= \cosh 2x \cosh x + \sinh 2x \sinh x = (2\cosh^2 x - 1)\cosh x + 2\sinh^2 x \cosh x \\ &= (2\cosh^2 x - 1)\cosh x + 2(\cosh^2 x - 1)\cosh x = 4\cosh^3 x - 3\cosh x. \end{aligned}$$

これらの公式は cos に対するものと全く同じなので計算結果も同じになるはず．

2) 加法定理により，まず $|x| \leq 1$ のとき

$$\begin{aligned} T_n(x) &= \cos((n-1)\mathrm{Arccos}\,x + \mathrm{Arccos}\,x) \\ &= \cos((n-1)\mathrm{Arccos}\,x)\cos(\mathrm{Arccos}\,x) - \sin((n-1)\mathrm{Arccos}\,x)\sin(\mathrm{Arccos}\,x) \\ &= xT_{n-1} - \sin^2(\mathrm{Arccos}\,x)S_{n-1} = xT_{n-1} - (1-x^2)S_{n-1}, \\ S_n(x) &= \frac{\sin((n-1)\mathrm{Arccos}\,x)}{\sqrt{1-x^2}}\cos(\mathrm{Arccos}\,x) + \cos((n-1)\mathrm{Arccos}\,x)\frac{\sin(\mathrm{Arccos}\,x)}{\sqrt{1-x^2}} \\ &= xS_{n-1}(x) + T_{n-1}(x). \end{aligned}$$

$|x| \geq 1$ のときも途中の符号は少し変わるが，最終結果は同じになる．

3) 上の二つの漸化式と，一つ目の式で n を一つ増やした式

$$T_{n+1}(x) = xT_n - (1-x^2)S_n$$

とから S_n，S_{n-1} を消去して

$$\begin{aligned} T_{n+1}(x) &= xT_n(x) - (1-x^2)\{xS_{n-1}(x) + T_{n-1}(x)\} \\ &= xT_n(x) + x\{T_n(x) - xT_{n-1}(x)\} - (1-x^2)T_{n-1}(x) \\ &= 2xT_n(x) - T_{n-1}(x). \end{aligned}$$

4) $T_n(x)/2^{n-1}$ のグラフは図 A.3 の通り．計算で証明するには，例えば上の漸化式を Fibonacci と同様の技法で解くと，$x > 1$ に注意して $\lambda^2 - 2x\lambda + 1 = 0$ の根 $\lambda = x \pm \sqrt{x^2-1}$ を用いて

$$T_n(x) = a\{x + \sqrt{x^2-1}\}^n + b\{x - \sqrt{x^2-1}\}^n$$

初期値 $T_0 = 1$，$T_1 = x$ より $a + b = 1, a - b = 0$，従って

$$T_n(x) = \frac{\{x + \sqrt{x^2-1}\}^n + \{x - \sqrt{x^2-1}\}^n}{2}.$$

と表現されるから，$x = 5/4$ を代入して

$$\frac{T_n(5/4)}{2^{n-1}} = \frac{2^n + 2^{-n}}{2^n} \to 1.$$

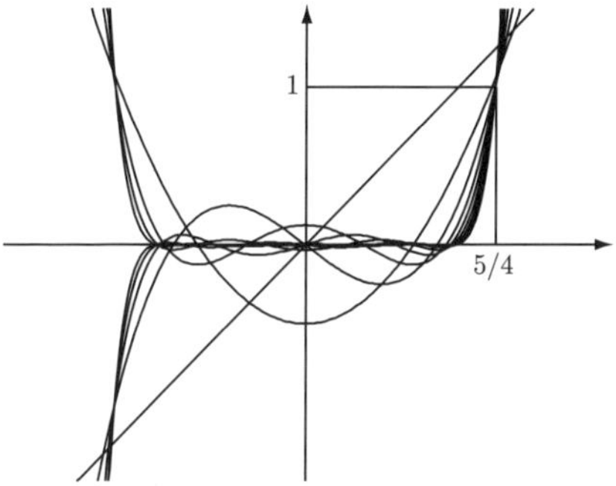

図 A.3 問題 1 4) の図

問題 2 不等式は明らかなので，等号を示す．$f(x) \geq 0$ なら $f_+(x) = f(x)$，$f_-(x) = 0$，$|f(x)| = f(x)$．従って $f_+(x) - f_-(x) = f(x)$，$f_+(x) + f_-(x) = |f(x)|$ は明らかに成り立つ．$f(x) < 0$ の場合も同様．

問題 3 これも不等式は諸記号の定義より明らか．$f(x) \leq g(x)$ なる点では $f \wedge g(x) = f(x)$，$f \vee g(x) = g(x)$ より $f \wedge g(x) + f \vee g(x) = f(x) + g(x)$，$f \vee g(x) - f \wedge g(x) = g(x) - f(x) = |f - g|$．$f(x) > g(x)$ なる点でも同様．

問題 4 $x = 1$ での定義は極限値 $\lim_{x \to 1} \frac{x-1}{\log x} = 1$ で拡張できる．$\lim_{x \searrow 0} \frac{x-1}{\log x} = 0$ なの

で，$x \le 0$ での値を恒等的に 0 と置けば，こちらへも連続に拡張される．

問題 5　1) $n = 1$ の場合は仮定そのものだから，2^{n-1} 項まで不等式が成り立つとすると，2^n 項の場合は

$$
\begin{aligned}
f\left(\frac{x_1 + \cdots + x_{2^n}}{2^n}\right) &\le f\left(\frac{\frac{x_1+\cdots+x_{2^{n-1}}}{2^{n-1}} + \frac{x_{2^{n-1}+1}+\cdots+x_{2^n}}{2^{n-1}}}{2}\right) \\
&\le \frac{1}{2}\left\{f\left(\frac{x_1 + \cdots + x_{2^{n-1}}}{2^{n-1}}\right) + f\left(\frac{x_{2^{n-1}+1} + \cdots + x_{2^n}}{2^{n-1}}\right)\right\} \\
&\le \frac{1}{2}\left\{\frac{f(x_1) + \cdots + f(x_{2^{n-1}})}{2^{n-1}} + \frac{f(x_{2^{n-1}+1}) + \cdots + f(x_{2^n})}{2^{n-1}}\right\} \\
&\le \frac{f(x_1) + \cdots + f(x_{2^n})}{2^n}.
\end{aligned}
$$

2) λ を近似する二進分数の列 $p_n/2^n$ をとる．ここに p_n は正整数である．1) で示した不等式において x_j のうち $(2^n - p_n)$ 個が x に，p_n 個が y に等しいと思えば

$$
f\left(\frac{(2^n - p_n)x + p_n y}{2^n}\right) \le \frac{(2^n - p_n)f(x) + p_n f(y)}{2^n}.
$$

ここで $n \to \infty$ とすれば $p_n/2^n \to \lambda$ であり，f は連続だから，上の不等式の両辺は

$$
f((1-\lambda)x + \lambda y) \le (1-\lambda)f(x) + \lambda f(y)
$$

の対応する辺にそれぞれ近づく．

問題 6　どの点でも不連続であることは連続性の定義より明らか．

問題 7　x の二進小数表示が有限で切れる点では不連続である．実際，例えば，$x = 1/4$ では $f(x) = 0.01 = 1/100$ だが，1/4 に下から収束する二進有限小数の列 $x_n = 1/8 + \cdots + 1/2^n$ に対しては $f(x_n) = 0.0011\cdots1$ であり，いつまで経っても 1/900 を越えることができない．これに対し，x の二進小数表示が無限小数となる点では連続である．実際，その無限小数を途中で切った x_n について $f(x_n) \to f(x)$ となることが上と同様の議論でわかるが，$f(x)$ は明らかに単調増加なので，左からの極限はこれで確定する．右からの極限については，任意の点で確定しており，常に $f(x)$ と一致する．これは x の二進小数展開 (有限小数は 0 が無限に並んでいるとみなす) において，遠くの方の 0 を 1 に変えたものが右方から x に近づき，$f(x_n) \to f(x)$ でもあることからわかる．(途中から 1 が無限に並ぶような正則でない小数は除外していることに注意．)

問題 8　x が有理数なる点では不連続．実際，有理数 q/p に収束する無理数の列 x_n が存在し，x_n の近似有理数 y_n で分母が n とともにいくらでも大きくなるようなも

のが選べるので，$y_n \to q/p$ にもかかわらず $f(y_n) \to 0 \neq f(q/p) = 1/p$ となる．他方，x が無理数なる点では連続．実際，有理数が x に近づくに連れて，かならず分母がいくらでも大きくなる．(分母の大きさが限られた有理数は有限個しか存在しないから，無理数に収束するような列を取り出せない．) 従って x_n が有理数か無理数かを問わず $x_n \to x$ なら $f(x_n) \to 0$ となるからである．なお，勝手な無理数が有理数で近似できることは実数の十進小数展開のところで示されているが，有理数が無理数で近似できることは，例えば $q/p + \sqrt{2}/n$ などを考えれば容易に示せる．

第 3 章

練 習 問 題

3.1 1) 対数微分を使うと，$y = x^{x^x}$ と置いて $\log y = x^x \log x$ より

$$\frac{1}{y}\frac{dy}{dx} = (x^x)' \log x + x^x \cdot \frac{1}{x}.$$

よって本文中の計算結果 $(x^x)' = x^x(\log x + 1)$ を用いると

$$(x^{x^x})' = x^{x^x}\{x^x(\log x + 1)\log x + x^{x-1}\}.$$

2) 指数関数の合成関数に直す方法だと

$$(x^{x^x})' = (e^{x^x \log x})' = (x^x \log x)' \cdot e^{x^x \log x} = \{(x^x)' \log x + x^{x-1}\}x^{x^x}.$$

ここから先は上と同じ．

3.2 1) 合成関数の微分の最も易しい例である．

$$(\log\log x)' = \frac{1}{\log x}(\log x)' = \frac{1}{x\log x}.$$

2) 商の微分の公式より

$$\left(\frac{\sin x}{x}\right)' = \frac{x\cos x - \sin x}{x^2}.$$

3) 1) を用いて

$$\left((\log x)^{x^{\log x}}\right)' = \left(e^{(\log\log x)x^{\log x}}\right)' = \left(e^{(\log\log x)x^{\log x}}\right)\left((\log\log x)e^{(\log x)^2}\right)'$$

$$= (\log x)^{x^{\log x}}\left(\frac{1}{x\log x}e^{(\log x)^2} + \log\log x e^{(\log x)^2}\frac{2\log x}{x}\right)$$

$$= (\log x)^{x^{\log x}}x^{\log x}\left(\frac{1}{x\log x} + 2\frac{\log x\log\log x}{x}\right).$$

4) まず

$$\left(\frac{x}{\sqrt{1-x^2}}\right)' = \frac{1\cdot\sqrt{1-x^2}+\frac{2x^2}{2\sqrt{1-x^2}}}{1-x^2} = \frac{1}{(1-x^2)^{3/2}}.$$

従って

$$\left(\mathrm{Arctan}\,\frac{x}{\sqrt{1-x^2}}\right)' = \frac{1}{1+(x/\sqrt{1-x^2})^2}\cdot\left(\frac{x}{\sqrt{1-x^2}}\right)'$$
$$= (1-x^2)\cdot\frac{1}{(1-x^2)^{3/2}} = \frac{1}{\sqrt{1-x^2}}.$$

この結果を見て気づいた人もいるだろうが,

$$\mathrm{Arctan}\,\frac{x}{\sqrt{1-x^2}} = \mathrm{Arcsin}\,x$$

なので，この結果は当たり前．ごくろうでした．(^^;

3.3 $y=\mathrm{Arcsinh}\,x$ に対しては，$x=\sinh y$ であり，

$$\frac{dy}{dx} = \frac{1}{(\sinh y)'} = \frac{1}{\cosh y} = \frac{1}{\sqrt{\sinh^2 y+1}} = \frac{1}{\sqrt{x^2+1}}.$$

同様に $y=\mathrm{Arccosh}\,x$ に対しては，$x=\cosh y$ より

$$\frac{dy}{dx} = \frac{1}{(\cosh y)'} = \frac{1}{\sinh y} = \pm\frac{1}{\sqrt{\cosh^2 y-1}} = \pm\frac{1}{\sqrt{x^2-1}}.$$

符号は分枝に依存する．最後に $y=\mathrm{Arctanh}\,x$ に対しては，$x=\tanh y$ より

$$\frac{dy}{dx} = \frac{1}{(\tanh y)'} = \frac{1}{\cosh^{-2} y} = \frac{1}{1-\tanh^2 y} = \frac{1}{1-x^2}.$$

3.4 $O(h^2)$ となるのは 1)，2)，4)，5)，6)．$o(h^2)$ となるのは 2)，4)，6)．いずれも定義から直接判定できる．

3.5 1) 正確に $2\sin h \equiv 2h$ だが，弦 AB $\sim$ 弧 AB なので $O(h)$ はすぐわかる．

2) 上と全く同様で $O(h)$．　3) AH$\times$OH $\sim h$．　4) CH $=$ OC$-$OH$=1-\cos h = O(h^2)$．　5) $\triangle$ ACB=AH$\times$CH $= O(h)\times O(h^2) = O(h^3)$．　6) 弓形 ACB は $\triangle$ ACB を含み，その 2 倍の長方形に含まれるので，無限小の次数は$\triangle$ ACB と同じく $O(h^3)$．　7) h が十分に小さければ，この円は直径が CH となるので，面積は $O(\mathrm{CH}^2)=O(h^4)$．

3.6 7) の証明．仮定 $R(h)=o(h^m)$ より，$\forall\varepsilon>0$ に対して $\delta>0$ を十分小さく

選べば，$|h| < \delta$ において $|R(h)| \leq \varepsilon |h|^m$．他方 $\exists C > 0$，$S(h) \leq C|h|^n$ となっているから，更に h を $C|h|^n < \delta$ となるように選べば，

$$|R(S(h))| \leq \varepsilon \Big| C|h|^n \Big|^m = \varepsilon C^m |h|^{m+n}.$$

これから $R(S(h)) = o(h^{m+n})$ がわかる．

3.7 1) 等比級数展開に x を掛ける：

$$\frac{x}{1+x^3} = x\Big(1 - x^3 + \cdots + (-1)^n x^{3n} + \cdots\Big) = x - x^4 + \cdots + (-1)^n x^{3n+1} + \cdots.$$

2) $(1+x)^{1/2}$ の一般 2 項展開の公式において $x \mapsto -x$ という置き換えをすればよい：

$$\sqrt{1-x} = 1 - \frac{1}{2}x - \frac{1}{8}x^2 + \cdots - \frac{1 \cdot 3 \cdots (2n-3)}{2^n n!} x^n + \cdots.$$

ただし，$n = 0, 1$ は一般項の例外です．

3) $\operatorname{Arccos} x = \pi/2 - \operatorname{Arcsin} x$ を使うと

$$\operatorname{Arccos} x = \frac{\pi}{2} - x - \frac{1}{2}\frac{x^3}{3} - \cdots - \frac{(2n-1)!!}{(2n)!!}\frac{x^{2n+1}}{2n+1} + \cdots.$$

4) これも $(1+x)^{1/3}$ の一般 2 項展開で $x \mapsto x^3$ と置き換える：

$$\sqrt[3]{1+x^3} = 1 + \frac{1}{3}x^3 - \frac{1}{3}\frac{2}{3}\frac{x^6}{2!} + \cdots + (-1)^{n-1}\frac{2 \cdot 5 \cdots (3n-4)}{3^n n!} x^n + \cdots.$$

これも $n = 0, 1$ は一般項の例外．

5) $\log(1+x)$ の展開に $x \mapsto x^2$ を代入する：

$$\log(1+x^2) = x^2 - \frac{x^4}{2} + \cdots + (-1)^{n-1}\frac{x^{2n}}{n} + \cdots.$$

6) 同様に $\operatorname{Arcsin} x$ の展開を用いて

$$\operatorname{Arcsin} x^2 = x^2 + \frac{1}{2}\frac{x^6}{3} + \cdots + \frac{(2n-1)!!}{(2n)!!}\frac{x^{4n+2}}{2n+1} + \cdots.$$

7) $\sin x$ の展開を x で割ればよい．これなどは公式通り逐次微分を計算しようとすると死ぬ．

$$\frac{\sin x}{x} = 1 - \frac{x^2}{3!} + \cdots + (-1)^n \frac{x^{2n}}{(2n+1)!} + \cdots.$$

8) $\sin x$ の展開を 2 乗すると一般項が見にくい．高校生のように半角公式を使うとよい：

$$\begin{aligned}\sin^2 x &= \frac{1-\cos 2x}{2} = \frac{1}{2}\left(1-1+\frac{(2x)^2}{2!}-+\cdots+(-1)^{n-1}\frac{(2x)^{2n}}{(2n)!}+\cdots\right)\\ &= x^2-+\cdots+(-1)^{n-1}\frac{2^{2n-1}x^{2n}}{(2n)!}+\cdots.\end{aligned}$$

もちろん $n=0$ は例外.

9) $\cos x = 1-\dfrac{x^2}{2}+\dfrac{x^4}{4!}+O(x^6)$ より $-\dfrac{x^2}{2}+\dfrac{x^4}{4!}+O(x^6)$ を缶詰にして

$$\begin{aligned}\log(\cos x) &= \log\left(1-\frac{x^2}{2}+\frac{x^4}{4!}+O(x^6)\right)\\ &= -\frac{x^2}{2}+\frac{x^4}{4!}-\frac{1}{2}\left(\frac{x^2}{2}-\frac{x^4}{4!}\right)^2+O(x^6) = -\frac{x^2}{2}-\frac{x^4}{12}+O(x^6).\end{aligned}$$

10)
$$\begin{aligned}\sec x &= \frac{1}{\cos x} = \frac{1}{1-x^2/2+x^4/4!-x^6/6!+O(x^8)}\\ &= 1+\left(\frac{x^2}{2}-\frac{x^4}{4!}+\frac{x^6}{6!}\right)+\left(\frac{x^2}{2}-\frac{x^4}{4!}\right)^2+\left(\frac{x^2}{2}\right)^3+O(x^8)\\ &= 1+\frac{x^2}{2}+\frac{5}{24}x^4+\frac{61}{720}x^6+O(x^8).\end{aligned}$$

11)
$$\begin{aligned}\frac{x}{e^x-1} &= \frac{x}{x+x^2/2+x^3/6+x^4/24+x^5/120+O(x^6)}\\ &= \frac{1}{1+x/2+x^2/6+x^3/24+x^4/120+O(x^5)}\\ &= 1-\left(\frac{x}{2}+\frac{x^2}{6}+\frac{x^3}{24}+\frac{x^4}{120}\right)+\left(\frac{x}{2}+\frac{x^2}{6}+\frac{x^3}{24}\right)^2-\left(\frac{x}{2}+\frac{x^2}{6}\right)^3\\ &\qquad+\left(\frac{x}{2}\right)^4+O(x^5)\\ &= 1-\frac{x}{2}+\frac{x^2}{12}-\frac{x^4}{720}+O(x^5).\end{aligned}$$

(実は誤差は $O(x^6)$ になっている．)

3.8 $x\sin x = x(x-x^3/6+x^5/120+\cdots) = x^2-x^4/6+x^6/120+\cdots$ より

$$\begin{aligned}\cos(x\sin x) &= 1-\frac{1}{2}(x\sin x)^2+\cdots = 1-\frac{1}{2}\left(x^2-\frac{1}{6}x^4+\frac{x^6}{120}\right)^2+\cdots\\ &= 1-\frac{1}{2}x^4+\frac{1}{6}x^6+\cdots\end{aligned}$$

$$\therefore\ \log\cos(x\sin x) = -\left(\frac{1}{2}x^4-\frac{1}{6}x^6\right)+\cdots = -\frac{1}{2}x^4+\frac{1}{6}x^6+\cdots$$

この式から $f^{(6)}(0) = 6! \cdot \dfrac{1}{6} = 5! = 120.$

3.9 ヒントにある通り，$\dfrac{x^2 \sin \frac{1}{x}}{\sin x}$ は $\dfrac{0}{0}$ 型の不定形で，極限値は 0 に確定しているが，分母分子をそれぞれ微分して得られる $\dfrac{2x \sin \frac{1}{x} - \cos \frac{1}{x}}{\cos x}$ はもはや $\dfrac{0}{0}$ 型ではなく，$x \to 0$ のときの値は -1 と 1 の間を振動して極限値は定まらない．

3.10 1) 分母，分子の Taylor 展開を用いて

$$\lim_{x \to 0} \frac{\cos x^{10} - 1}{(\mathrm{Arcsin}\, x)^{20}} = \lim_{x \to 0} \frac{(1 - x^{20}/2! + O(x^{40})) - 1}{x^{20} + O(x^{22})} = \lim_{x \to 0} \frac{-x^{20}/2 + O(x^{40})}{x^{20} + O(x^{22})} = -\frac{1}{2}.$$

2) $\sin x$ の Taylor 展開より $\dfrac{\sin x}{x} = 1 - \dfrac{x^2}{6} + O(x^4)$ だから

$$\begin{aligned}\left(\frac{\sin x}{x}\right)^{\frac{1}{x^2}} &= \left(1 - \frac{x^2}{6} + O(x^4)\right)^{\frac{1}{x^2}} = \left(1 + \frac{x^2}{6} + O(x^4)\right)^{-\frac{1}{x^2}} \\ &= \left\{\left(1 + \frac{x^2}{6} + O(x^4)\right)^{\frac{6}{x^2}}\right\}^{-\frac{1}{6}} \to e^{-1/6}.\end{aligned}$$

最後のところが不満な人は，

$$\begin{aligned}\left(1 - \frac{x^2}{6} + O(x^4)\right)^{\frac{1}{x^2}} &= \exp\left\{\frac{1}{x^2} \log\left(1 - \frac{x^2}{6} + O(x^4)\right)\right\} \\ &= \exp\left(-\frac{1}{6} + O(x^2)\right) \to e^{-1/6}.\end{aligned}$$

と書いてもよい．

3)
$$\begin{aligned}&\lim_{x \to 0}\left(\frac{1}{\sin^2 x} - \frac{1}{x^2}\right) = \lim_{x \to 0}\left(\frac{1}{(x - x^3/3! + O(x^5))^2} - \frac{1}{x^2}\right) \\ &= \lim_{x \to 0} \frac{1}{x^2}\left\{\left(1 + \frac{x^2}{3!} + O(x^4)\right)^2 - 1\right\} \\ &= \lim_{x \to 0} \frac{1}{x^2}\left(1 + \frac{2x^2}{3!} + O(x^4) - 1\right) = \frac{1}{3}.\end{aligned}$$

先にさっさと通分してしまった方がわかりやすいかもしれない．それでも計算を間違える人は必ずいるが．;_;

4) $\log x$ を括り出すと

$$\frac{\log x}{\log x + \log \log x} = \frac{1}{1 + \frac{\log \log x}{\log x}}.$$

ここで x，従って $t=\log x$ が $\to\infty$ のとき $\log\log x/\log x=\log t/t$ は 0 に近づくことに注意すると，上の極限は 1 であることが容易にわかる．ロピタルも (面倒だが) 使える：

$$\lim_{x\to\infty}\frac{\log x}{\log x+\log\log x}=\lim_{x\to\infty}\frac{1/x}{1/x+1/x\log x}=\lim_{x\to\infty}\frac{1}{1+1/\log x}=1.$$

3.11 ヒントに従い $e=q/p$ と既約分数で表されたとして，p 次の項までの Taylor 展開

$$\frac{q}{p}=e=1+\frac{1}{1!}+\frac{1}{2!}+\cdots+\frac{1}{p!}+\frac{e^\theta}{(p+1)!}$$

を考察する．e の近似値 $2.7\cdots$ の知識から $p>2$ は明らかだとしてよいであろう．上の式の両辺に $p!$ を書けると，最後の項以外はすべて整数となるが，この項は $0<\theta<1$ と上の注意より $0<e^\theta/(p+1)<3/(p+1)<1$ を満たし，不合理である．

3.12 $\dfrac{x^n}{1+x}=x^{n-1}\cdot\dfrac{x}{1+x}$ と見て部分積分すると

$$\begin{aligned}R_{n+1}&=\int_0^1\frac{(-1)^nx^n}{1+x}\,dx=\left[\frac{(-1)^nx^n}{n}\frac{x}{1+x}\right]_0^1-\int_0^1\frac{(-1)^nx^n}{n}\left(\frac{x}{1+x}\right)'dx\\&=\frac{(-1)^n}{2n}-\int_0^1\frac{(-1)^nx^n}{n}\frac{1}{(1+x)^2}\,dx.\end{aligned}$$

ここで最後の項は被積分関数の最後の因子を省略すれば $O(1/n^2)$ であることが直ちにわかるので，(3.27) が証明された．得られた評価式の主要項は，Taylor 展開の最後の項と合わせて，後者を半分にする効果をもつので，後半の主張も示された．

3.13 例 3.5 に示した方法により，$(1-x^2)^{-1/2}$ を一般 2 項展開したときの剰余項評価 (3.30) において $\alpha=-1/2$ としたもの

$$|R_{n+1}|\le\frac{\frac{1}{2}\frac{3}{2}\cdots\frac{2n+1}{2}}{n!}\cdot 2\{(1-x^2)^{-1/2}-1\}x^{2n}$$

を 0 から $|x|$ まで積分したもの

$$\begin{aligned}\int_0^{|x|}\frac{(2n+1)!!}{n!\,2^n}\cdot\{(1-x^2)^{-1/2}-1\}x^{2n}\,dx&\le\frac{1}{\sqrt{1-x^2}}\int_0^x\frac{(2n+1)!!}{n!\,2^n}\cdot x^{2n+2}\,dx\\&=\frac{(2n+1)!!}{(2n)!!(2n+3)}\frac{|x|^{2n+3}}{\sqrt{1-x^2}}\end{aligned}$$

で抑えられる．

3.14 分子の各項の Taylor 展開は

$$
\begin{aligned}
f(x+h) &= f(x)+hf'(x)+\frac{f''(x)}{2}h^2+\frac{f'''(x)}{6}h^3+\frac{f^{(4)}(x)}{24}h^4+O(h^5),\\
f(x-h) &= f(x)-hf'(x)+\frac{f''(x)}{2}h^2-\frac{f'''(x)}{6}h^3+\frac{f^{(4)}(x)}{24}h^4+O(h^5),\\
f(x+2h) &= f(x)+2hf'(x)+2f''(x)h^2+\frac{4f'''(x)}{3}h^3+\frac{2f^{(4)}(x)}{3}h^4+O(h^5),\\
f(x-2h) &= f(x)-2hf'(x)+2f''(x)h^2-\frac{4f'''(x)}{3}h^3+\frac{2f^{(4)}(x)}{3}h^4+O(h^5).
\end{aligned}
$$

従って

$$
\begin{aligned}
8(f(x+h)-f(x-h)) &= 16hf'(x)+\frac{8f'''(x)}{3}h^3+O(h^5),\\
f(x+2h)-f(x-2h) &= 4hf'(x)+\frac{8f'''(x)}{3}h^3+O(h^5),\\
8(f(x+h)-f(x-h)) &- (f(x+2h)-f(x-2h)) = 12hf'(x)+O(h^5).
\end{aligned}
$$

両辺を $12h$ で割れば求める式を得る.

3.15 1) Leibniz の公式より $(xe^x)^{(n)}=xe^x+ne^x$. この結果は数学的帰納法でも容易に導かれる.

2) 同じく

$$
\begin{aligned}
(e^x\sin x)^{(n)} &= \sum_{k=0}^{n} {}_n\mathrm{C}_k e^x(\sin x)^{(k)}\\
&= \sum_{k=0}^{[n/2]} {}_n\mathrm{C}_{2k}(-1)^k e^x\sin x+\sum_{k=0}^{[(n-1)/2]} {}_n\mathrm{C}_{2k+1}(-1)^k e^x\cos x.
\end{aligned}
$$

ここに $[x]$ は x を越えない最大の整数を表す (Gauss の記号). 上の係数は $(1+i)^n$ の実部, 虚部に等しい. その理由は第 II 巻第 8 章で明らかになるであろう.

3) 同じく

$$
(e^x\log x)^{(n)}=\sum_{k=0}^{n} {}_n\mathrm{C}_k e^x(\log x)^{(k)}=e^x\log x+e^x\sum_{k=1}^{n} {}_n\mathrm{C}_k\frac{(-1)^{k-1}(k-1)!}{x^k}.
$$

3.16 1) 仮定により

$$
f(x)=f(a)+\frac{f^{(m)}(a)}{m!}(x-a)^m+o((x-a)^m)
$$

と書け, 従って $m=2$ のときの本文中の議論と同様にして, $\delta>0$ を十分小さく選べば $0<|x-a|<\delta$ において $f(x)-f(a)$ は $f^{(m)}(a)(x-a)^m/m!$ と同符号になることが示される. よって, m が偶数なら $(x-a)^m>0$ より $f^{(m)}(a)>0$ なら極小,

$f^{(m)}(a)<0$ なら極大となる．また m が奇数なら，$(x-a)^m$ は $x>a$ と $x<a$ とで符号を変えるので，$f^{(m)}(a)$ の符号に拘わらず極値を取り得ない．

2) 差 $f(x)-g(x)$ に上の論法，あるいは結論を適用すれば，m が奇数のときこれは $x=a$ を境に符号を変える，すなわち $f(x)$ と $g(x)$ の大小が逆転するので，グラフの曲線は $x=a$ で交差する．逆に m が偶数だと符号一定で，すなわち一方が他方の同じ側にとどまり，曲線は交差しない．

章末問題

問題 1 1) どうということはない合成関数の微分の計算：

$$\begin{aligned}(\log\log\log x)' &= \frac{1}{\log\log x}(\log\log x)' = \frac{1}{\log\log x}\frac{1}{\log x}(\log x)' \\ &= \frac{1}{\log\log x}\frac{1}{\log x}\frac{1}{x} = \frac{1}{x\log x\log\log x}\end{aligned}$$

2) 合成関数の微分と商の微分の公式より

$$\left(\mathrm{Arcsin}\,\frac{1}{x}\right)' = \frac{1}{\sqrt{1-\frac{1}{x^2}}}\times\left(-\frac{1}{x^2}\right) = -\frac{1}{x\sqrt{x^2-1}}.$$

3) 1) の計算から $(\log\log x)'$ がわかっているので

$$\begin{aligned}\left((\log x)^{x^{\log x}}\right)' &= \left(e^{(\log\log x)x^{\log x}}\right)' = \left(e^{(\log\log x)x^{\log x}}\right)\left((\log\log x)e^{(\log x)^2}\right)' \\ &= (\log x)^{x^{\log x}}\left(\frac{1}{x\log x}e^{(\log x)^2} + \log\log x e^{(\log x)^2}\frac{2\log x}{x}\right) \\ &= (\log x)^{x^{\log x}}x^{\log x}\left(\frac{1}{x\log x} + 2\frac{\log x\log\log x}{x}\right).\end{aligned}$$

4) 合成関数の微分で

$$\left(\mathrm{Arcsin}\,\frac{x}{\sqrt{1+x^2}}\right)' = \frac{1}{\sqrt{1-\left(\frac{x}{\sqrt{1+x^2}}\right)^2}}\left(\frac{x}{\sqrt{1+x^2}}\right)'$$

$$= \sqrt{1+x^2}\,\frac{\sqrt{1+x^2}-\dfrac{x^2}{\sqrt{1+x^2}}}{1+x^2} = \frac{1+x^2-x^2}{1+x^2} = \frac{1}{1+x^2}.$$

なお，$\mathrm{Arcsin}\,\dfrac{x}{\sqrt{1+x^2}} = \mathrm{Arctan}\,x$ であることが，直角三角形を描けば簡単にわかる.(^^;)

問題 2 1) 分母，分子の Taylor 展開を用いて

$$\lim_{x\to 0}\frac{\cos x^{20}-1}{(\operatorname{Arctan} x)^{40}} = \lim_{x\to 0}\frac{(1-x^{40}/2!+O(x^{80}))-1}{x^{40}+O(x^{42})}$$
$$= \lim_{x\to 0}\frac{-x^{40}/2+O(x^{80})}{x^{40}+O(x^{42})} = -\frac{1}{2}.$$

2) $(\cos x)^{\cot^2 x} = e^{\cot^2 x \log\cos x}$ であり，ここで

$$\cot^2 x\log\cos x = \frac{\cos^2 x}{\sin^2 x}\log\left(1-\frac{x^2}{2}+O(x^4)\right)$$
$$= \left(\frac{1}{x^2}+O(1)\right)\left(-\frac{x^2}{2}+O(x^4)\right) = -\frac{1}{2}+O(x^2)$$

だから，この部分は $x\to 0$ のとき $-1/2$ に近づく．よって

$$\lim_{x\to 0}(\cos x)^{\cot^2 x} = e^{-1/2} = \frac{1}{\sqrt{e}}.$$

上の計算の途中に出てきた

$$\lim_{x\to 0}\cot^2 x\log\cos x = \lim_{x\to 0}\frac{\log\cos x}{\sin^2 x} \tag{A.2}$$

を求めるのに l'Hospital の定理を使ってもよい．その場合も $\cos^2 x$ を残したままで微分すると面倒である．1 に近づくような因子はさっさと省略してよろしい．

3) $\tan x = \sin x/\cos x = x + x^3/3 + O(x^5)$ を思い出して

$$\lim_{x\to 0}\left(\frac{1}{\tan^2 x}-\frac{1}{x^2}\right) = \lim_{x\to 0}\left(\frac{1}{(x+x^3/3+O(x^5))^2}-\frac{1}{x^2}\right)$$
$$= \lim_{x\to 0}\frac{1}{x^2}\left\{\left(1-\frac{x^2}{3}+O(x^4)\right)^2-1\right\} = \lim_{x\to 0}\frac{1}{x^2}\left(1-\frac{2x^2}{3}+O(x^4)-1\right)$$
$$= -\frac{2}{3}.$$

先にさっさと通分してしまった方がわかりやすいかもしれない：

$$\lim_{x\to 0}\left(\frac{1}{\tan^2 x}-\frac{1}{x^2}\right) = \lim_{x\to 0}\frac{x^2\cos^2 x-\sin^2 x}{x^2\sin^2 x}.$$

このまま計算を続けるよりも，極限が 1 の因子 $\dfrac{\sin x}{x}$ を掛けて

$$= \lim_{x\to 0}\frac{x^2\cos^2 x-\sin^2 x}{x^4}$$

にしておく方がもっと簡単．これなら l'Hospital でも何とかなる．もちろん，適当な

ところで因数分解を使ってもよい．

問題 3 計算機で調べると次のようなものが見つかる[2)]：

$$\sqrt{7}=\frac{8}{3}\sqrt{1-\frac{1}{64}},\quad \sqrt{7}=\frac{127}{48}\sqrt{1-\frac{1}{127^2}},\quad \sqrt{7}=\frac{2024}{765}\sqrt{1-\frac{1}{2024^2}}$$

など．最初に挙げた表現で計算するなら 5 項取れば十分．更に，最後のものだと，2 項だけで

$$\begin{aligned}\sqrt{7}\ &\fallingdotseq \frac{2024}{765}\left(1-\frac{1}{2\cdot 2024^2}\right)=2.645751633986\cdots\times(1-0.000000122053\cdots)\\ &=2.645751311064\cdots\end{aligned}$$

まで，正しい 10 桁の数値 2.645751311 が求まっている．誤差の評価が気になるが，これは交代級数ではないのでやや面倒．省略した次の項が 10^{-14} よりは小さいことは計算機ですぐわかるので，残りを全部加えても，この項 $\times(1+1/2+1/4+\cdots)$ で抑えられることを見れば納得できる．

問題 4 1) 筆者が考えたのは $2\times 4^3=128=5^3+3$ を用いた

$$\sqrt[3]{2}=\frac{5}{4}\sqrt[3]{1+\frac{3}{125}}=\frac{5}{4}\sqrt[3]{1+\frac{24}{1000}}.$$

そんなに収束は速くはないが，10 桁くらいなら

$$\begin{aligned}\sqrt[3]{2}=\ &\frac{5}{4}\left(1+\frac{1}{3}\frac{24}{1000}-\frac{2}{9\cdot 2!}\frac{24^2}{1000^2}+\frac{2\cdot 5}{27\cdot 3!}\frac{24^3}{1000^3}-\frac{2\cdot 5\cdot 8}{81\cdot 4!}\frac{24^4}{1000^4}\right.\\ &\left.\qquad+\frac{2\cdot 5\cdot 8\cdot 11}{243\cdot 5!}\frac{24^5}{1000^5}-R_6\right)\end{aligned}$$

とすれば，交代級数の打ち切り誤差評価法より

$$0\le R_6\le\frac{2\cdot 5\cdot 8\cdot 11\cdot 14}{729\cdot 6!}\frac{24^6}{1000^6}=0.4485575111\cdots\times 10^{-11}$$

だから，上に示した項だけで計算した値 1.25992104990037333⋯ から，小数点以下 9 桁 (全部で 10 桁) までの近似値として四捨五入なら 1.259921050，正しい数字なら 1.259921049 はいずれも確定する．(問題文では 10 桁の切り方について特に指定はしていないので，どちらでも構わない．) こういう問題に解答するときは，最後の数字が 0 だからといって省略してはいけない．省略すると有効数字は 9 桁とみなされてし

[2)] 平方根については，初等整数論の Pell 型方程式 $x^2-7y^2=1$ の整数解の求め方として，$8^2-3^2\cdot 7=1$ が一つ見つかれば $(8-3\sqrt{7})^n=a_n-b_n\sqrt{7}$ により計算した正整数 a_n，b_n が一般解を与えるという解法が知られており，次に述べる例はここで $n=2$, 3 とすれば手計算でも容易に求まる．

まう.

レポートの答の中に面白いものを期待したが，残念ながら上の例以外には出なかった．そこで計算機により $2\cdot n^3 - m^3$ が比較的小さな値になるような (n, m) のペアを虱潰しに捜してみると，$2\cdot 504^3 - 635^3 = 253$ という例が見つかった．これを使うと

$$\sqrt[3]{2} = \frac{635}{504}\left(1 + \frac{1}{3}\frac{253}{635^3} - + \cdots\right)$$

で，この 2 項を取ったときの括弧内の級数の打ち切り誤差は

$$\frac{1\cdot 2}{3\cdot 3}\frac{1}{2!}\frac{253^2}{635^6} = 0.00000000000010848\cdots$$

よりも小さいので，たった 2 項で 10 桁求まってしまう．面白いでしょう？

なお，講義で厳重注意しても，

$$\sqrt[3]{2} = \sqrt[3]{1+1} = 1 + \frac{1}{3} - \frac{1}{3}\frac{2}{3}\frac{1}{2!} + \frac{1}{3}\frac{2}{3}\frac{5}{3}\frac{1}{3!} - + \cdots$$

を使ってしまう人がいるが，これは 2 項級数を収束円上の値で使っているので非常に不利である．この場合は Stirling の公式で近似計算してみると，一般項も剰余項も $O(n^{-4/3})$ となり，幸い収束はしているが，10 桁求めるのに $10^{10\cdot 3/4}$ 項程度必要である．これを使ったという人は，ほんとうに計算したのかな？

2) 同じく計算機で調べると

$$\sqrt[3]{3} = \frac{3}{2}\sqrt[3]{1 - \frac{1}{9}}, \quad \sqrt[3]{3} = \frac{13}{9}\sqrt[3]{1 - \frac{10}{13^3}}, \quad \sqrt[3]{3} = \frac{75}{52}\sqrt[3]{1 - \frac{51}{75^3}},$$
$$\sqrt[3]{3} = \frac{949}{658}\sqrt[3]{1 + \frac{587}{949^3}}$$

などが見つかる．ほとんどの人の答は最初のものと 2 番目のものである．後の方の表現はそれほど美しくないが，計算機にやらせるには十分である．最後のを使うと，2 項取った

$$\begin{aligned}\sqrt[3]{3} &\doteqdot \frac{949}{658}\left(1 + \frac{587}{3\cdot 949^3}\right) = 1.442249240121\cdots \times (1 + 0.000000228938\cdots)\\ &= 1.442249570307\cdots\end{aligned}$$

で，正しい数値 1.442249570 が求まる．これも交代級数なので，誤差は省略した最初の項の寄与分より小さく，それは今要求されている精度を明らかに満たす.

問題 5 5 次までは本文中でやってあるので，あと 1 項計算を続けるだけ.

$$\tan x = \frac{\sin x}{\cos x} = \frac{x - \frac{x^3}{3!} + \frac{x^5}{5!} - \frac{x^7}{7!} + O(x^9)}{1 - \frac{x^2}{2!} + \frac{x^4}{4!} - \frac{x^6}{6!} + O(x^8)}$$

$$= \left(x - \frac{x^3}{6} + \frac{x^5}{120} - \frac{x^7}{720\cdot 7} + O(x^9)\right)$$

$$\times \left\{1 + \left(\frac{x^2}{2} - \frac{x^4}{24} + \frac{x^6}{720} + O(x^8)\right) + \left(\frac{x^2}{2} - \frac{x^4}{24} + O(x^6)\right)^2 + \left(\frac{x^2}{2} + O(x^4)\right)^3 + \cdots\right\}$$

$$= \left(x - \frac{x^3}{6} + \frac{x^5}{120} - \frac{x^7}{720\cdot 7} + O(x^9)\right)$$

$$\times \left\{1 + \frac{x^2}{2} + \left(-\frac{1}{24} + \frac{1}{4}\right)x^4 + \left(\frac{1}{720} - \frac{1}{24} + \frac{1}{8}\right)x^6 + O(x^8)\right\}$$

$$= \left(x - \frac{x^3}{6} + \frac{x^5}{120} - \frac{x^7}{720\cdot 7} + O(x^9)\right)\left\{1 + \frac{x^2}{2} + \frac{5}{24}x^4 + \frac{61}{720}x^6 + O(x^8)\right\}$$

$$= x + \left(-\frac{1}{6} + \frac{1}{2}\right)x^3 + \left(\frac{1}{120} - \frac{1}{12} + \frac{5}{24}\right)x^5$$

$$+ \left(-\frac{1}{720\cdot 7} + \frac{1}{240} - \frac{5}{144} + \frac{61}{720}\right)x^7 + O(x^9)$$

$$= x + \frac{1}{3}x^3 + \frac{2}{15}x^5 + \frac{17}{315}x^7 + O(x^9).$$

結果に自信の無い人は計算機の結果と比べるとよい．計算機の方はもちろん 7 回微分するだろうが，手でそれをやって正解に達する人は稀である．

問題 6 1) 等比級数を利用して $f(x)$ の原点における Taylor 展開を求めると

$$f(x) = x\left(1 + x^{50} + x^{100} + \cdots\right) = x + x^{51} + x^{101} + \cdots.$$

これを Taylor 展開の定義公式と比較して $f^{(100)}(0) = 0$，および $f^{(101)}(0) = 101!$ を得る．

2) $\sin x$ の Taylor 展開を用いて

$$\sin x^{100} = x^{100} + O(x^{300})$$

よって等比級数展開と合わせて

$$\frac{\sin x^{100}}{1+x} = \{x^{100} + O(x^{300})\}\{(1 - x + O(x^2)\} = x^{100} - x^{101} + O(x^{102}).$$

よって上と同様の原理で $f^{(100)}(0) = 100!$，$f^{(101)}(0) = -101!$.

問題 7 まず $n = 1$ のときを考える．$\sin x$ の原点での Taylor 展開に $x = 1$ を代入して

$$\sin 1 = 1 - \frac{1}{3!} + \frac{1}{5!} - + \cdots + (-1)^k \frac{1}{(2k+1)!} + (-1)^{k+1} \frac{1}{(2k+3)!} \cos\theta$$

となる．ここに $0 < \theta < 1 < \pi/2$. 今もし $\sin 1 = q/p$ と既約分数で表されたとすると，上の式で $2k+1 \geq p$ に選べば，両辺に $(2k+1)!$ を掛けた後は最後の剰余項を除いて分母が払え整数となる．しかるに剰余項に $(2k+1)!$ を掛けたものは

$$\frac{1}{(2k+2)(2k+3)} \cos\theta$$

であり，$0 < \cos\theta < 1$ だから，これは整数にはなり得ず，不合理である．故に $\sin 1$ は無理数である．

次に $n = 2$ のときは，Taylor 展開

$$\sin 2 = 2 - \frac{2^3}{3!} + \frac{2^5}{5!} - + \cdots + (-1)^k \frac{2^{2k+1}}{(2k+1)!} + (-1)^{k+1} \frac{2^{2k+3}}{(2k+3)!} \cos 2\theta$$

において，2^{2k+3} が邪魔で上と同様には議論できない．($2^{2k+3}/(2k+2)(2k+3) \to \infty$ ですよ！) そこで，一般に $n!$ の中に 2 が何個含まれるかを考えると，$n = 2^l$ のときに $(2^l - 1)$ 個で最も多く，その直前の $n = 2^l - 1$ のときは，それから l 個減って $(2^l - l - 1)$ 個となることが初等的な考察でわかる．そこで上の式の左辺を q/p と置き $k = 2^{l-1}$，すなわち $2k+1 = 2^l + 1$ ととったとき，両辺に $p(2^l+1)!/2^{2^l - l - 1}$ を掛けると

$$\begin{aligned}\frac{(2^l+1)!}{2^{2^l-l-1}} &\left\{ q - p\left(2 - \frac{2^3}{3!} + \frac{2^5}{5!} - + \cdots + (-1)^{2^{l-1}} \frac{2^{2^l+1}}{(2^l+1)!}\right)\right\} \\ &= (-1)^{2^{l-1}+1} \frac{p \cdot 2^{l+4}}{(2^l+2)(2^l+3)} \cos 2\theta\end{aligned}$$

において，左辺は分母から奇数因子がすべて払われ，また 2 も無くなるので整数となり，また右辺は l を大きくすると 1 より小さい正数になるから，矛盾を生ずる．($0 < \theta < 1$ だけだと今度は $\cos 2\theta$ が 0 になる恐れがある．これは例えば，第 3 章の章末問題 11 にあるように，Lagrange 剰余 $f^{(n)}(\theta x)/n!$ の $\theta \sim 1/(n+1)$ ととれることをいうか，あるいは，積分形の剰余項を用いて得られる上の代替物

$$(-1)^{2^{l-1}+1} \frac{p \cdot 2^{l+4}}{2^l + 2} \int_0^1 (1-t)^{2^l+2} \cos 2t \, dt$$

が 0 になり得ないこと ($(1-t)^{2^l+2}$ がほとんど $t = 0$ に集中しているから) を見ればよい．

なお，n が一般のときも主張は正しいが，どうも上のように Taylor 展開

$$\sin n = n - \frac{n^3}{3!} + \frac{n^5}{5!} - + \cdots + (-1)^k \frac{n^{2k+1}}{(2k+1)!} + (-1)^{k+1} \frac{n^{2k+3}}{(2k+3)!} \cos\theta n$$

を用いるだけでは簡単には出ないようだ.

問題 8 始めに厳密な解答を示す.
くだんの領域を D とすると，D は次の二つの三角形により内部および外部から見積もられる (数学の述語では“評価される”という)：

a) 点 $\mathrm{P}(h,h^2)$ における放物線の接線 $y=2h(x-h)+h^2=2hx-h^2$ と $x=h$, $y=0$ で囲まれた直角三角形 Δ_{inner}. 残りの頂点は $\mathrm{Q}(h,0)$ および $\mathrm{R}(h/2,0)$ である.
b) 二点 $\mathrm{P}(h,h^2)$，$\mathrm{Q}(h,0)$ と原点 $\mathrm{O}(0,0)$ を頂点とする直角三角形 Δ_{outer}.

問題文のヒントにあるように，直角を挟む二辺が λh, h^2 の直角三角形に内接する円の半径 $r(h)$ をまず計算する．例えば，この三角形の面積を二通りに計算して

$$\frac{1}{2}\lambda h\times h^2=\frac{1}{2}\Big(\lambda h+h^2+\sqrt{\lambda^2h^2+h^4}\Big)r(h).$$

従って

$$r(h)=\frac{\lambda h^3}{\lambda h+h^2+\sqrt{\lambda^2h^2+h^4}}=\frac{\lambda h^2}{\lambda+h+\sqrt{\lambda^2+h^2}}=\frac{h^2}{2}+O(h^3). \qquad \text{(A.3)}$$

これより，a), b) いずれについても，円の半径 $r(h)$ は h につき 2 次の無限小で，かつ

$$\lim_{h\to 0}\frac{r(h)}{h^2}=\frac{1}{2}$$

であることがわかるから，間に挟まれた $R(h)$ についても同じ値となる.

このようにきっちり書くのは数学科等でかなりの訓練を受けた人でないと難しいかもしれないが，これに近いことは何とか書けて欲しい．いざとなったら三角形は難しいから，二辺が h, h^2 の長方形で置き換えてしまっても，答は同じになる．(下からの評価に対する正当化は残るが，上からの見積もりはそれで十分)．これで 1) の答くらいは書けるだろう.

$h\to 0$ のとき，h^2 は h に比べて圧倒的に小さいので，すべては微小辺 $x=h$, $0\le y\le h^2$ の近くだけで決まってしまっている．数学を応用する立場の人は，上のような厳密な計算などやらなくてもこういうことを洞察する力をもつことの方が大切だろう．間違った結論を出す学生はほとんど，この縦の辺の方が長いような図を描いてしまう．一度 $h=0.1$ くらいで正確な図を計算機に描かせてみて，検討してみるとよい.

なお，(A.3) は，別法として，円の外から円に引いた二本の接線の長さが等しいことを利用して

$$\sqrt{\lambda^2h^2+h^4}=(\lambda h-r(h))+(h^2-r(h))$$

から求めることもできるが，これから得た

$$r(h)=\frac{1}{2}\left(\lambda h+h^2-\sqrt{\lambda^2h^2+h^4}\right)$$

は，h の 1 次の項が相殺して $O(h^2)$ の式となる．それに気づかないと 1) の答を間違えて 1 次としてしまうが，その場合でも 2) の答を計算して 0 になったとき，間違っていたことに気づくべきだろう．$\lim_{h\to 0} r(h)/h = 0$ ということは，$r(h)$ の方が高次の無限小だよと教えてくれているのだから！

他に，D に含まれる最大円を，円と放物線とが接する条件で具体的に決定しようという試みは，パラメータ h を係数に含んだ 4 次方程式になるので，ちょっと無理だろう (根の公式はあるが実用にはならない)．もちろん，それを漸近的に解くことは可能だが，苦労して計算してもどうせ上で三角形で置き換えて計算したときの値が得られるだけである．

問題 9 1) Gnuplot で作成した ps ファイルの画像を図 A.4 に示す．手で描くときのポイントは，一つ山の関数になっているか？ 左の山裾は $y = x^2$ に近い形にしてあるか？ 右側の山裾は負の傾きで x 軸を切っているか？ など．更に細かくいえば，山の頂上は $\pi/2$ よりも右にずれているか？ といったことも注意すべき点だろう．やみくもに計算機に描かせるのでなく，こういったことを考えながら自分で描くのも楽しい．

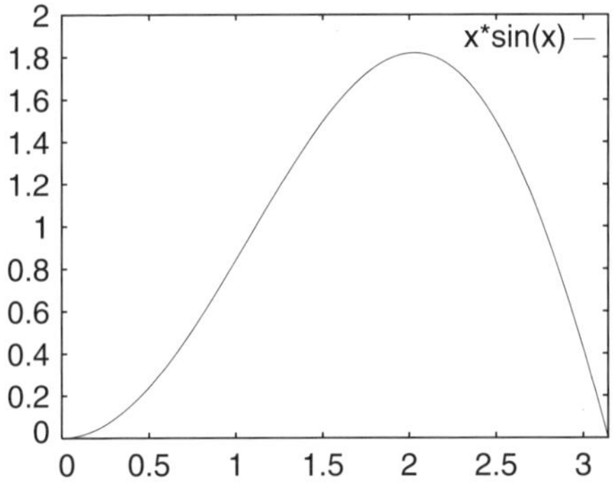

図 **A.4** 問題 9 の図

2) h が小さいとき D は $0 \leq y \leq x^2$ の $x \leq h$ の部分とほとんど同じで，かつ後者をより大きな長方形 $0 \leq x \leq h, 0 \leq y \leq h^2$ で置き換えてもそれに含まれる最大の円の半径は h^2．他方，放物線 $y = x^2$ 上の点 (h, h^2) において放物線に接線を引いたときにできる小さめの三角形には明らかに半径 $O(h^2)$ の円が内接可能 (この計算の詳細は下記) なので，半径のオーダーは 2，よって面積のオーダーは半径の二乗で 4 となる．なお，D 自身の面積は $O(h^3)$ で，オーダーが一つ下 (ずっと大きい) から，それを計算しても答にはならない． もっと厳密な計算の仕方は前問と同様．

3) 導関数 $\sin x + x\cos x$ の零点，すなわち超越方程式 $\tan x = -x$ の解 $(\pi/2 <$

$x < \pi$) を 2 分法により計算し，その x に対する $x\sin x$ の値を求めればよい．(ただし $\tan x$ がこの区間の端点で値が有限にならないので，実際には目分量で少し縮めた区間で二分法を実行しなければならない．)

付録の例 4 にある二分法のプログラムを利用すると $x = 2.0287578381$，またこのとき $x\sin x = 1.8197057412$ と計算される (いずれも 11 桁目を四捨五入した値)．

小数点以下 10 桁の精度で求めるには Pascal を始めとする普通の計算機言語なら倍精度実数を用いれば十分だが，risa や Mathematica を使って多めに計算すればより安心だろう．近似値を $\sin x$ に代入してしまったら，誤差の拡大が心配になるかもしれないが，そういう神経のこまやかな人は，x の近似値の前後で $x\sin x$ の値がどう変わるかを観察してみればよい．(倍精度の $\sin x$ も信用しないとなると，話はもう少しややこしくなるが，区間解析といって，そういうことを真剣に論じる数値解析の分野もある．)

問題 10 1) 曲線 $y^2 = xe^x$ の概形は図 A.5a を参照．

2) x が小さいとき $xe^x \fallingdotseq x$ なので，S_h は $y^2 = x$ と $x = h$ で囲まれた部分とほぼ等しい．よって

$$|S_h| \fallingdotseq 2\int_0^h \sqrt{x}\,dx = \frac{4}{3}h^{3/2}.$$

より正確には，両者の比が 1 に近づく．従って $|S_h|$ は h の 3/2 次の無限小量となる．この議論を正確にやるには，h が小さいとき $0 \le x \le h$ において $1 \le e^{x/2} \le 1 + h$ となることに注意して

$$2\int_0^h \sqrt{x}\,dx \le |S_h| = 2\int_0^h \sqrt{xe^x}\,dx \le 2(1+h)\int_0^h \sqrt{x}\,dx$$

と評価すればよい．

3) S_h に含まれる面積最大の三角形 T_h は頂点が $(0,0)$，$(h, \pm\sqrt{he^h})$ の三角形で，

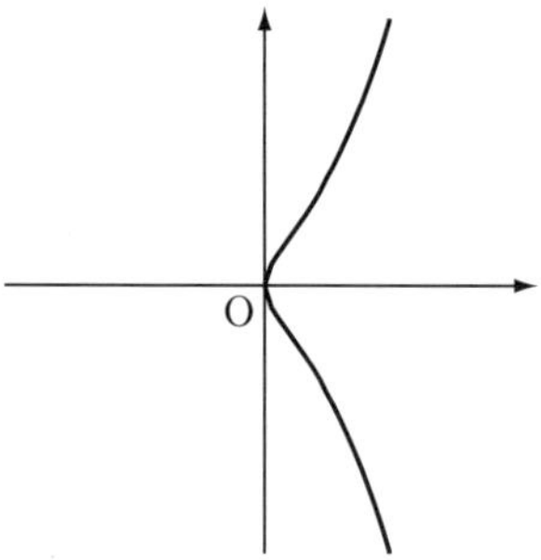

図 **A.5a** 問題 10 1) の図

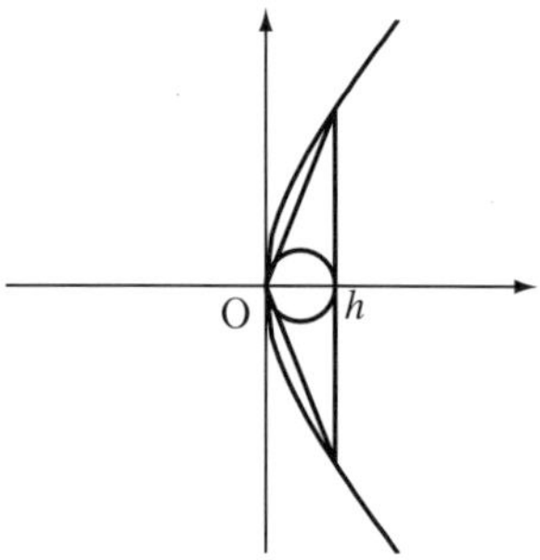

図 **A.5b** (同・拡大図)

従ってその面積はほぼ $(1/2)\times 2\sqrt{h}\times h = h^{3/2}$ に等しい．より正確にいうと，$h\to 0$ のとき $|T_h|/h^{3/2}\to 1$ となる．

S_h に内接する円 C_h の半径は明らかに $h/2$ となるので，こちらの面積は $\pi h^2/4$ である．以上により $a=3/2$，$b=2$．(図 A.5b を参照．)

4) 上の計算より

$$\lim_{h\to 0}\frac{|T_h|^{1/a}}{|C_h|^{1/b}} = \frac{2}{\sqrt{\pi}}.$$

問題 11 ヒントに従い，二つの式

$$f(a+h) = f(a)+f'(a)h+\cdots+\frac{f^{(n)}(a)}{n!}h^n+\frac{f^{(n+1)}(a)}{(n+1)!}h^{n+1}+o(h^{n+1})$$

と

$$\begin{aligned} f(a+h) &= f(a)+f'(a)h+\cdots+\frac{f^{(n)}(a+\theta h)}{n!}h^n \\ &= f(a)+f'(a)h+\cdots+\frac{h^n}{n!}\left\{f^{(n)}(a)+f^{(n+1)}(a)\theta h\right\}+o(h^{n+1}) \end{aligned}$$

を比較して

$$\frac{f^{(n+1)}(a)}{(n+1)!}h^{n+1} = \frac{f^{(n+1)}(a)}{n!}\theta h^{n+1}+o(h^{n+1}).$$

従って $f^{(n+1)}(a)\neq 0$ なら $\theta = 1/(n+1)+o(1)$ を得る．

問題 12 1) 加法定理により

$$\tan\left(4\,\mathrm{Arctan}\,\frac{1}{5}-\frac{\pi}{4}\right) = \frac{\tan\left(4\,\mathrm{Arctan}\,\frac{1}{5}\right)-\tan\frac{\pi}{4}}{1+\tan\left(4\,\mathrm{Arctan}\,\frac{1}{5}\right)\tan\frac{\pi}{4}}.$$

ここで，倍角公式により

$$\tan 2\,\mathrm{Arctan}\,\frac{1}{5} = \frac{2\tan\mathrm{Arctan}\,\frac{1}{5}}{1-\left(\tan\mathrm{Arctan}\,\frac{1}{5}\right)^2} = \frac{2}{5}\frac{25}{24} = \frac{5}{12}.$$

$$\therefore\quad \tan 4\,\mathrm{Arctan}\,\frac{1}{5} = \frac{2\tan\left(2\,\mathrm{Arctan}\,\frac{1}{5}\right)}{1-\left(\tan 2\,\mathrm{Arctan}\,\frac{1}{5}\right)^2} = \frac{5}{6}\frac{144}{119} = \frac{120}{119}.$$

これを上に代入すれば

$$\tan\left(4\,\mathrm{Arctan}\,\frac{1}{5}-\frac{\pi}{4}\right)=\frac{\frac{120}{119}-1}{1+\frac{120}{119}}=\frac{1}{239}.$$

を得る．

2) $\mathrm{Arctan}\,\frac{1}{5}$ と $\mathrm{Arctan}\,\frac{1}{239}$ をそれぞれ Arctan の Taylor 級数 (3.28) を用いて展開すればよい．

問題 13 1) $x^{2n}/(1+x^2)=x^{2n-1}\cdot x/(1+x^2)$ と見て

$$\begin{aligned}R_{n+1}&=\int_0^1\frac{(-1)^n x^{2n}}{1+x^2}\,dx\\&=\left[\frac{(-1)^n x^{2n}}{2n}\cdot\frac{x}{1+x^2}\right]_0^1-\int_0^1\frac{(-1)^n x^{2n}}{2n}\cdot\left(\frac{x}{1+x^2}\right)'dx\\&=\frac{(-1)^n}{4n}-\int_0^1\frac{(-1)^n x^{2n}}{2n}\cdot\frac{1-x^2}{(1+x^2)^2}\,dx\\&=\frac{(-1)^n}{4n}-\left[\frac{(-1)^n x^{2n}}{4n^2}\cdot\frac{x(1-x^2)}{(1+x^2)^2}\right]_0^1+\int_0^1\frac{(-1)^n x^{2n}}{4n^2}\cdot\left(\frac{x(1-x^2)}{(1+x^2)^2}\right)'dx.\end{aligned}$$

$\log 2$ の場合 (練習問題 3.12) と異なり，二回目の部分積分で現れる項が積分区間の両端で消え，最後に残った積分は明らかに $O(1/n^3)$ なので証明された．

2) 得られた誤差に 4 を掛けると，π に対する近似値の誤差としては $1/n+O((1/n^3)$ の形になる．よって n が 10^k のような切りのよい数だと，誤差の主要項は小数点以下 k 桁目の数字 1 として現れるので，Leibniz 級数の計算値は小数点以下 k 桁目が 1 小さいだけで，それ以後さらに約 $2k$ 桁は正しい数字が並ぶことになる．

問題 14 $z=(1-\lambda)x+\lambda y$ と置く．ヒントに従い

$$\begin{aligned}f(x)&=f((1-\lambda)x+\lambda y-\lambda(y-x))=f(z-\lambda(y-x))\\&=f(z)-\lambda(y-x)f'(z)+\frac{\{\lambda(y-x)\}^2}{2}f''(c_1)\\&>f(z)-\lambda(y-x)f'(z),\\f(y)&=f((1-\lambda)x+\lambda y+(1-\lambda)(y-x))=f(z+(1-\lambda)(y-x))\\&=f(z)+(1-\lambda)(y-x)f'(z)+\frac{\{(1-\lambda)(y-x)\}^2}{2}f''(c_2)\\&>f(z)+(1-\lambda)(y-x)f'(z).\end{aligned}$$

ここに，c_1，c_2 はいずれも区間 $[x,y]$ 内の点である．第 1 の式に $(1-\lambda)$ を掛け，第 2 の式に λ を掛けて加えれば，1 階微分の項が打ち消し合って

$$(1-\lambda)f(x)+\lambda f(y)>f(z)=f((1-\lambda)x+\lambda y)$$

が得られる．

問題 15 1) $x>0$ および $x<0$ では無限階微分可能なことは明らか (e^x も $-1/x$ も無限階微分可能で，その合成関数だから)．よって繋ぎ目だけを調べればよい．$x<0$ での導関数はすべて 0．$x>0$ での n 階導関数はある多項式 $p_n(x)$ により $\frac{p_n(x)}{x^{2n}}e^{-1/x}$ の形をしていることが帰納法で容易に示せるが，n が何であっても

$$\lim_{x\searrow 0}\frac{e^{-1/x}}{x^n}=\lim_{y\to\infty}\frac{y^n}{e^y}=0$$

なので，これから $f(x)$ の原点における各階の導関数が確定して値 0 であることがわかる．

2) $g(x)=f(x)f(1-x)$ とすればよい．

3) いろんな作り方があるが，例えば上の f,g を用いて

$$\frac{f(x)}{f(x)+f(1-x)},\qquad \frac{\displaystyle\int_0^x g(x)dx}{\displaystyle\int_0^1 g(x)dx}$$

など．

問題 16 ヒントに述べたように $g(x)=f(x)-\mu x$ を考え，$g'(c)=0$ となる点 $c\in(a,b)$ を見出せばよい．仮定により $g'(a)$ と $g'(b)$ は異符号となるので，$g'(a)<0$, $g'(b)>0$ としても一般性を失わない．すると $g(x)$ は $x=a$ の近く，および $x=b$ の近くで $g(a)$ よりも小さい値を取るので，$g(x)$ の最小値は区間 $[a,b]$ の内点で取られる．それを $x=c$ とすれば，Rolle の定理の証明と同様，$g'(c)=0$ でなければならない．

問題 17 1) $f(a)=0$ を用いて

$$\begin{aligned}x_{n+1}-a &= x_n-a-\frac{f(x_n)}{f'(x_n)}=x_n-a-\frac{f(x_n)-f(a)}{f'(x_n)}\\ &= \frac{x_n-a}{f'(x_n)}\{f'(x_n)-f'(b_n)\}=\frac{x_n-a}{f'(x_n)}f''(c_n)(x_n-b_n).\end{aligned}$$

ここに b_n，c_n は平均値の定理で出てくる量であり，従って $|x_n-b_n|\le|x_n-a|$．よって近似列が $|f'(x)|\ge\mu$, $|f''(x)|\le M$ の範囲を飛び出さなければ

$$|x_{n+1}-a|\le\frac{M}{\mu}|x_n-a|^2$$

が成立する (この評価は最良ではない)．これは $f'(a)\ne 0$ なら初期値を十分 a に近くとれば実現される．

2) $f'(a)=0$ のときは，上の計算をもう少し詳細にやる必要がある:

$$\begin{aligned}
x_{n+1}-a &= x_n - a - \frac{f(x_n)-f(a)-f'(a)(x_n-a)}{f'(x_n)-f'(a)}\\
&= \frac{x_n-a}{f'(x_n)-f'(a)}\left\{f'(x_n)-f'(a)-\frac{f''(a)}{2}(x_n-a)-\frac{f'''(b_n)}{6}(x_n-a)^2\right\}\\
&= \frac{x_n-a}{f''(c_n)}\left\{\frac{f''(a)}{2}+\left(\frac{f'''(d_n)}{2}-\frac{f'''(b_n)}{6}\right)(x_n-a)\right\}.
\end{aligned}$$

従って $f''(a)\neq 0$ ならほぼ $|x_{n+1}-a|\le|x_n-a|/2$ となり，二分法と同じ一次の収束となる．

3) 考察結果は略．

問題 18 1) $\sum_{n=1}^{\infty}\frac{(-1)^{n-1}}{\sqrt{n}}$ は交代級数の収束定理 1.4 により収束するが，$\sum_{n=1}^{\infty}\log\left(1+\frac{(-1)^{n-1}}{\sqrt{n}}\right)$ は発散する．実際，$-1<x<1$ において Taylor の定理により

$$\log(1+x)=x-\frac{x^2}{2}+\frac{x^3}{3}-\frac{(\theta x)^4}{4}\le x-\frac{x^2}{2}+\frac{x^3}{3}$$

だから

$$\sum_{n=1}^{\infty}\log\left(1+\frac{(-1)^{n-1}}{\sqrt{n}}\right)\le\sum_{n=1}^{\infty}\frac{(-1)^{n-1}}{\sqrt{n}}-\sum_{n=1}^{\infty}\frac{1}{2n}+\sum_{n=1}^{\infty}\frac{(-1)^{n-1}}{3n\sqrt{n}}=-\infty.$$

従って無限乗積は 0 に発散する．

2) 同様の理由で，無限乗積 $\prod_{n=1}^{\infty}e^{(-1)^{n-1}/\sqrt{n}}$ は収束しているが，無限級数 $\sum_{n=1}^{\infty}(e^{(-1)^{n-1}/\sqrt{n}}-1)$ は発散する．実際，$-1<x<1$ において Taylor の定理により

$$e^x-1=x+\frac{x^2}{2}+\frac{x^3}{6}+\frac{(\theta x)^4}{24}\ge x+\frac{x^2}{2}+\frac{x^3}{6}$$

だから，

$$\sum_{n=1}^{\infty}(e^{(-1)^{n-1}/\sqrt{n}}-1)\ge\sum_{n=1}^{\infty}\frac{(-1)^{n-1}}{\sqrt{n}}+\sum_{n=1}^{\infty}\frac{1}{2n}+\sum_{n=1}^{\infty}\frac{(-1)^{n-1}}{6n\sqrt{n}}=\infty.$$

問題 19 級数の値を実用的に計算するには，公式に示されたように適当な n までは元の級数で計算し，残りの部分を Euler 変換で加速するのだが，理論的には $n=0$ の場合の式

$$\sum_{k=0}^{\infty}(-1)^k a_k=\sum_{n=0}^{\infty}\frac{(-1)^n}{2^{n+1}}\Delta^n a_0$$

を示せば十分である．まず帰納法により

$$\Delta^n a_0 = \sum_{k=0}^{n} {}_n\mathrm{C}_k (-1)^{n-k} a_k$$

が示される．よって上の証明すべき式の右辺に現れる a_k の項をすべてまとめたときの係数

$$\sum_{n=k}^{\infty} \frac{(-1)^n}{2^{n+1}} {}_n\mathrm{C}_k (-1)^{n-k}$$

が $(-1)^k$ に等しいことをいえばよい．すなわち

$$\sum_{n=k}^{\infty} \frac{{}_n\mathrm{C}_k}{2^{n+1}} = 1$$

をいえばよい．左辺を t^k の係数として冪級数を作ると

$$\sum_{k=0}^{\infty}\sum_{n=k}^{\infty} \frac{{}_n\mathrm{C}_k}{2^{n+1}} t^k = \sum_{n=0}^{\infty}\sum_{k=0}^{n} \frac{{}_n\mathrm{C}_k}{2^{n+1}} t^k = \frac{1}{2}\sum_{n=0}^{\infty}\left(\frac{1+t}{2}\right)^n = \frac{1}{2}\frac{1}{1-\frac{1+t}{2}} = \frac{1}{1-t}$$

よって t^k の係数は 1 である．

第 4 章

練 習 問 題

4.1 1) 部分積分を 3 回やる．

$$\begin{aligned}\int x^3 \sin x\, dx &= -x^3 \cos x + \int 3x^2 \cos x\, dx = -x^3 \cos x + 3x^2 \sin x - \int 6x \sin x\, dx \\ &= -x^3 \cos x + 3x^2 \sin x + 6x \cos x - \int 6 \cos x\, dx \\ &= -x^3 \cos x + 3x^2 \sin x + 6x \cos x - 6 \sin x.\end{aligned}$$

2) 置換積分を用いる

$$\int \frac{1}{x(\log x)(\log\log x)}\, dx = \int \frac{d(\log x)}{(\log x)(\log\log x)} = \int \frac{d(\log\log x)}{\log\log x} = \log(\log\log x).$$

このような表記法にまだ馴染んでいない人は高校流の置換積分で，変数を導入して書いてみよ．これは問題 3 の 1) の逆演算でした．

3) $\mathrm{Arctan}\, x$ は微分するとより扱い易いものが出て来ることに注目して，部分積分を用いる．

$$\int \mathrm{Arctan}\, x\, dx = x\,\mathrm{Arctan}\, x - \int \frac{x}{1+x^2}\, dx = x\,\mathrm{Arctan}\, x - \frac{1}{2}\log(1+x^2).$$

4) 上と同様，部分積分で

$$\int \operatorname{Arcsin} x\,dx = x \operatorname{Arcsin} x - \int \frac{x}{\sqrt{1-x^2}}\,dx = x \operatorname{Arcsin} x + \sqrt{1-x^2}.$$

5) 部分分数分解は次節でやるが，この程度のものは高校生でもやっているだろう．

$$\int \frac{1}{x(x+1)}\,dx = \int \left(\frac{1}{x} - \frac{1}{x+1}\right) dx = \log x - \log(x+1) = \log \frac{x}{x+1}$$

6) 同じく部分分数分解

$$\frac{1}{x(x^2+1)} = \frac{1}{x} - \frac{x}{x^2+1}$$

はほとんど目の子で探せるから，

$$\begin{aligned}\int \frac{1}{x(x^2+1)}\,dx &= \int \frac{1}{x(x^2+1)} = \left(\frac{1}{x} - \frac{x}{x^2+1}\right) dx = \log x - \frac{1}{2}\log(x^2+1)\\ &= \log \frac{x}{\sqrt{x^2+1}}\end{aligned}$$

7) $e^x = t$ と置くと $e^x dx = dt$，すなわち $dx = dt/t$ で

$$\begin{aligned}\int \frac{1}{e^x-1}\,dx &= \int \frac{dt}{t(t-1)} = \int \left(\frac{1}{t-1} - \frac{1}{t}\right) dt\\ &= \log \frac{t-1}{t} = \log \frac{e^x-1}{e^x} = \log(1-e^{-x})\end{aligned}$$

8) 置換積分法の例題として高校の教科書にもあるが，同じ計算を大学生らしく双曲線関数を使って書き表してみよう．

$$\begin{aligned}\int \frac{2dx}{e^x+e^{-x}}\,dx &= \int \frac{1}{\cosh x}\,dx = \int \frac{\cosh x}{\cosh^2 x}\,dx = \int \frac{d\sinh x}{\sinh^2 x+1}\\ &= \operatorname{Arctan} \sinh x = \operatorname{Arctan} \frac{e^x-e^{-x}}{2}\end{aligned}$$

高校生流に $e^x = t$ という置換積分でやると $2 \operatorname{Arctan} e^x$ という答が得られるが，半角公式を用いた次のような計算で両者は積分定数の差しかないことがわかる：

$$\begin{aligned}\tan(2 \operatorname{Arctan} e^x) &= \frac{2e^x}{1-e^{2x}} = -\frac{2}{e^x-e^{-x}}\\ \therefore\ \operatorname{Arctan} \frac{e^x-e^{-x}}{2} &= \frac{\pi}{2} - \operatorname{Arctan} \frac{2}{e^x-e^{-x}} = \frac{\pi}{2} + 2 \operatorname{Arctan} e^x\end{aligned}$$

9) $\sqrt{1-x} = t$ と置換すると

$$\int \frac{\sqrt{1-x}}{x}\,dx = -\int \frac{t}{1-t^2}2t\,dt = \int\left(2-\frac{1}{1-t}-\frac{1}{1+t}\right)dt = 2t-\log\frac{1+t}{1-t}$$
$$= 2\sqrt{1-x}-\log\frac{1+\sqrt{1-x}}{1-\sqrt{1-x}}$$

4.2 1) これは高校生レベルの問題である．

$$\int \frac{1}{x^2+6x+8}\,dx = \int \frac{1}{(x+2)(x+4)}\,dx = \frac{1}{2}\int\left(\frac{1}{x+2}-\frac{1}{x+4}\right)dx$$
$$= \frac{1}{2}\{\log(x+2)-\log(x+4)\} = \frac{1}{2}\log\frac{x+2}{x+4}$$

2) これも高校生レベルだが，部分分数分解を目の子で求められない人はもちろん未定係数法などを使ってもよい．

$$\int \frac{3x}{x^2-x-2}\,dx = \int \frac{3x}{(x-2)(x+1)}\,dx = \int\left(\frac{2}{x-2}+\frac{1}{x+1}\right)dx$$
$$= 2\log(x-2)+\log(x+1) = \log\{(x-2)^2(x+1)\}$$

3) 正直に部分分数分解しても大した計算ではないが，いきなりやるよりも x^2 を缶詰にして

$$\int \frac{x}{x^4-1}\,dx = \frac{1}{2}\int\frac{d(x^2)}{x^4-1} = \frac{1}{4}\int\left(\frac{1}{x^2-1}-\frac{1}{x^2+1}\right)d(x^2) = \frac{1}{4}\log\frac{x^2-1}{x^2+1}$$

とする方が楽でしょう．

4) $x^4+1=(x^2+1)^2-2x^2=(x^2+\sqrt{2}x+1)(x^2-\sqrt{2}x+1)$ という高校生にお馴染の因数分解を用いると，未定係数法で

$$\frac{1}{(x^2+\sqrt{2}x+1)(x^2-\sqrt{2}x+1)} = \frac{Ax+B}{x^2+\sqrt{2}x+1}+\frac{Cx+D}{x^2-\sqrt{2}x+1}$$

と部分分数分解される．よって $x^2+\sqrt{2}x+1=(x+1/\sqrt{2})^2+1/2$ 等と見て

$$(A+C)x^3+\{B+D+(C-A)\sqrt{2}\}x^2+(A+C+(D-B)\sqrt{2}\}x+B+D=1$$
$$\therefore\quad A+C=0,\quad B+D=1,\quad A-C=\frac{1}{\sqrt{2}},\quad B-D=0$$

従って $A=-C=1/2\sqrt{2}$，$B=D=1/2$ となり，

$$\int \frac{1}{x^4+1}\,dx = \frac{1}{2\sqrt{2}}\int\left(\frac{x+\sqrt{2}}{x^2+\sqrt{2}x+1}-\frac{x-\sqrt{2}}{x^2-\sqrt{2}x+1}\right)dx$$
$$= \frac{1}{4\sqrt{2}}\int\left(\frac{2x+\sqrt{2}}{x^2+\sqrt{2}x+1}-\frac{2x-\sqrt{2}}{x^2-\sqrt{2}x+1}\right)dx$$

$$
\begin{aligned}
&+\frac{1}{4}\int\left(\frac{1}{x^2+\sqrt{2}x+1}+\frac{1}{x^2-\sqrt{2}x+1}\right)dx \\
=\ &\frac{1}{4\sqrt{2}}\{\log(x^2+\sqrt{2}x+1)-\log(x^2-\sqrt{2}x+1)\} \\
&+\frac{\sqrt{2}}{4}\,\mathrm{Arctan}\,(\sqrt{2}x+1)+\frac{\sqrt{2}}{4}\,\mathrm{Arctan}\,(\sqrt{2}x-1)
\end{aligned}
$$

最後の項は公式 (4.6) を $a=1/\sqrt{2}$ として適用したものである．

5) これは部分分数に分解するしかない．

$$\frac{x}{x^3-1}=\frac{A}{x-1}+\frac{Bx+C}{x^2+x+1}$$

と置くと，左辺の $x-1$ での Laurent 展開から $A=1/3$ が暗算でわかり，こうして決まる右辺の第 1 項を左辺から差し引いた残りとして $B=-1/3$，$C=1/3$ も暗算で求まる．よって

$$
\begin{aligned}
\int\frac{x}{x^3-1}\,dx &=\int\left(\frac{1}{3(x-1)}-\frac{1}{3}\frac{x-1}{x^2+x+1}\right)dx \\
&=\frac{1}{3}\log(x-1)-\int\left(\frac{1}{6}\frac{2x+1}{x^2+x+1}-\frac{1}{2}\frac{1}{x^2+x+1}\right)dx \\
&=\frac{1}{3}\log(x-1)-\frac{1}{6}\log(x^2+x+1)+\frac{1}{2}\int\frac{1}{(x+1/2)^2+3/4}\,dx \\
&=\frac{1}{3}\log(x-1)-\frac{1}{6}\log(x^2+x+1)+\frac{1}{\sqrt{3}}\,\mathrm{Arctan}\,\frac{2x+1}{\sqrt{3}}.
\end{aligned}
$$

6) x^2 を缶詰にして部分分数分解すれば暗算でできる：

$$\int\frac{1}{x^2(x^2+1)}=\int\left(\frac{1}{x^2}-\frac{1}{x^2+1}\right)dx=-\frac{1}{x}-\mathrm{Arctan}\,x$$

もちろん正直に未定係数法で計算しても大した手間ではない．

7) $x^5=x\{(x^2+1-1)^2\}=x\{(x^2+1)^2-2(x^2+1)+1\}$ と見ると暗算で部分分数分解でき，

$$
\begin{aligned}
\int\frac{x^5}{(x^2+1)^3}\,dx &=\int\left(\frac{x}{x^2+1}-2\frac{x}{(x^2+1)^2}+\frac{x}{(x^2+1)^3}\right)dx \\
&=\frac{1}{2}\log(x^2+1)+\frac{1}{x^2+1}-\frac{1}{4(x^2+1)^2}
\end{aligned}
$$

8) これも x^2 を缶詰にした部分分数分解を探すのがよい．すると分母が一次因子の場合と同じになり，Laurent 展開で話が済んでしまう：

$$\frac{1}{x^2(x^2+1)^2} = \frac{1}{x^2}+\cdots,$$
$$\frac{1}{x^2(x^2+1)^2} = -\frac{1}{\{1-(1+x^2)\}(x^2+1)^2} = -\frac{1}{(x^2+1)^2}-\frac{1}{1+x^2}+\cdots$$
$$\therefore\ \frac{1}{x^2(x^2+1)^2} = \frac{1}{x^2}-\frac{1}{(x^2+1)^2}-\frac{1}{1+x^2}$$
$$\int\frac{1}{x^2(x^2+1)^2}\,dx = -\frac{1}{x}-\frac{1}{2}\frac{x}{x^2+1}-\frac{1}{2}\operatorname{Arctan}x-\operatorname{Arctan}x$$
$$= -\frac{1}{x}-\frac{1}{2}\frac{x}{x^2+1}-\frac{3}{2}\operatorname{Arctan}x$$

ここで第 2 項の積分には (4.12) の計算結果を利用した．

9) これは目の子算と本文中の計算結果 (4.15) から

$$\frac{1}{x^6-1} = \frac{1}{2}\left(\frac{1}{x^3-1}-\frac{1}{x^3+1}\right)$$
$$= \frac{1}{2}\left(\frac{1}{3}\frac{1}{x-1}-\frac{x+2}{3(x^2+x+1)}\right)-\frac{1}{2}\left(\frac{1}{3}\frac{1}{x+1}-\frac{x-2}{3(x^2-x+1)}\right)$$

と部分分数分解され，従って

$$\int\frac{1}{x^6-1}\,dx = \frac{1}{6}\{\log(x-1)-\log(x+1)\}+\frac{1}{12}\{\log(x^2-x+1)$$
$$-\log(x^2+x+1)\}-\frac{1}{4}\int\left(\frac{1}{x^2-x+1}+\frac{1}{x^2+x+1}\right)dx$$
$$= \frac{1}{6}\log\frac{x-1}{x+1}+\frac{1}{12}\log\frac{x^2-x+1}{x^2+x+1}$$
$$-\frac{1}{2\sqrt{3}}\left(\operatorname{Arctan}\frac{2x-1}{\sqrt{3}}+\operatorname{Arctan}\frac{2x+1}{\sqrt{3}}\right)$$

4.3 1) 公式通り $\tan(x/2)=t$ と置くと，$\sin x = 2t/(t^2+1)$，$dx = 2\,dt/(t^2+1)$ で

$$\int\frac{1}{2-\sin x}\,dx = \int\frac{t^2+1}{t^2-t+1}\frac{dt}{t^2+1} = \int\frac{dt}{(t-1/2)^2+3/4}$$
$$= \frac{2}{\sqrt{3}}\operatorname{Arctan}\frac{2t-1}{\sqrt{3}} = \frac{2}{\sqrt{3}}\operatorname{Arctan}\frac{2\tan(x/2)-1}{\sqrt{3}}$$

これくらいは手計算でできないと，他人の作ったソフトにだまされるような人間になってしまう．

2) $3-2x-x^2=(1-x)(x+3)$ だから，公式通り $\sqrt{\dfrac{1-x}{x+3}}=t$ と置けば $x=\dfrac{1-3t^2}{t^2+1}$，$\sqrt{3-2x-x^2}=t(x+3)=\dfrac{4t}{t^2+1}$ であり，

$$\int \frac{1}{\sqrt{3-2x-x^2}}\,dx = \int \frac{t^2+1}{4t}\left(\frac{1-3t^2}{t^2+1}\right)' dt = \int \frac{t^2+1}{4t}\,\frac{-8t}{(t^2+1)^2}\,dt$$
$$= -2\int \frac{1}{t^2+1}\,dt = -2\,\mathrm{Arctan}\,t = -2\,\mathrm{Arctan}\sqrt{\frac{1-x}{x+3}}$$

もちろん，この問題は $3-2x-x^2 = 4-(x+1)^2$ と変形して公式 (4.7) にもち込み

$$\int \frac{1}{\sqrt{3-2x-x^2}}\,dx = \mathrm{Arcsin}\,\frac{x+1}{2}$$

とするのが手っ取り早い．両者が積分定数を除き同じ答を与えることは倍角公式からわかる：

$$\tan\left(-2\,\mathrm{Arctan}\sqrt{\frac{1-x}{x+3}}\right) = -\frac{2\sqrt{\frac{1-x}{x+3}}}{1-\frac{1-x}{x+3}} = -\frac{\sqrt{(1-x)(x+3)}}{x+1}$$
$$= -\cot\mathrm{Arcsin}\,\frac{x+1}{2} = \tan\left(-\frac{\pi}{2}+\mathrm{Arcsin}\,\frac{x+1}{2}\right)$$

3) 公式通り $\sqrt{x^2+x+1} = x+t$ と置いてやる計算はものすごく大変だが，まずそれをやってみる．$x = (1-t^2)/(2t-1)$．よって

$$\int x\sqrt{x^2+x+1}\,dx$$
$$= \int \frac{1-t^2}{2t-1}\,\frac{t^2-t+1}{2t-1}\,d\left(\frac{1-t^2}{2t-1}\right)' = 2\int \frac{(t^2-1)(t^2-t+1)^2}{(2t-1)^4}\,dt$$

分子を $2t-1$ の多項式として整頓すると

$$= \int \left(\frac{1}{8}t^2 + \frac{1}{16} - \frac{27}{32}\frac{1}{(2t-1)^4} + \frac{9}{16}\frac{1}{(2t-1)^3} - \frac{9}{32}\frac{1}{(2t-1)^2} + \frac{3}{8}\frac{1}{2t-1}\right) dt$$
$$= \frac{t^3}{24} + \frac{t}{16} + \frac{9}{64}\frac{1}{(2t-1)^3} - \frac{9}{64}\frac{1}{(2t-1)^2} + \frac{9}{64}\frac{1}{2t-1} + \frac{3}{16}\log(2t-1)$$

ここで，$t = \sqrt{x^2+x+1} - x$ より $\frac{1}{2t-1} = \frac{1}{3}\Big(2\sqrt{x^2+x+1}+2x+1\Big)$．これを代入した結果は簡単化されて

$$\left(\frac{x^2}{3} + \frac{x}{12} + \frac{5}{24}\right)\sqrt{x^2+x+1} + \frac{7}{192} - \frac{3}{16}\log\frac{2\sqrt{x^2+x+1}+2x+1}{3} \qquad \text{(A.4)}$$

となる．なお，この問題は

$$\int x\sqrt{x^2+x+1}\,dx = \frac{1}{2}\int (2x+1)\sqrt{x^2+x+1}\,dx - \frac{1}{2}\int \sqrt{x^2+x+1}\,dx$$
$$= \frac{1}{3}(x^2+x+1)^{3/2} - \frac{1}{2}\int \sqrt{x^2+x+1}\,dx$$

としてより簡単な問題に帰着させ，後者を

$$\int \sqrt{x^2+x+1}\,dx = \left(x+\frac{1}{2}\right)\sqrt{x^2+x+1} - \int \frac{(x+1/2)^2}{\sqrt{x^2+x+1}}\,dx$$
$$= \left(x+\frac{1}{2}\right)\sqrt{x^2+x+1} - \int \sqrt{x^2+x+1}\,dx + \frac{3}{4}\int \frac{dx}{\sqrt{x^2+x+1}}$$

$$\therefore \quad \int \sqrt{x^2+x+1}\,dx = \frac{2x+1}{4}\sqrt{x^2+x+1} + \frac{3}{8}\int \frac{dx}{\sqrt{x^2+x+1}}$$

により計算してもよい．最後の積分は公式集にも出ている有名なもの (4.16)

$$\int \frac{dx}{\sqrt{x^2+1}} = \log(x+\sqrt{x^2+1})$$

に置換で帰着させると

$$\int \frac{dx}{\sqrt{x^2+x+1}} = \int \frac{dx}{\sqrt{(x+1/2)^2+3/4}} = \log\frac{2x+1+2\sqrt{x^2+x+1}}{\sqrt{3}}$$

と求まる．こうして得られた結果

$$\frac{1}{3}(x^2+x+1)^{3/2} - \frac{2x+1}{8}\sqrt{x^2+x+1} - \frac{3}{16}\log\frac{2x+1+2\sqrt{x^2+x+1}}{\sqrt{3}}$$

は (A.4) と比べて定数項 7/192 が無く，また log の分母が 3 から $\sqrt{3}$ に変わっているが，この差はいずれも積分定数に吸収される．

Mathematica でやると Arcsinh $\frac{2x+1}{\sqrt{3}}$ という表現がでて来てとまどうと思うが，一般に $y = \mathrm{Arcsinh}\,t$ は $\frac{e^y-e^{-y}}{2} = t$ のことだから，これから e^y の 2 次方程式を解くことにより log と $\sqrt{\quad}$ を用いて y を t で表すことができる．

4) この問題も公式通りにやると大変な計算になる．しかしまずそれをやってみよう．2) で用いた置換 $\sqrt{\frac{1-x}{x+3}} = t$ により

$$\int x\sqrt{3-2x-x^2}\,dx = \int \frac{1-3t^2}{t^2+1}\frac{4t}{t^2+1}\left(\frac{1-3t^2}{t^2+1}\right)' dt$$
$$= \int \frac{1-3t^2}{t^2+1}\frac{4t}{t^2+1}\frac{-8t}{(t^2+1)^2}\,dt = 32\int \frac{(3t^2-1)t^2}{(t^2+1)^4}\,dt$$
$$= 128\int \frac{1}{(t^2+1)^4}\,dt - 224\int \frac{1}{(t^2+1)^3}\,dt + 96\int \frac{1}{(t^2+1)^2}\,dt$$

本文で述べた $I_n = \displaystyle\int (x^2+1)^{-n}dx$ に対する漸化式

$$I_{n+1} = \frac{2n-1}{2n}I_{n-1} + \frac{1}{2n}\frac{x}{(x^2+1)^{n-1}}$$

より得られる

$$\int \frac{dt}{(t^2+1)^2} = \frac{1}{2}\frac{t}{t^2+1} + \frac{1}{2}\int \frac{dt}{t^2+1} = \frac{1}{2}\frac{t}{t^2+1} + \frac{1}{2}\,\mathrm{Arctan}\,(t^2+1)$$

$$\int \frac{dt}{(t^2+1)^3} = \frac{1}{4}\frac{t}{(t^2+1)^2} + \frac{3}{4}\int \frac{dt}{(t^2+1)^2}$$
$$= \frac{1}{4}\frac{t}{(t^2+1)^2} + \frac{3}{8}\frac{t}{t^2+1} + \frac{3}{8}\,\mathrm{Arctan}\,(t^2+1)$$

$$\int \frac{dt}{(t^2+1)^4} = \frac{1}{6}\frac{t}{(t^2+1)^3} + \frac{5}{6}\int \frac{dt}{(t^2+1)^3}$$
$$= \frac{1}{6}\frac{t}{(t^2+1)^3} + \frac{5}{24}\frac{t}{(t^2+1)^2} + \frac{5}{16}\frac{t}{t^2+1} + \frac{5}{16}\,\mathrm{Arctan}\,(t^2+1)$$

を用いると上は，$t^2+1 = 4/(x+3)$ および $t = \sqrt{3-2x-x^2}/(x+3)$ に注意して

$$= \frac{64t}{3(t^2+1)^3} - \frac{88t}{3(t^2+1)^2} + \frac{4t}{t^2+1} + 4\,\mathrm{Arctan}\,t$$
$$= \frac{1}{3}(x+3)^2\sqrt{3-2x-x^2} - \frac{11}{6}(x+3)\sqrt{3-2x-x^2} + \sqrt{3-2x-x^2}$$
$$+ 4\,\mathrm{Arctan}\sqrt{\frac{1-x}{x+3}}$$
$$= \left(\frac{1}{3}x^2 + \frac{1}{6}x - \frac{3}{2}\right)\sqrt{3-2x-x^2} + 4\,\mathrm{Arctan}\sqrt{\frac{1-x}{x+3}}$$

となる．なお，この問題は，最初に $\sqrt{3-2x-x^2} = \sqrt{4-(x+1)^2}$ と変形し，$x = 2\sin t - 1$ と置換して

$$= \int (2\sin t - 1)2\cos t\cdot 2\cos t\,dt = -8\int \cos^2 t\,d(\cos t) - 2\int (1+\cos 2t)dt$$
$$= -\frac{8}{3}\cos^3 t - 2t - \sin 2t$$
$$= -\frac{8}{3}\left(1 - \frac{(x+1)^2}{4}\right)^{3/2} - 2\,\mathrm{Arcsin}\,\frac{x+1}{2} - (x+1)\left(1 - \frac{(x+1)^2}{4}\right)^{1/2}$$
$$= -\frac{1}{3}(3-2x-x^2)^{3/2} - 2\,\mathrm{Arcsin}\,\frac{x+1}{2} - \frac{x+1}{2}\sqrt{3-2x-x^2}$$

と計算するのが手っ取り早い．この答が最初のものと一致することを確認してみよ．(逆三角関数のところは

$$\mathrm{Arcsin}\,\frac{x+1}{2} = \frac{\pi}{2} - 2\,\mathrm{Arctan}\sqrt{\frac{1-x}{x+3}}$$

に注意するとよい．この式を証明してみよ！)

4.4 各近似長方形の高さを底辺の中点における関数の値でとったもので，左右の誤

差が打ち消し合って台形公式と同程度の精度が得られることが図から期待される．実際にも

$$\begin{aligned}
&\int_{a+ih}^{a+(i+1)h} f(x)dx - hf(a+ih+0.5h)\\
&\quad = \int_{-0.5h}^{0.5h} \{f(a+ih+0.5h+x) - f(a+ih+0.5h)\}dx\\
&\quad = \int_{-0.5h}^{0.5h} \left\{ f'(a+ih+0.5h)x + \frac{f''(a+ih+0.5h+c(x))}{2}x^2 \right\} dx\\
&\quad = \int_{-0.5h}^{0.5h} \frac{f''(a+ih+0.5h+c(x))}{2}x^2\, dx
\end{aligned}$$

となる．ここに $c(x)$ は平均値の定理から出てくる量であり，x の 1 次の項の積分は対称性により消えた．従って上の差の絶対値は $M = \sup|f''(x)|$ を用いて

$$\frac{M}{2}\int_{-h/2}^{h/2} x^2\, dx = \frac{M}{2} \times 2 \times \frac{1}{3}\left(\frac{h}{2}\right)^3 = \frac{M}{24}h^3$$

で抑えられ，全体としての誤差も $(b-a)/h \times Mh^3/24 = M(b-a)h^3/24$ で抑えられる．すなわちこの数値積分公式は台形公式と同じ 2 次の近似式である．(実は章末問題 4 からわかるように，この公式の方が誤差が半分になっている．上の評価が最良であることも $f(x) = x^2$ に適用して確認できる．章末問題 4 の解答参照．)

4.5 1) 広義積分は $x = 0$ において．分子は 1 と 3 の間に収まっているので，収束・発散は因子 $1/x\sqrt{x}$ で決まる．x の冪 $3/2 > 1$ なので発散．

2) 同じく $x = 0$ において広義積分で，収束・発散は因子 $1/\sqrt{x}$ で決まる．x の冪 $1/2 < 1$ なので収束．

4.6 1)

$$\int_2^\infty \frac{1}{x(\log x)^\lambda}\, dx = \int_2^\infty \frac{d(\log x)}{(\log x)^\lambda} = \begin{cases} \left[-\dfrac{1}{\lambda-1}\dfrac{1}{(\log x)^{\lambda-1}}\right]_2^\infty, & \lambda \neq 1, \\ \Big[\log\log x\Big]_2^\infty, & \lambda = 1. \end{cases}$$

従って $\lambda > 1$ なら収束，$\lambda \leq 1$ なら発散．

2) 上と同様に計算するか，$y = 1/x$ と置換して上に帰着させる．結論も同じ．

3) $\log 1 = 0$ に注意して

$$\int_{1/2}^1 \frac{1}{x|\log x|^\lambda}\, dx = \int_{1/2}^1 \frac{d(\log x)}{(-\log x)^\lambda} = \begin{cases} \left[\dfrac{1}{\lambda-1}\dfrac{1}{(-\log x)^{\lambda-1}}\right]_{1/2}^1, & \lambda \neq 1, \\ \Big[-\log(-\log x)\Big]_{1/2}^1, & \lambda = 1. \end{cases}$$

従って $\lambda < 1$ のとき収束，$\lambda \geq 1$ のとき発散.

4.7 ヒントに従い計算すると

$$\int_0^\infty \frac{|\sin x|}{x}\,dx = \sum_{n=0}^\infty \int_{n\pi}^{(n+1)\pi} \frac{|\sin x|}{x}\,dx = \sum_{n=0}^\infty \int_0^\pi \frac{|\sin x|}{x+n\pi}\,dx$$
$$\geq \sum_{n=0}^\infty \int_{\pi/6}^{5\pi/6} \frac{|\sin x|}{x+n\pi}\,dx \geq \sum_{n=0}^\infty \frac{1}{2}\frac{1}{(n+1)\pi}\frac{2\pi}{3} = \frac{1}{3}\sum_{n=0}^\infty \frac{1}{n+1} = \infty.$$

こういう書き方が厳密でないと思う人は，和の上限 ∞ を N に変え，$N \to \infty$ の極限をとればよい.

4.8 $\displaystyle\int_2^\infty \frac{1}{x(\log x)^\lambda}\,dx \leq \sum_{n=2}^\infty \frac{1}{n(\log n)^\lambda} \leq \frac{1}{2(\log 2)^\lambda} + \int_2^\infty \frac{1}{x(\log x)^\lambda}\,dx$ に注意すると，練習問題 4.6 1) の計算結果より $\lambda > 1$ で収束，$\lambda \leq 1$ で発散とわかる.

4.9 (4.23) の inf の値を $\overline{S}(f)$ と置けば，$\forall\Delta$ について明らかに $\overline{\Sigma}_\Delta(f) \geq \overline{S}(f)$. 他方，下限の定義により $\forall\varepsilon > 0$ に対し，$\exists\Delta_\varepsilon$ s.t. $\overline{\Sigma}_{\Delta\varepsilon}(f) < \overline{S}(f) + \varepsilon$. すると，上限近似和の単調減少性により $\forall\Delta \succ \Delta_\varepsilon$ に対し $\overline{\Sigma}_\Delta(f) \leq \overline{\Sigma}_{\Delta\varepsilon}(f) < \overline{S}(f) + \varepsilon$. 以上により $\overline{S}(f)$ が有向系 $\{\overline{\Sigma}_\Delta(f)\}_\Delta$ の (4.22) の意味での極限となっていることがわかる.

4.10 (4.25) が成り立てば，その結論の式で Ξ につき上限，および下限をとって $|S(f) - \overline{\Sigma}_\Delta(f)| \leq \varepsilon$，$|S(f) - \underline{\Sigma}_{\Delta'}(f)| \leq \varepsilon$，が $\forall\Delta, \Delta' \succ \Delta_\varepsilon$ に対して成り立つ. この式で Δ について上限を，Δ' について下限をとれば $|S(f) - \overline{S}(f)| \leq \varepsilon$, $|S(f) - \underline{S}(f)| \leq \varepsilon$ を得る. $\varepsilon > 0$ は任意なので，これは $\overline{S}(f) = \underline{S}(f) = S(f)$ を意味する.

逆に $\overline{S}(f) = \underline{S}(f) = S(f)$ なら，$\forall\varepsilon > 0$ に対し $\exists\Delta_\varepsilon$ s.t. $\Delta \succ \Delta_\varepsilon$ ならば $S(f) - \varepsilon < \underline{\Sigma}_\Delta(f) \leq S(f) \leq \overline{\Sigma}_\Delta(f) < S(f) + \varepsilon$. Ξ が何であっても $\underline{\Sigma}_\Delta(f) \leq \Sigma_{\Delta,\Xi}(f) \leq \overline{\Sigma}_\Delta(f)$ だから，以上より (4.25) を得る.

4.11 1) 任意の分割 Δ とその任意の代表点の集合 Ξ について

$$\Sigma_{\Delta,\Xi}(\lambda f + \mu g) = \lambda\Sigma_{\Delta,\Xi}(f) + \mu\Sigma_{\Delta,\Xi}(g).$$

ここで分割を細かくしたとき，仮定により右辺は Ξ の選び方によらぬ一定の極限に近づく. よって左辺もそうなり，$\lambda f + \mu g$ の積分可能性と等式が同時に得られる.

2) 既に示された線形性により右辺から左辺を引き算して $f(x) \geq 0$ のとき $\displaystyle\int_a^b f(x)dx \geq 0$ を示すことに帰着される. これは近似和の段階では明らかなので，極限に行っても成り立つ.

3) 部分区間上の f の総振動は区間全体の上の総振動より大きくはないので，最初の主張が得られる．$[a,c]$，$[c,b]$ 上の Riemann 近似和がそれぞれ一定の極限に近づくとき，$[a,b]$ 上の c を分点に含むような特殊な近似和についても同じことがいえ，近似和の段階で加法性が成り立つ．しかるに $[a,b]$ 上の近似和の収束を考えるときは，収束の定義により c が常に分点に加えられているとしても一般性を失わない (もし Δ_ε の分点に c が含まれていなければ，これを付け加えたものを改めて Δ_ε だと思ってもよい) ので，これで加法性が確立する．

4.12 例えば f が単調増加とすれば，勝手な分割 $\Delta : a = x_0 < x_1 < \cdots < x_N = b$ について，各 i に対し

$$f(x_{i-1})\mathit{\Delta} x_i \le \inf_{x_{i-1}\le x\le x_i} f(x)\mathit{\Delta} x_i \le \sup_{x_{i-1}\le x\le x_i} f(x)\mathit{\Delta} x_i \le f(x_i)\mathit{\Delta} x_i$$

だから，各 $\mathit{\Delta} x_i < \varepsilon$ なら

$$\overline{\Sigma}_\Delta(f) - \underline{\Sigma}_\Delta(f) \le \varepsilon \sum_{i=1}^{N}\{f(x_i) - f(x_{i-1})\} = \{f(b) - f(a)\}\varepsilon.$$

よって総変動が分割を細かくしたとき 0 に近づくので f は積分可能．

4.13 1) $$\int \frac{dy}{y} = \int x\,dx + C. \qquad \therefore\ \log y = \frac{x^2}{2} + C.$$

積分定数を取り替えて $y = ce^{x^2/2}$ が求める一般解．

2) $$\int e^y dy = \int e^x dx + C. \qquad \therefore\ e^y = e^x + C.$$

よって $y = \log(e^x + C)$ が一般解．

3) $$\int \frac{dy}{\cos y} = \int \tan x\,dx + C = -\log\cos x + C.$$

左辺の積分は

$$= \int \frac{d(\sin y)}{1-\sin^2 y} = \frac{1}{2}\int\left(\frac{1}{1-\sin y} + \frac{1}{1+\sin y}\right)d(\sin y) = \frac{1}{2}\log\frac{1+\sin y}{1-\sin y}.$$

よって解は

$$\frac{1}{2}\log\frac{1+\sin y}{1-\sin y} = -\log\cos x + C. \qquad \frac{1+\sin y}{1-\sin y} = ce^{-2\log\cos x} = \frac{c}{\cos^2 x}.$$

あるいは $y = \arcsin\dfrac{c-\cos^2 x}{c+\cos^2 x}$ （ここに $c = e^{2C}$）．

4.14 1) 右辺の分母・分子を x で割り，常套の置換法で $xz' + z = (1+2z)/(2-z)$ に帰着され，$xz' = (1+z^2)/(2-z)$．これを積分して

$$\int \frac{2-z}{1+z^2}\,dz = \int \frac{dx}{x} + C, \qquad 2\,\mathrm{Arctan}\,z - \frac{1}{2}\log(1+z^2) = \log x + C.$$

$$\therefore\quad 2\,\mathrm{Arctan}\,\frac{y}{x} = \log\sqrt{x^2+y^2} + C.$$

これは y については解けないのでこのままで解とする．

2) $xz' + z = z/(1+z^2)$. $xz' = -z^3/(1+z^2)$. $\displaystyle\int (1/z^3 + 1/z)dz = -\int \frac{dx}{x} + C$. $-1/2z^2 + \log z = -\log x + C$. $\therefore\ -x^2/2y^2 + \log(y/x) = -\log x + C$. ($c = -C$ と積分定数を置き換えた．) これも y については解けない．

3) 両辺を x で割ると同次形になる．$xz' + z = z + e^z$. $\displaystyle\int e^{-z}dz = \int \frac{dx}{x} + C$. $-e^{-z} = \log x + C$. $\therefore\ z = -\log(c - \log x)$. ($c = -C$ と積分定数を置き換えた．) $y = -x\log(c - \log x)$.

4.15 1) e^{-x^2} を両辺に掛けて $(e^{-x^2}y)' = xe^{-x^2}$. $e^{-x^2}y = -\frac{e^{-x^2}}{2} + C$. $y = -\frac{1}{2} + Ce^{x^2}$.

2) e^{-x} を両辺に掛けて $(e^{-x}y)' = 1$. $e^{-x}y = x + C$. $y = xe^x + Ce^x$.

3) わかり易くするため，まず両辺を x で割ると $y' - y/x = x\sin x$. よって $e^{-\log x} = 1/x$ を両辺に掛けて $(y/x)' = \sin x$. $y/x = -\cos x + C$. $y = -x\cos x + Cx$.

章 末 問 題

問題 1 1) 置換積分を繰り返し用いて

$$\int \frac{1}{x(\log x)(\log\log x)^\alpha}\,dx = \int \frac{d(\log x)}{(\log x)(\log\log x)^\alpha} = \int \frac{d(\log\log x)}{(\log\log x)^\alpha}$$
$$= \begin{cases} -\dfrac{1}{\alpha-1}\dfrac{1}{(\log\log x)^{\alpha-1}}, & \alpha \neq 1, \\ \log\log\log x, & \alpha = 1. \end{cases}$$

2) 部分積分で

$$\int x^n \log x\,dx = \frac{x^{n+1}}{n+1}\log x - \int \frac{x^{n+1}}{n+1}\frac{1}{x}\,dx = \frac{x^{n+1}}{n+1}\log x - \frac{x^{n+1}}{(n+1)^2}.$$

3) 同じく部分積分で

$$I_n := \int (\log x)^n dx = x(\log x)^n - n\int x(\log x)^{n-1}\frac{1}{x}\,dx = x(\log x)^n - nI_{n-1}$$

$$\therefore\quad \frac{(-1)^n I_n}{n!} - \frac{(-1)^{n-1}I_{n-1}}{(n-1)!} = (-1)^n x\frac{(\log x)^n}{n!}.$$

この漸化式は容易に解けて

$$\frac{(-1)^n I_n}{n!}=I_0+x\sum_{k=1}^{n}(-1)^k\frac{(\log x)^k}{k!}=x\sum_{k=0}^{n}(-1)^k\frac{(\log x)^k}{k!}.\therefore I_n=n!\,x\sum_{k=0}^{n}(-1)^{n-k}\frac{(\log x)^k}{k!}.$$

4) $I_n=\displaystyle\int x^n\sin x\,dx$, $J_n=\displaystyle\int x^n\cos x\,dx$ と置くと

$$I_n=\int x^n\sin x\,dx=-x^n\cos x+n\int x^{n-1}\cos x=-x^n\cos x+nJ_{n-1},$$

$$J_n=x^n\sin x-n\int x^{n-1}\sin x\,dx=x^n\sin x-nI_{n-1}.$$

$$\therefore\quad \begin{bmatrix} I_n \\ J_n \end{bmatrix}=x^n\begin{bmatrix} -\cos x \\ \sin x \end{bmatrix}+n\begin{bmatrix} 0 & 1 \\ -1 & 0 \end{bmatrix}\begin{bmatrix} I_{n-1} \\ J_{n-1} \end{bmatrix}=\cdots$$

$$=\sum_{k=0}^{n}{}_n\mathrm{C}_k\cdot k!\begin{bmatrix} 0 & 1 \\ -1 & 0 \end{bmatrix}^k x^{n-k}\begin{bmatrix} -\cos x \\ \sin x \end{bmatrix}.$$

ここで

$$\begin{bmatrix} 0 & 1 \\ -1 & 0 \end{bmatrix}^2=\begin{bmatrix} -1 & 0 \\ 0 & -1 \end{bmatrix}$$

(虚数単位 i の行列表現！) より

$$I_n=\sum_{k=0}^{[n/2]}{}_n\mathrm{C}_{2k}(2k)!\,x^{n-2k}\cos x+\sum_{k=0}^{[(n+1)/2]}{}_n\mathrm{C}_{2k+1}(2k+1)!\,x^{n-2k-1}\sin x.$$

ここに，$[x]$ は Gauss の記号 (x を越えない最大の整数) である．直接やっても労力はあまり変わらない？きれいな答ではなくて済みません．m(__)m

問題 2 1) この部分分数分解は手でやるのはかなり手強いが，半日もかければできないことはない．一次因子の部分を Laurent 展開で先に計算してしまうと少し簡単になる：

$$\frac{1}{(x+1)^3(x-2)(x^2+1)^2}=\frac{1}{x-2}\left[\frac{1}{(x+1)^3(x^2+1)^2}\right]_{x=2}+\cdots$$

$$=\frac{1}{27\cdot 25}\frac{1}{x-2}+\cdots,$$

$$\frac{1}{(x+1)^3(x-2)(x^2+1)^2}=\frac{1}{(x+1)^3}\frac{1}{(x+1-3)((x+1-1)^2+1)^2}$$

$$=-\frac{1}{(x+1)^3}\frac{1}{3}\frac{1}{1-(x+1)/3}\frac{1}{4}\frac{1}{(1-(x+1)+(x+1)^2/2)^2}$$

$$=-\frac{1}{12}\frac{1}{(x+1)^3}\left(1+\frac{x+1}{3}+\frac{(x+1)^2}{9}+\cdots\right)$$

$$\times\left(1+(x+1)-\frac{(x+1)^2}{2}+(x+1)^2+\cdots\right)^2$$

$$= -\frac{1}{12}\frac{1}{(x+1)^3}\left(1+\frac{x+1}{3}+\frac{(x+1)^2}{9}+\cdots\right)(1+2(x+1)+2(x+1)^2+\cdots)$$
$$= -\frac{1}{12}\frac{1}{(x+1)^3}\left(1+\frac{7(x+1)}{3}+\frac{25(x+1)^2}{9}+\cdots\right)$$
$$= -\frac{1}{12}\frac{1}{(x+1)^3}-\frac{7}{36}\frac{1}{(x+1)^2}-\frac{25}{108}\frac{1}{x+1}+\cdots.$$

以上より

$$\frac{1}{(x+1)^3(x-2)(x^2+1)^2} = -\frac{1}{12}\frac{1}{(x+1)^3}-\frac{7}{36}\frac{1}{(x+1)^2}-\frac{25}{108}\frac{1}{x+1}+\frac{1}{675}\frac{1}{x-2} + \frac{Ax+B}{(x^2+1)^2}+\frac{Cx+D}{x^2+1}.$$

分母を払って

$$\begin{aligned}1 = &-\frac{1}{12}(x-2)(x^2+1)^2-\frac{7}{36}(x+1)(x-2)(x^2+1)^2\\ &-\frac{25}{108}(x+1)^2(x-2)(x^2+1)^2+\frac{1}{675}(x+1)^3(x^2+1)^2\\ &+(x+1)^3(x-2)(Ax+B)+(x+1)^3(x-2)(x^2+1)(Cx+D).\end{aligned}$$

ここで x^7 の係数を比較して

$$0 = -\frac{25}{108}+\frac{1}{675}+C \qquad \therefore\ \ C=\frac{23}{100}$$

次に x^6 の係数を比較して

$$0 = -\frac{7}{36}+\frac{1}{225}+C+D \qquad \therefore\ \ D=-\frac{1}{25}$$

次に定数項を比較して

$$1 = \frac{1}{6}+\frac{7}{18}+\frac{25}{54}+\frac{1}{675}-2B-2D \qquad \therefore\ \ B=\frac{1}{20}$$

最後に x の係数を比較して

$$0 = -\frac{1}{12}+\frac{7}{36}+\frac{25}{36}+\frac{1}{225}-2A-5B-2C-5D \qquad \therefore\ \ A=\frac{3}{20}$$

で，計算機と同じ結果が得られます．2 次因子については，他に $x \pm i$ に関して Laurent 展開し，最後の結果を実数に書き直すという手法もあり，数式処理のソフトで使われています．

2) この有理関数は x^2 しか含まないので，$t=x^2$ と置いてそれを缶詰にし，一次因子だけの場合のように取り扱うと，少し簡単になる：

$$\frac{1}{(x^2+1)^2(x^2+2)^2} = \frac{A}{(x^2+1)^2} + \frac{B}{x^2+1} + \frac{C}{(x^2+2)^2} + \frac{D}{x^2+2}.$$

この係数も Laurent 展開を用いると簡単に計算できる：

$$\begin{aligned}\frac{1}{(t+1)^2(t+2)^2} &= \frac{1}{(t+1)^2\{1+(t+1)\}^2}\\ &= \frac{1}{(t+1)^2}\left(1-(t+1)+(t+1)^2+\cdots\right)^2 = \frac{1}{(t+1)^2} - \frac{2}{t+1} + \cdots.\end{aligned}$$

同様に

$$\begin{aligned}\frac{1}{(t+1)^2(t+2)^2} &= \frac{1}{(t+2)^2\{1-(t+2)\}^2}\\ &= \frac{1}{(t+2)^2}\{1+(t+2)+(t+2)^2+\cdots\}^2 = \frac{1}{(t+2)^2} + \frac{2}{t+2} + \cdots.\end{aligned}$$

よって

$$\frac{1}{(x^2+1)^2(x^2+2)^2} = \frac{1}{(x^2+1)^2} - \frac{2}{x^2+1} + \frac{1}{(x^2+2)^2} + \frac{2}{x^2+2}.$$

本文 (4.12) の公式を使うと，不定積分の答は

$$\begin{aligned}&\frac{1}{2}\frac{x}{x^2+1} + \frac{1}{2}\operatorname{Arctan} x - 2\operatorname{Arctan} x + \frac{1}{4}\frac{x}{x^2+2}\\ &\quad + \frac{1}{4\sqrt{2}}\operatorname{Arctan}\frac{x}{\sqrt{2}} + \frac{2}{\sqrt{2}}\operatorname{Arctan}\frac{x}{\sqrt{2}}\\ &= \frac{1}{2}\frac{x}{x^2+1} - \frac{3}{2}\operatorname{Arctan} x + \frac{1}{4}\frac{x}{x^2+2} + \frac{9\sqrt{2}}{8}\operatorname{Arctan}\frac{x}{\sqrt{2}}.\end{aligned}$$

これくらいは手でやって欲しい．心配な人は計算機で確認しながら計算を進めよう．

3) 答だけ記す．部分分数分解は

$$\frac{1}{x^3} - \frac{2}{x^2} + \frac{1}{x} - \frac{1}{4}\frac{1}{(x+1)^2} - \frac{5}{4}\frac{1}{x+1} + \frac{1}{2}\frac{1}{(x^2+1)^2} + \frac{1}{4}\frac{x+4}{x^2+1}.$$

原始関数は

$$-\frac{1}{2x^2} + \frac{2}{x} + \log x + \frac{1}{4(x+1)} - \frac{5}{4}\log(x+1) + \frac{x}{4(x^2+1)} + \frac{1}{8}\log(x^2+1) + \frac{5}{4}\operatorname{Arctan} x.$$

4) 部分分数分解は x の偶数冪しか出て来ないことは明らかなので，x^2 を缶詰にしてやると，少し簡単にできる:

$$\frac{1}{4}\frac{1}{(x^2+1)^2} - \frac{3}{4}\frac{1}{x^2+1} + \frac{1}{(x^2+2)^2} + \frac{1}{4}\frac{1}{(x^2+3)^2} + \frac{3}{4}\frac{1}{x^2+3}.$$

原始関数は

$$\frac{x}{8(x^2+1)}-\frac{5}{8}\,\mathrm{Arctan}\,x+\frac{x}{4(x^2+2)}+\frac{1}{4\sqrt{2}}\,\mathrm{Arctan}\,\frac{x}{\sqrt{2}}$$
$$+\frac{x}{24(x^2+3)}+\frac{19}{24\sqrt{3}}\,\mathrm{Arctan}\,\frac{x}{\sqrt{3}}.$$

最後の二つは計算機でやれば十分ですが，手でもできないことはありません．

問題 3 $m \neq n$ のとき，$\mathrm{Arccos}\,x = y$ という置換で

$$\int_{-1}^{1}\frac{T_n(x)T_m(x)}{\sqrt{1-x^2}}\,dx=\int_{-1}^{1}\frac{\cos(n\,\mathrm{Arccos}\,x)\cos(m\,\mathrm{Arccos}\,x)}{\sqrt{1-x^2}}\,dx$$
$$=\int_{-\pi}^{\pi}\cos ny\cos my\,dy=\int_{-\pi}^{\pi}\frac{1}{2}\{\cos(n+m)y+\cos(n-m)y\}\,dy$$
$$=\left[\frac{\sin(n+m)y}{2(n+m)}+\frac{\sin(n-m)y}{2(n-m)}\right]_{-\pi}^{\pi}=0.$$

また，$n=m$ のときは最後の式で

$$=\int_{-\pi}^{\pi}\frac{1}{2}\{\cos 2ny+1\}dy=\frac{1}{2}\left[\frac{\sin 2ny}{2n}+y\right]_{-\pi}^{\pi}=\pi.$$

問題 4 問題文中に与えた式より

$$|E|=\left|\int_0^h x\,dx\int_0^1 f''(c)(x-h)t\,dt\right|\leq M_2\int_0^h x(h-x)dx\int_0^1 t\,dt$$
$$\leq\frac{M_2}{2}\left[\frac{x^2h}{2}-\frac{x^3}{3}\right]_0^h=\frac{M_2}{12}h^3$$

よって全体の誤差はこの $N=(b-a)/h$ 倍で所与の不等式を満たす．

2) $f(x)=x^2$ のときは，

$$\int_a^{a+h}x^2\,dx=\frac{(a+h)^3-a^3}{3},\quad \frac{f(a+h)+f(a)}{2}h=\frac{(a+h)^2h+a^2h}{2}.$$

よって両者の差は

$$a^2h+ah^2+\frac{h^3}{3}-\left(a^2h+ah^2+\frac{h^3}{2}\right)=-\frac{h^3}{6}$$

であり，この絶対値は到るところで $M_2h^3/12=2h^3/12$ と等しい．故に問題の評価はこれ以上改良できない．

問題 5 1) 問題 7 の関数は単調増加で有界なので Riemann 積分可能．値を見るため，$[0,1]$ を 2^n 等分し，これに二進整数表現で番号を振ると，第 $(\varepsilon_1 2^{n-1}+\varepsilon_2 2^{n-2}+\cdots+\varepsilon_n)$ 区間での $f(x)$ の値の下限は，この部分区間左端での値 $(\varepsilon_1 10^{n-1}+\varepsilon_2 10^{n-2}+\cdots+$

$\varepsilon_n)/10^n$ である．よって Riemann 積分の下限近似和は

$$\sum_{\varepsilon_1=0}^{1}\cdots\sum_{\varepsilon_n=0}^{1}\left(\frac{\varepsilon_1}{10}+\cdots+\frac{\varepsilon_n}{10^n}\right)\frac{1}{2^n}=2^{n-1}\left(\frac{1}{10}+\cdots+\frac{1}{10^n}\right)\frac{1}{2^n}$$
$$=\frac{1}{20}\frac{1-\frac{1}{10^n}}{1-\frac{1}{10}}=\frac{1}{18}\left(1-\frac{1}{10^n}\right)$$

よって求める積分値はこの極限で 1/18.

別解として，$f(x)+f(1-x)=0.111\cdots=\dfrac{1}{9}$ より

$$\int_0^1\{f(x)+f(1-x)\}dx=2\int_0^1 f(x)dx=\frac{1}{9}.\qquad \int_0^1 f(x)dx=\frac{1}{18}.$$

2) p を大きな素数にとり，区間 $[0,1]$ 内の分母が p より小さい分数を列挙したものを $a_1,a_2,\cdots,a_N$ とする．$\forall\varepsilon>0$ に対し，$\delta=\varepsilon/N$ にとり，a_j，$j=1,2,\cdots,N$ の δ 近傍と，その残り (を区間に分割したもの) で $[0,1]$ の分割を作る．この分割による $f(x)$ の Riemann 式上限近似和は，高々

$$N\delta\times 1+1\times\frac{1}{p}=\varepsilon+\frac{1}{p}$$

で抑えられる．これはいくらでも小さくできるので，上積分は 0. 他方，どんな微小区間にも無理数が含まれるので下積分は明らかに 0 だから，Riemann 積分は値 0 に確定する．

問題 6 1) 部分積分により

$$\begin{aligned}I_n &= \int_0^{\pi/2}\sin^{n-1}x\cdot\sin\ x\,dx\\ &= \Big[-\sin^{n-1}x\cos x\Big]_0^{\pi/2}+\int_0^{\pi/2}(n-1)\sin^{n-2}x\cdot\cos^2 x\ dx\\ &= (n-1)(I_{n-2}-I_n)\\ \therefore\quad I_n &= \frac{n-1}{n}I_{n-2}\end{aligned}$$

よって n が偶数のとき

$$I_n=\frac{(n-1)(n-3)\cdots 1}{n(n-2)\cdots 2}I_0=\frac{(n-1)!!}{n!!}\frac{\pi}{2}$$

また n が奇数のときは

$$I_n=\frac{(n-1)(n-3)\cdots 1}{n(n-2)\cdots 2}I_1=\frac{(n-1)!!}{n!!}$$

2) まず

$$\prod_{k=1}^{n}\left(1-\frac{1}{4k^2}\right)=\prod_{k=1}^{n}\left(\frac{2k-1}{2k}\frac{2k+1}{2k}\right)=\frac{I_{2n}}{I_{2n+1}}\frac{2}{\pi}$$

に注意する．ここで被積分関数の大小比較から明らかに $I_{2n+2}\leq I_{2n+1}\leq I_{2n}$ だから

$$\frac{2n+1}{2n+2}=\frac{I_{2n+2}}{I_{2n}}\leq\frac{I_{2n+1}}{I_{2n}}\leq 1$$

よって $n\to\infty$ のとき $I_{2n+1}/I_{2n}\to 1$ がわかり，上の乗積の極限は $\pi/2$ となる．

問題 7 区間 $[a,b]$ における $f(x)$ の最小値，最大値を m，M とし，それぞれ点 a_1，b_1 で取られるものとすれば

$$m(b-a)\leq\int_a^b f(x)dx\leq M(b-a)$$

よって $m<\mu<M$ なるある μ に対して

$$\int_a^b f(x)dx=\mu(b-a)$$

であるが，連続関数に対する中間値の定理により a_1 と b_1 の間のある点 c において $f(c)=\mu$ となる．

問題 8 1) 原点での広義積分は $s\leq 0$ のとき発散するから，収束のためには $s>0$ が必要．逆にこのときは定理 4.1 により原点でも無限遠でも広義積分は絶対収束する．

2) $x=0$ における広義積分は $|\sin x/x|\leq 1$ より，また無限遠における広義積分は $|\sin x|\leq 1$ より，定理 4.1 の判定条件からともに絶対収束．

3) 原点では $|\sin\pi x/x|\leq\pi$ と $\sqrt{x}|\log x|\leq 1$ より絶対収束．無限遠では，$\displaystyle\int_0^\infty\frac{\sin x}{x}dx$ の例と同様にして条件収束は示せるが，絶対収束ではない．従って全体としては条件収束．

問題 9 1) 曲線上の点 (x,y) における接線の方程式は，動座標を (X,Y) で表すとき $Y-y=f'(x)(X-x)$．従って T の y 座標は $X=0$ と置いて $Y=y-xf'(x)$．よってこの値が正か負かによって $\pm\sqrt{x^2+y^2}=y-xf'(x)$ という方程式を得る．すなわち

$$x\frac{dy}{dx}=\pm\sqrt{x^2+y^2}+y$$

2) 両辺を x で割ると同次形になり，$y=xz$ というお決まりの置換で

$$z+x\frac{dz}{dx}=\pm\sqrt{1+z^2}+z.\qquad \pm\frac{dz}{\sqrt{1+z^2}}=\frac{dx}{x}.$$

$$\therefore\quad \log(z\pm\sqrt{1+z^2})=\log x+C$$

と積分でき，$y \pm \sqrt{x^2+y^2} = Cx^2$．平方して根号を無くせば

$$y = \frac{C}{2}x^2 - \frac{1}{2C}$$

を得る．これは $C > 0$ のとき下に凸，$C > 0$ のとき上に凸な放物線の族であるが，原点が常に焦点となっている．

問題 10 曲線上の点 (x, y) における接線の方程式に前問と同様の表示を用いれば，$p = f'(x)$ と置いて条件は $(y - xp)(x - y/p) = 2A$，従って

$$y - xp = \sqrt{-2Ap}$$

という微分方程式を得る．(曲線は第一象限に有り，$p < 0$ と仮定した．) ヒントに従いこれを解くと，

$$-xp' = -\frac{A}{\sqrt{-2Ap}}p'. \qquad \therefore \quad p' = 0 \quad \text{または} \quad x = \frac{A}{\sqrt{-2Ap}}$$

前者からは直線 $y + Cx = \sqrt{2AC}$ (自明解) を得る．後者からは元の方程式と連立させて p を消去すると，直角双曲線 $y = A/2x$ を得る．本文は入試問題などでしばしばお目にかかる直角双曲線の性質を特徴づけたものである．

第 5 章

練習問題

5.1 1) この不等式は，例えば $x = -1/2$ で不成立なので命題は偽．
2) この不等式は，例えば $x = 2$ で成立しているので命題は真．
3) x が何であっても x^2 より大きい数が存在することは明らかなので命題は真．
4) $y > 0$ に選べば $\forall x$ に対して $y > -x^2$ となるので命題は真．

5.2 1) 否定命題は前の方から順に $\forall$ と $\exists$ を交換し，不等号の向きを変えれば作れる: $\exists x\ \forall y \ \ y \le x^2$．これは偽．
2) 同様に $\forall y\ \exists x \ \ y \le x^2$．これは真．

5.3 できない．もし有理数の自然の大小関係と両立するように有理数に番号が振れると，例えば k 番目の有理数 a_k と $(k+1)$ 番目の有理数 a_{k+1} は $a_k < a_{k+1}$ を満たし，この間には有理数は存在しないことになるが $(a_k + a_{k+1})/2$ は明らかに両者の間にある有理数で不合理．

5.4 1)，2) いずれも，元の級数が絶対収束していれば，Cauchy の判定条件から容易にわかるように変形された級数も収束する．条件収束の場合は必ずしも収束しない．

1) の反例は $a_n=(-1)^n/\sqrt{n}$ で容易に得られる．2) の反例はもう少し複雑だが，例えば

$$a_{3n+1}=\frac{2}{\sqrt[3]{n}},\qquad a_{3n+2}=a_{3n+3}=-\frac{1}{\sqrt[3]{n}},\qquad n=1,2,\dots$$

ととれば，元の級数の部分和は

$$s_{3n+1}=\frac{2}{\sqrt[3]{n}},\qquad s_{3n+2}=\frac{1}{\sqrt[3]{n}},\qquad s_{3n+3}=0,\qquad n=1,2,\dots$$

で，0 に収束するが，3 乗したものの部分和は

$$s_{3n+3}=\sum_{k=1}^{n}\left(\frac{8}{k}-\frac{1}{k}-\frac{1}{k}\right)=\sum_{k=1}^{n}\frac{6}{k}\nearrow\infty$$

となる．

3) 収束の必要条件から $a_n\to 0$ なので，ある番号から先で $a_n<1/2$．従って $|a_n^n|<1/2^n$ となるので，絶対収束する．

5.5 Cauchy の判定条件より，各 $k=1,2,\dots$ に対し n_k が存在して $m\ge n\ge n_k$ なら $|a_n+a_{n+1}+\cdots+a_m|<\frac{1}{2^{2k}}$ となる．n_k は必要なら大きめに取り替えることにより，k につき単調増加と仮定できる．このとき

$$\begin{cases} b_n=1, & 1\le n<n_1,\\ b_n=2^k, & n_k\le n<n_{k+1},\quad k=1,2,\dots \end{cases}$$

と置けば，$b_n\nearrow\infty$ は明らかで，$n_k\le n\le m<n_{k+1}$ なら

$$|a_nb_n+a_{n+1}b_{n+1}+\cdots+a_mb_m|\le 2^k|a_n+a_{n+1}+\cdots+a_m|<2^k\cdot\frac{1}{2^{2k}}=\frac{1}{2^k}$$

また，$n_k\le n<n_{k+1}\le n_l\le m<n_{l+1}$ なら

$$\begin{aligned}
&|a_nb_n+a_{n+1}b_{n+1}+\cdots+a_mb_m|\\
&\quad\le|a_nb_n+a_{n+1}b_{n+1}+\cdots+a_{n_{k+1}-1}b_{n_{k+1}-1}|+\cdots\cdots\\
&\qquad\qquad+|a_{n_l}b_{n_l}+a_{n_l+1}b_{n_l+1}+\cdots+a_mb_m|\\
&\quad<\frac{1}{2^k}+\cdots+\frac{1}{2^l}<\frac{1}{2^{k-1}}
\end{aligned}$$

よって $\sum_{n=1}^{\infty}a_nb_n$ も Cauchy の判定条件を満たすので収束する．

5.6 数列 $\{c_n\}$ の下極限 μ とは，$\{c_n\}$ の部分列で極限が確定するようなものの極限値のうちの最小のものをいう．μ は，次の二条件で定まる数である：

1) $\forall\varepsilon>0$ に対し $c_n<\mu-\varepsilon$ なる番号は高々有限個しかない．

2) $\forall\varepsilon>0$ に対し $c_n<\mu+\varepsilon$ なる番号は無限個存在する．

数列が収束すれば，上極限・下極限ともその極限値と一致することは明らか，逆にこれらが同じ値 μ となるなら，それぞれの定義から $\forall\varepsilon > 0$ に対し，有限個の例外を除き $\mu - \varepsilon \leq a_n \leq \mu + \varepsilon$ となる．つまり，例外の番号より大きな番号についてはこの不等式が成り立つから，定義により a_n は μ に収束する．

5.7 極限の場合ほど簡単ではない．1) さえ正しくない．例えば，$a_n = (-1)^n$，$b_n = (-1)^{n-1}$ とすると，$a_n + b_n = 0$ だが，それぞれの上極限は 1 で，その和は 2 となる．ただし，どちらかの数列が収束していれば正しい．

2) も同じ例が反例となっている．

3) 一見正しそうだが，上極限は順序に関係するので，負の数を掛けると下極限と入れ替わってしまう．$a_n = -1$ (定数列)，$b_n = 2 + 3(-1)^n$ で反例になる．ただし，$\lim a_n \geq 0$ なら正しい．

数列 a_n，b_n が有界でないと，更に不定形の極限値まがいの奇妙なことが起こる．

5.8 1) $\frac{1}{\sqrt{n}}$ は n とともに単調減少して 0 に近づくので，交代級数の収束判定定理により収束．$\sqrt{n}$ の冪 1/2 は 1 より小なので，絶対収束はしない．

2) $\log\left(1 + \frac{1}{n}\right) = \frac{1}{n} + R_n$ で $R_n = (1/n^2)$ 故に $\sum_{n=1}^{\infty} R_n$ は有限な値なので，与えられた級数の収束・発散は $\sum_{n=1}^{\infty} \frac{1}{n}$ のそれと同値．従って発散．

3) $n^{1/n} \to 1$ なので $n^{1+1/n} \leq 2n$．従って $\sum_{n=1}^{\infty} \frac{1}{n^{1+1/n}} \geq \sum_{n=1}^{\infty} \frac{1}{2n}$ で発散．

4) $n \geq e^{e^2}$ なら $(\log n)^{\log n} = e^{\log n \log\log n} \geq e^{2\log n} = n^2$．よって級数の先の方は $\sum_{n=1}^{\infty} \frac{1}{n^2}$ で抑えられるので収束．絶対収束．

5) $\left(1 - \frac{1}{n}\right)^n \to 1/e$ なので，この級数の一般項は $1/e^n$ に漸近する．(厳密にいうと，十分先の方では，例えば $1/2^n$ で抑えられる．) よって収束．絶対収束．

6) $s_n = \sum_{k=1}^{n} \sin k$ が有界なことをいえば，Abel の級数変形法の例題が $a_n = \sin n$，$b_n = 1/n$ として適用され，収束がわかる．

$$\sin k = \frac{\sin k \sin\frac{1}{2}}{\sin\frac{1}{2}} = \frac{1}{2\sin\frac{1}{2}}\left\{\cos\left(k - \frac{1}{2}\right) - \cos\left(k + \frac{1}{2}\right)\right\}$$

より

$$s_n = \frac{1}{2\sin\frac{1}{2}}\left\{\cos\frac{1}{2} - \cos\left(n + \frac{1}{2}\right)\right\}$$

よって

$$-0.12767096\cdots = -\frac{1 - \cos\frac{1}{2}}{2\sin\frac{1}{2}} \leq s_n \leq \frac{1 + \cos\frac{1}{2}}{2\sin\frac{1}{2}} = 1.95815868\cdots$$

となり，有界である．絶対収束はしないことは直観的には明らかだが，例えば，$\frac{\pi}{4} <$

$(n+1)-n<\frac{3\pi}{4}$ より $|\sin n|$ と $|\sin(n+1)|$ のどちらかは必ず $\sin\frac{\pi}{8}$ より大きい値をもつことに注意すればよい.

5.9 例えば $1/(x-\sqrt{2})$ など.

章末問題

問題 1 1) $\forall\varepsilon>0$ に対し, $n\geq n_\varepsilon$ において

$$|a_n|\leq\varepsilon,\qquad |b_n|\leq\varepsilon,\qquad \left|\frac{a_{n+1}-a_n}{b_{n+1}-b_n}-A\right|\leq\varepsilon$$

とする. このとき

$$\begin{aligned}
&|a_{n+1}-a_n-A(b_{n+1}-b_n)|\leq\varepsilon(b_{n+1}-b_n),\\
&|a_{n+2}-a_{n+1}-A(b_{n+2}-b_{n+1})|\leq\varepsilon(b_{n+2}-b_{n+1}),\\
&\qquad\cdots\cdots\cdots,\\
&|a_{n+k}-a_{n+k-1}-A(b_{n+k}-b_{n+k-1})|\leq\varepsilon(b_{n+k}-b_{n+k-1})
\end{aligned}$$

これらを総和して三角不等式を用いると

$$\therefore\quad |a_{n+k}-a_n-A(b_{n+k}-b_n)|\leq\varepsilon(b_{n+k}-b_n)$$

ここで $k\to\infty$ とすると

$$|-a_n+Ab_n|\leq\varepsilon|b_n|.\qquad\therefore\quad \left|-\frac{a_n}{b_n}+A\right|\leq\varepsilon.$$

$\varepsilon>0$ は任意だから, 極限の定義により $\lim_{n\to\infty}\frac{a_n}{b_n}=A$ を得る.

2) $a_n=\frac{1}{2[n/2]}$, $b_n=-\frac{1}{n}$ ととる. ここに $[\ ]$ は Gauss の記号. すると $a_{2n+1}=a_{2n}$ となり, 明らかに $\lim_{n\to\infty}\frac{a_n}{b_n}=-1$. しかるに

$$\begin{aligned}
&\frac{a_{2n+1}-a_{2n}}{b_{2n+1}-b_{2n}}=0,\\
&\frac{a_{2n}-a_{2n-1}}{b_{2n}-b_{2n-1}}=\frac{\frac{1}{2n}-\frac{1}{2n-2}}{-\frac{1}{2n}+\frac{1}{2n-1}}=\frac{(2n-1)2n}{(2n-2)2n}(-2)\to-2.
\end{aligned}$$

よって極限が確定しない.

問題 2 ヒントに従い, $b_n=\max\{a_n,a_{n+1}\}$ を考えると,

$$b_{n+1}=\max\{a_{n+1},a_{n+2}\}\leq\max\left\{a_{n+1},\frac{a_n+a_{n+1}}{2}\right\}\leq b_n$$

である. $b_n\geq 0$ だから, これは下に有界な単調減少列として収束する. その極限

を b とすれば，$\forall\varepsilon > 0$ に対し，$\exists n_\varepsilon$ s.t. $n \geq n_\varepsilon$ ならば $b \leq b_n \leq b+\varepsilon$．故に $a_n \leq b+\varepsilon$．今このような n のどれかについて，もし $a_{n+1} < b-\varepsilon$ とったとすれば，$b_{n+1} = \max\{a_{n+1}, a_{n+2}\} \geq b$ より $a_{n+2} \geq b$．故に

$$b \leq a_{n+2} \leq \frac{a_n + a_{n+1}}{2} < \frac{b+\varepsilon+b-\varepsilon}{2} = b$$

これは不合理であるから，少なくとも $n \geq n_\varepsilon + 1$ については $|a_n - b| \leq \varepsilon$ が成り立つ．故に a_n も b に収束する．

問題 3　まず $0 \leq \delta < 1$ のとき

$$cn^\delta \leq \frac{(\delta+1)(\delta+2)\cdots(\delta+n)}{n!} \leq Cn^\delta \tag{A.5}$$

を示そう．$x > -1$ で $x - \dfrac{x^2}{2} \leq \log(1+x) \leq x$ が成り立つことに注意すると，

$$\frac{\delta}{k} - \frac{\delta^2}{2k^2} \leq \log\frac{\delta+k}{k} = \log\left(1+\frac{\delta}{k}\right) \leq \frac{\delta}{k}$$

従って

$$\sum_{k=1}^n \log\frac{\delta+k}{k} \ \leq \delta\sum_{k=1}^n \frac{1}{k} \leq \delta\left(1+\int_1^n \frac{dx}{x}\right) = \delta(1+\log n),$$
$$\sum_{k=1}^n \log\frac{\delta+k}{k} \ \geq \delta\sum_{k=1}^n \frac{1}{k} - \frac{\delta^2}{2}\sum_{k=1}^n \frac{1}{k^2} \geq \delta\int_1^{n+1}\frac{dx}{x} - c = \delta\log(n+1) - c$$

これから (A.5) が直ちに得られる．次に，$\alpha = m+\delta$，$m \in \boldsymbol{Z}$，$0 < \delta < 1$ のときは，まず $m > 0$ とすると

$$\frac{|(\alpha+1)(\alpha+2)\cdots(\alpha+n)|}{n!} = \frac{(n+1)\cdots(n+m)}{(\delta+1)\cdots(\delta+m)} \cdot \frac{(\delta+1)(\delta+2)\cdots(\delta+n+m)}{(n+m)!}$$

だから，上に示したところにより $n^m \times (n+m)^\delta \sim n^{m+\delta}$ の定数倍で上下から抑えられる．この場合の証明は $\delta = 0$ でも通用し，α が非負整数の場合も得られる．次に $m < 0$ とすると，

$$\frac{|(\alpha+1)(\alpha+2)\cdots(\alpha+n)|}{n!} = \frac{|(m+\delta+1)|\cdots(\delta)}{(n+m+1)\cdots n} \cdot \frac{(\delta+1)(\delta+2)\cdots(\delta+n+m)}{(n+m)!}$$

で，やはり $\dfrac{1}{n^{-m}} \times (n+m)^\delta \sim n^{m+\delta}$ の定数倍で上下から抑えられる．

問題 4　この級数の連続変数版は $\displaystyle\int\frac{df}{f^2} = -\int d\left(\frac{1}{f}\right) = \left[-\frac{1}{f}\right]_1^\infty$ なので，$s_n \to \infty$ の場合も込めて収束することが予想できる．離散版の級数については Abel の級数変

形法を用いる．$s_0 = 0$ と規約すると，s_n が単調増加なことに注意して

$$\sum_{n=1}^{N} \frac{a_n}{s_n^2} = \sum_{n=1}^{N} \frac{s_n - s_{n-1}}{s_n^2} = \sum_{n=1}^{N} \frac{s_n}{s_n^2} - \sum_{n=1}^{N} \frac{s_{n-1}}{s_n^2} = \sum_{n=1}^{N} \frac{s_n}{s_n^2} - \sum_{n=1}^{N-1} \frac{s_n}{s_{n+1}^2}$$
$$= \frac{1}{s_N} + \sum_{n=1}^{N-1} \left(\frac{1}{s_n^2} - \frac{1}{s_{n+1}^2} \right) s_n = \frac{1}{s_N} + \sum_{n=1}^{N-1} \left(\frac{1}{s_n} - \frac{1}{s_{n+1}} \right) \left(\frac{1}{s_n} + \frac{1}{s_{n+1}} \right) s_n$$
$$\leq \frac{1}{s_N} + 2 \sum_{n=1}^{N-1} \left(\frac{1}{s_n} - \frac{1}{s_{n+1}} \right) = \frac{1}{s_N} + 2 \left(\frac{1}{s_1} - \frac{1}{s_N} \right)$$
$$= \frac{2}{s_1} - \frac{1}{s_N} < \frac{2}{s_1} < \infty$$

問題 5 問題文とヒントに書かれている部分は繰り返しません．

1) 問題文で示された対応と逆に，0 以上の整数よりなる数列 a_k が勝手に与えられたとき，a_k 個の 1 を並べたものを 0 で挟んで繋げれば，二進展開された実数 $x < 1$ が得られることは明らかで，これが与えられた対応の逆対応となっていることも明らかである．よって二つは一対一に対応する．

2) 問題文とヒントで示されているのは平面内の正方形の点の方から数直線上の線分の点を作り出す操作であるが，逆の方は，$x \in [0,1)$ に対し，1) の操作で得られる数列 c_k の奇数項から $a_k = c_{2k-1}$，偶数項から $b_k = c_{2k}$ $(k = 1, 2, \cdots)$ を作り，これらから 1) の逆操作で得られる実数をそれぞれ x，y として正方形の点 (x, y) を得ればよい．これが逆対応になっていることは写像の定義をたどれば明らかだから，対応が一対一なことがわかる．

この問題は，平面図形と線分が同数の点より成るという，一見不合理に見える命題を証明してしまうもので，点の数とは何かという数学的な反省を迫る有名な例です．二進小数展開から 1 の個数を取り出すというやや複雑な操作を経由した理由は，単に二進展開の数字を二つに分けてしまうと，例えば

$$0.10101010\cdots \quad から \quad 0.111111\cdots \ と\ 0.000000$$

のように，どうしても正則でない小数が出て来てしまうので，それを避けるための工夫である．(これは十進法でも同じこと．) 自分でそういう証明を考えた人は感心だがこの点に注意．

なお，平面図形と直線図形は次元の考えを使うと区別できる．その場合は単なる一対一の集合論的写像は許されず，それ自身も逆も“連続な”写像で対応づけられるような二つの図形を等しいとみなす．そのような立場では，正方形と線分は異なる図形であることが証明できる．

問題 6 区間 $[0,1]$ 上の連続関数は，区間内の有理点における値だけで一意に決まっ

てしまう．よって区間内の有理点を一列に並べ，連続関数 f に，これらの点における値の列 $\{a_n\}$ を対応させると，連続関数の全体は高々実数列の全体程度しかないことがわかる．よって，実数列 $\{a_n\}$ の全体が高々実数程度しかないことをいえばよい．その際，予め，例えば $\frac{x}{2\sqrt{x^2+1}}+\frac{1}{2}$ のような変換を値域に施すことにより，関数値は開区間 $(0,1)$ 内に限定されていると仮定できるので，最後の証明は，前問における平面 $\boldsymbol{R}^2$ の正方形を実数の区間と対応させたときの議論を，平面の代わりに加算無限次元の空間 $\boldsymbol{R}^{\boldsymbol{N}}$ を取った場合に拡張すればよい．具体的には，実数列 $\{a_n\}_{n=1}^{\infty}$ が与えられたとき，その各項 a_n を二進小数展開し，そこに現れる連続した 1 の個数を表す整数の列 $\{b_{n,k}\}_{k=1}^{\infty}$ による表現で a_n を置き換える．最後にそれらを

$$b_{1,1},\ b_{2,1},\ b_{1,2},\ b_{3,1},\ b_{2,2},\ b_{1,3},\cdots$$

のように組み合わせて，この 1 の並びから二進小数として定まる実数を考えれば，$(0,1)$ 区間の実数列 $\{a_n\}_{n=1}^{\infty}$ と $(0,1)$ 区間の一個の実数とが一対一に対応する．

問題 7 1) まず $f(0)=f(0+0)=2f(0)$ より $f(0)=0$．次に $f(x)+f(-x)=f(0)=0$ より $f(-x)=-f(x)$．よって $x>0$ に対して f の形を決めればよい．n を自然数とするとき，帰納法により $f(nx)=f(x)+\cdots+f(x)=nf(x)$．次に $p\geq 1$ を自然数とするとき $pf(1/p)=f(1)$，すなわち $f(1/p)=1/p$．よって有理数 q/p に対し $f(q/p)=qf(1/p)=(q/p)f(1)$．以上により $f(1)=c$ と置けば，有理数 x に対しては $f(x)=cx$ が示された．有理数は実数の中で稠密なので，f が連続ならこれから任意の実数 x に対しても $f(x)=cx$ となることが極限論法でいえる．

2) Hamel 基底の元 $\boldsymbol{e}_\lambda$ に対し勝手な実数 c_λ を割り当て，それをもとに $\boldsymbol{Q}$ 上線形な写像 $\boldsymbol{R}\to\boldsymbol{R}$ として f を定義する．(この割り当てには集合論の公理を必要とするが，今は Hamel 基底の構成と同様，直感的に認められたい．) この f は必ずしも cx の形ではないが，$\boldsymbol{Q}$ 上線形なので，特に $f(x+y)=f(x)+f(y)$ は満たす．

問題 8 1) 区間 $[a,b]$ で考える．$f(x)$ の代わりに $f(x)-f(a)-\frac{f(b)-f(a)}{b-a}(x-a)$ が凸かどうかを見ればよいので，最初から $f(a)=f(b)=0$ と仮定し，$a\leq x\leq b$ のとき $f(x)\leq 0$ となるかどうかを見れば十分である．今もし $f(c_1)>0$ なる点がこの区間に存在したとすると，c_1 が a の方に近ければ $c_2=2c_1-a$，また b の方に近ければ $c_2=2c_1-b$ と置けば，再び $[a,b]$ 内の点となり，それぞれ $c_1=(a+c_2)/2$ あるいは $c_1=(c_2+b)/2$ が成り立つから，

$$f(c_1)\leq\frac{f(a)+f(c_2)}{2}=\frac{f(c_2)}{2},\qquad \text{あるいは}\qquad f(c_1)\leq\frac{f(c_2)+f(b)}{2}=\frac{f(c_2)}{2}$$

従っていずれにしても $f(c_2)\geq 2f(c_1)$．この操作を繰り返せば，$f(c_n)\geq 2^{n-1}f(c_1)$ なる区間内の点列 c_n が得られる．これは $f(x)$ の有界性に反する．

2) 問題 7 の 2) で構成した cx の形でない $\boldsymbol{Q}$ 上線形な関数 f をとると，

$f((x+y)/2) = (f(x)+f(y))/2$ を満たしているが，特に f として $f(1)=0$，かつ，ある $\boldsymbol{e}_\lambda$ に対して $f(\boldsymbol{e}_\lambda) > 0$ となるように選んでおけば，有理数 λ に対しては $f((1-\lambda)x+\lambda y) = (1-\lambda)f(x)+\lambda f(y)$ が成り立つにも拘わらず，凸でなくなる．等号では面白くないという人は，f の代わりに $f(x)^2$ を考えるとよい．

問題 9 $a_1 \in A$，$b_1 \in B$ を勝手に選ぶ．次に $m_1 = (a_1+b_1)/2$ を考え，これが A の元なら $a_2 = m_1$，$b_2 = b_1$ と置く．また B の元なら $a_2 = a_1$，$b_2 = m_1$ と置く．以下，この操作を繰り返すと，区間の縮小列 $[a_n, b_n]$ で，$a_n \in A$，$b_n \in B$ なるものが帰納的に構成できる．よって区間縮小法により，これらに共通な点 x がただ一つ存在する．$x \in A$ なら x は A の最大元，$x \in B$ なら x は B の最小元となる．実際，例えば $x \in A$ とすると，もし $y > x$ なる $y \in A$ が存在すれば，n を十分大きくして $b_n - a_n < y - x$ としたとき $a_n \le x \le b_n < y$ となり，切断の定義に矛盾する．

問題 10 $\{a_n\}$ を上に有界な $(\le M)$ 単調列とする．実数の部分集合を

$$A = \{x \in \boldsymbol{R};\, \exists n \ \ x < a_n\}, \qquad B = \{x \in \boldsymbol{R};\, \forall n \ \ x \ge a_n\}$$

で定めると，二つの条件が互いに排反だから，実数の分割となる．A, B の間の大小関係も明らかなので，(A, B) は実数の切断を定める．A には最大元は存在しない．何故なら，$a \in A$ が最大元だと，まず A の定義により $a < a_n$ なる番号が存在しなければならないが，このとき $(a+a_n)/2 \in A$ となり a の最大性に矛盾する．よって Dedekind の定理により B に最小元 b が存在するが，このとき $a_n \to b$ である．実際，B の定義より $\forall a_n \le b$ であり，また $\forall \varepsilon > 0$ に対し b の最小性より $b - \varepsilon \notin B$，従って $b - \varepsilon \in A$，よって $\exists n_\varepsilon \ b - \varepsilon < a_{n_\varepsilon}$．従って単調性より $n \ge n_\varepsilon \Rightarrow b - \varepsilon < a_n \le b$ となる．これは $a_n \to b$ を意味する．

問題 11 二つの元 $f = \sum_{k=m}^{\infty} a_k x^k$，$g = \sum_{k=n}^{\infty} b_k x^k$ に対し，

$$f+g = \sum_{k=\min\{m,n\}}^{\infty} (a_k + b_k)x^k, \qquad fg = \sum_{k=m+n}^{\infty} \left(\sum_{l=n}^{k-m} a_{k-l} b_l \right) x^k$$

により演算を定義する．ここで実際には存在しない係数は 0 とみなす．四則演算の公理の詳細は略すが，逆元は，まず 1 から始まる整級数に対しては，等比級数

$$(1 + c_1 x + c_2 x^2 + \cdots)^{-1} = 1 - (c_1 x + c_2 x^2 + \cdots) + (c_1 x + c_2 x^2 + \cdots)^2 + \cdots$$

を形式的に計算し，前の方から順に決まってゆく係数をもつ整級数として定義する．最初に述べた形の一般の元 g に対しては

$$g^{-1} = b_n^{-1} x^{-n} \left(1 + \sum_{k=1}^{\infty} \frac{b_{k+n}}{b_n} x^k \right)^{-1}$$

で逆元を定める．二元の大小関係は，問題文中に与えた定義を用いて $f>g \Leftrightarrow f-g>0$ により定める．この定義が四則と両立することは容易に確かめられる．最後に完備性は，Cauchy 列があると，x の各冪の係数が実数の Cauchy 列となることが容易にわかり，従って実数の完備性により係数毎に収束して極限の Laurent 級数が確定する．Archimedes の原理が成り立たないことは，任意の自然数 n に対し $n<x^{-1}$ となることからわかる．(x^{-1} は“無限大”だと思えばわかりやすいであろう．)

参 考 文 献

本書は微積の普通の教科書として，I, II 巻を合わせれば講義にも独習にも十分な内容であろう．むしろ，独習者の便を図って出版の際に書き加えた部分が多すぎるくらいかもしれない．

ただし，本書は微積の完全な教程を目指したものではない．分かり易さに重点を置いたので，すべての結果を定理として系統立てて並べ，厳密に証明するということはしていない．そこで，本書のレベルより更に進んで，系統立った学習をしたい人のために微積の本格的な教科書をいくつか列挙しておく．これらは，論理構成や基本定理の厳密な証明，あるいは疑問点などを更に深く調べたいとき，普通の教科書には見つからない場合に当たってみるとよい．講義が理解できないからといって参考にしようとしても歯が立たないかもしれない．

[1] 藤原松三郎『微分積分学上下』，内田老鶴舗，1934，1939.
微積の百科全書のようなもの．あらゆる定理に原典が引用されている．講義していて疑問に思ったときの参照に便利．

[2] 高木貞治『解析概論』，岩波書店，初版 1938，改訂第 3 版 1983.
戦前に書かれた書物だが，20 年くらい前まで標準的な教科書であった．“微積は複素函数論に至って完結する”，というテーマで貫かれた書き方は今でも感動的であり，進んで独習する意欲のある学生には面白いだろう．筆者は高校のときにガマさんこと渡辺森郎先生からもらったカタカナ書きの版を今も愛用している．

[3] 一松信『解析学序説上下』，裳華房，1962.
ユニークな雑談が非常に面白い．20 年くらい前まではこの程度でも講義用に使われていた．1982 年に出た新版の方は，薄手の普通の教科書になってしまったのが残念である．

[4] 溝畑茂『数学解析上下』，朝倉書店，1976.
フランスでは，著名な解析学者は必ず自分が長年講義していた内容を分厚い解析の教程として書物に残す伝統がある．これはその日本版の一つと云えるが，厚さの割りに読みやすい．

[5] 杉浦光夫『解析入門 I, II』, 東京大学出版会, 1980, 1985.
解析概論に代わる本格的な教科書を目指したもので, 論理はより厳密になっている. 内容豊富で, これも講義する際の参考に必携.

[6] 杉浦光夫他『解析演習』, 東京大学出版会, 1989.
非常に多くの演習問題が集められている. 全部解いたという強の者も居るそうである.

[7] 島内剛一『数学の基礎』, 日本評論社, 1971.
微積を厳密に講義しようとしても, 実数論を公理的に展開するのはともかく, 無限集合論までは所詮無理であり, どこかであきらめて妥協する訳だが, 講義をする方も (よくできる) 学生も, 何となく気持が悪いままで終わることになる. どうしても気になるところが有る人は本書に当たってみるとよい.

微積の歴史に関する本を少しだけ挙げておこう.

[8] 高木貞治『近世数学史談』, 共立全書, 1933. (最近『数学雑談』と合本になって復刻された. また岩波文庫にも収められた.)

[9] ボタチーニ『解析学の歴史』, 現代数学社, 1990.

[10] C. H. Edwards, Jr. “The Historical Development of the Calculus (第 2 版)”, Springer, 1982.

索　引

国際化時代でもあるし，計算機の指令にも，また大学院の入試でも英語は必要なので，各索引語について英訳を付記しておく．

あ　行

アーベルの級数変形法 (Abel's partial summation, Abel transformation) 160
アルキメデスの性質 (Archimedean property) 18, 103, 149
一様連続 (uniformly continuous) 132, 162
一般解 (general solution) 135
一般 2 項係数 (general binomial coefficient) 73
一般 2 項展開 (general binomialexpansion) 73
オイラーの加速法 (Euler acceleration) 100
オイラー変換 (Euler transform) 100
凹 (concave) 94
凹凸 (concavity (convexity)) 94

か　行

階差数列 (difference sequence) 100, 160
解析関数 (analytic function) 96
下組 148
下界 (lower bound) 48
可換律 (commutative law) 7
下極限 (inferior limit, limes inferior) 159
下限 (infimum, greatest lower bound) 48
下限近似和 (lower Riemann sum) 128
可算無限 (countable) 150
下積分 (lower integral) 128
加法 (addition) 7
加法性 (additivity) 102
カントルの対角線論法 (Cantor's diagonal method) 151
完備 (complete) 19, 148
奇関数 (odd function) 49
逆元 (inverse) 7
逆三角関数 (inverse trigonometric functions) 35, 58
逆余弦 (inverse cosine) 36
求積法 (quadrature) 134
狭義単調増加 (strictly monotone increasing) 11
極大 (local maximum) 95
極大値 (local maximum value) 95
偶関数 (even function) 49
区間縮小法 (principle of successive subdivision, nested-interval property) 144
クレロー型の微分方程式 (Clairaut's differential equation) 139
結合律 (associative law) 7
原始関数 (primitive function) 105
高階導関数 (higher order derivative) 95
広義積分 (improper integral) 120
合成関数 (composite function, composed function) 71
合成関数の微分法 (chain rule) 58, 71
交代級数 (alternating series) 24
後退差分商 (backward difference quotient) 92
コーシーの条件 (Cauchy's criterion) 19
コーシーの判定法 (Cauchy's test) 158
コーシー列 (Cauchy sequence) 19, 145

さ　行

最小値 (minimum)　45
最大値 (maximum)　47
最大値の定理 (maximum value theorem)　45
三角関数 (trigonometric functions)　52
三角不等式 (triangle inequality)　11
算術幾何平均 (arithmetico-geometric mean)　33
指数関数 (exponential function)　51
指数法則 (law of exponent)　51
集合差 (difference (of the sets))　133
収束 (convergence(名), convergent(形), converge(動))　12, 16
収束半径 (radius of convergence)　90
主値 (principal value)　36
循環連分数 (periodic continued fraction)　29
順序の公理 (axiom of order)　10
上界 (upper bound)　48
上極限 (superior limit, limes superior)　156, 157, 159
上組　148
上限 (supremum, least upper bound)　47, 144
上限近似和 (upper Riemann sum)　128
条件収束 (conditional convergence)　26, 123
上積分 (upper integral)　128
乗法 (multiplication)　7
除去可能 (removable)　43
初等関数 (elementary functions)　35
シンプソンの公式 (Simpson's rule)　118
推移律 (transitive law)　10
数列 (sequence, progression)　11
正項級数 (series of positive terms)　23
正則連分数 (regular continued fraction)　28
積分形の剰余項 (remainder in integral form)　85
接線 (tangent line)　62
絶対収束 (absolute convergence)　26, 123
絶対値 (absolute value)　11
切断 (cut)　148
漸近解析 (asymptotic calculus)　73, 75
漸近展開 (asymptotic expansion)　65
線形性 (linearity)　102
全順序 (total order)　10
前進差分商 (forward difference quotient)　92
双曲正弦 (hyperbolic sine)　37
双曲正接 (hyperbolic tangent)　37
双曲線関数 (hyperbolic functions)　37, 60
双曲余弦 (hyperbolic cosine)　37

た　行

台形公式 (trapezoidal rule)　116
対数関数 (logarithmic function)　52
代数的数 (algebraic number)　6
対数微分 (logarithmic differentiation)　59
体の公理 (axiom of field)　7
多倍長演算 (multiple precision arithmetic)　17
ダランベールの判定法 (D'Alembert's test)　155
ダルブーの定理 (Darboux's theorem)　130
単位元 (unit element)　7
単調性　102
単調増加 (monotone increasing)　11
単調増大 → 単調増加　11
単調列 (monotone sequence)　11
置換積分法 (integration by substitution)　105
中間値の定理 (intermediate value theorem)　44, 99
中心差分商 (central difference quotient)　93

稠密 (dense (形)) 15, 164
超越数 (transcendental number) 6
追跡線 (tractrix) 136
定積分 (definite integral) 101
テイラー級数 (Taylor's series) 89
テイラー展開 (Taylor expansion) 65
テイラーの定理 (Taylor's theorem) 83
ディリクレの関数 (Dirichlet's function) 134
ディリクレの判定法 (Dirichlet's test) 161
デデキントの切断 (Dedekind cut) 148
導関数 (derived function, derivative) 57
同次形 (homogeneous form) 135
等比級数 (geometric series) 73
特異解 (singular solution) 139
凸 (convex) 94
凸関数 (convex function) 49

な 行

二分法 (bisection method) 44
ニュートン法 (Newton's method) 99

は 行

発散 (divergent (形)) 17
反射律 (reflexive law) 10
反対称律 (antisymmetric law) 10
微分 (differential) 91
微分 (differentiation) 57, 62
微分可能 (differentiable) 62
微分積分学の基本定理 (fundamental theorem of calculus) 101
不定形の極限値 (limit of indeterminate form) 76, 79, 80, 81
不定積分 (indefinite integral) 106
不等号 (inequality sign) 9
部分積分法 (integration by parts) 105
部分分数分解 (decomposition into partial fractions) 109
部分列 (partial sequence) 146
部分和 (partial sum) 23
分配律 (distributive law) 7
平均値定理 (積分の) 138
平均値の定理 (mean value theorem) 77
ヘルダーの不等式 (Hölder's inequality) 50
変数分離 (separation of variables) 135
変数分離形 (variables separable form) 135
変動和 (oscillation sum) 129
ボルツァーノ-ワイヤストラスの定理 (Bolzano-Weierstrass' theorem) 146

ま 行

マクローリン展開 (Maclaurin expansion) 65
マチンの級数 (Machin's series) 98
無限階微分可能 (infinitely differentiable) 96
無限級数 (infinite series) 22
無限小 (infinitesimal) 63
無限乗積 (infinite product) 27
無限大 (infinity) 82
無理数 (irrational number) 6

や 行

有界 (bounded (形)) 11, 46
有界列 (bounded sequence) 11
ユークリッドの互除法 (Euclidean algorithm) 3
有理数 (rational number) 3

ら 行

ライプニッツの級数 (Leibniz' series) 91
ライプニッツの公式 (Leibniz' formula) 96
ラグランジュの剰余項 (Lagrange's form for the remainder) 83
ラグランジュ補間 (Lagrange's interpolation) 118

わ　行

記　号

著者略歴

金　子　　　晃
かね　こ　　　あきら

1968年　東京大学 理学部 数学科卒業
1973年　東京大学 教養学部 助教授
1987年　東京大学 教養学部 教授
1997年　お茶の水女子大学 理学部 情報科学科 教授
理学博士，東京大学・お茶の水女子大学 名誉教授

主要著書

定数係数線型偏微分方程式 (岩波講座基礎数学，1976)
超函数入門 (東京大学出版会，1980-82)
教養の数学・計算機 (東京大学出版会，1991)
偏微分方程式入門 (東京大学出版会，1998)

ライブラリ理工新数学-T1

数理系のための **基礎と応用 微分積分 I**
—理論を中心に—

2000年9月25日©　初　版　発　行
2022年4月25日　初版第11刷発行

著　者　金子　晃　　発行者　森平敏孝
印刷者　篠倉奈緒美
製本者　小西恵介

発行所　**株式会社　サ イ エ ン ス 社**
〒151–0051　東京都渋谷区千駄ヶ谷1丁目3番25号
営業 ☎ (03) 5474–8500 (代)　振替 00170–7–2387
編集 ☎ (03) 5474–8600 (代)
FAX ☎ (03) 5474–8900

印刷　(株) ディグ　　製本　(株) ブックアート

《検印省略》

ISBN4–7819–0965–5
PRINTED IN JAPAN